発見的教授法による数学シリーズ ③

数学の発想のしかた

秋山 仁 著
Jin Akiyama

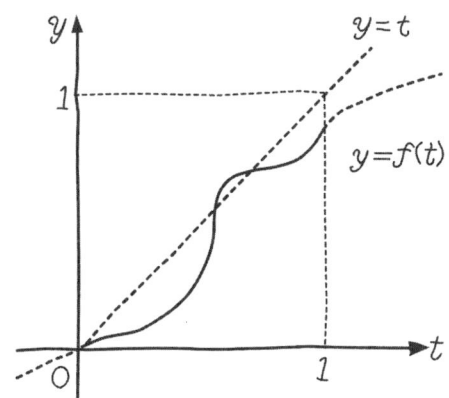

森北出版株式会社

●本書の補足情報・正誤表を公開する場合があります．当社 Web サイト（下記）
で本書を検索し，書籍ページをご確認ください．
https://www.morikita.co.jp/

●本書の内容に関するご質問は下記のメールアドレスまでお願いします．なお，
電話でのご質問には応じかねますので，あらかじめご了承ください．
editor@morikita.co.jp

●本書により得られた情報の使用から生じるいかなる損害についても，当社およ
び本書の著者は責任を負わないものとします．

JCOPY 〈(一社)出版者著作権管理機構 委託出版物〉
本書の無断複製は，著作権法上での例外を除き禁じられています．複製される
場合は，そのつど事前に上記機構（電話 03-5244-5088, FAX 03-5244-5089,
e-mail: info@jcopy.or.jp）の許諾を得てください．

─復刻に際して─

19世紀を締めくくる最後の年（1900年）にパリで開かれた第2回国際数学者会議が伝説の会議として語り継がれることとなった．それは，主催国フランスのポアンカレがダーフィット・ヒルベルトに依頼した特別講演が，多くの若き研究者を突き動かし20世紀の新たな数学の研究分野を切り拓く起爆剤となったからだった．『未来を覆い隠している秘密のベールを自分の手で引きはがし，来たるべき20世紀に待ち受けている数学の進歩や発展を一目見てみたいと思わない者が我々の中にいるだろうか？』この聴衆への呼びかけに続けて，ヒルベルトは数学の未来に対する自身の展望を語った後，"20世紀に解かれることを期待する問題"として，23題の未解決問題を提示したのだった．

良質な問題の発見や，その問題の解決は豊かな知の世界を開拓し続けてきた．そしてひとつの研究分野を拓くような鉱脈ともいうべき良問を見つけ出した時の高揚感や一筋縄では行かない難攻不落と思えた難問が"あるアングルから眺めたとき，いとも簡単に解けてしまう瞬間"に味わえる醍醐味は，まさに"自分の手で秘密のベールを引きはがす喜び"である．そして，それは"ヒルベルトの問題"や研究の最前線のものに限ったことではなく，どのレベルであっても真であると思う．

数学の教育的側面に目を向けるのなら，そもそも古代ギリシャの時代から，久しい間，数学が学問を志す人々の必修科目とされてきたのは，論理性や思考力を鍛えるための学科として尊ばれてきたからだ．ところが，数学は経済発展とともに大衆化し，受験競争の低年齢化とともに人生の進路を振り分けるための重要な科目と化していった．"思考力を磨くために数学を学ぶ"のではなく，ともすると，"受験で成功するための一環として数学の試験で確実に点数を稼ぐための問題対処法を身につけることが数学の勉強"になっていく傾向が強まった．すなわち，数学の問題に出会ったら，"自分の頭で分析し，どう捉えれば本質が炙り出せるのかという思考のプロセスを辿る"のではなく，"できるだけ沢山の既出の問題と解法のパターンを覚えておいて，問題を見たら解法がどのパターンに当てはまるものなのかだけを判断する．そして，あとは機械的に素早く確実に処理する"ことになっていった．"既出のパターンに当てはまらない問題は，どうせ他の多くの生徒も解けず点数の差はさほどないのだから，そういう問題はハナから捨ててよい"というような受験戦術がまかり通るようになった．この結果，インプットされた解決法で解ける想定内の問題なら処理できるが，まったく新しいタイプの想定外の問題に対しては手も足もまったく出ないという学習者を大量に生む結果ともなったのである．このような現象は数学の現場に限らず，日本の社会のあちこちでも問題視され始めている現象だが，学生時代にキチンと自分の頭で判断し思考するプロセスがおざなりにされてきた結果なのではないだろうか．

復刻に際して

　世界各国，どこの国でも，数学は苦手で嫌いだと言う人が多いのは悲しい事実ではある．しかし，George Polyaの「How to Solve It」(邦題「いかにして問題をとくか」柿内賢信訳　丸善出版)やLaurent C. Larsonの「Problem-Solving Through Problems (Springer 1983)」(邦題「数学発想ゼミナール」拙訳　丸善出版)がロングセラーであることにも現れているように，欧米の数学教育の本流はあくまでも"自分の頭で考える"ことにある．これらの書籍は"こういう問題はこう解けばいい"という単なるハウツー本ではなく，数学の問題を解く名人・達人ともいえる人たちが問題に出会ったときに，どんなふうに手懸りをつかみ，どういうところに着眼して難攻不落な問題を手の中に陥落させていくのか，……．そういった名人の持つセンスや目利きとしての勘所ともいえる真髄を紹介し，読者にも彼らのような発想や閃き，センスと呼ばれる目利きの能力を磨いてもらおうとする思考法指南書である．

　本書を執筆していた当時，筆者は以下のような多くの若者に数学を教えていた：

　「やったことのあるタイプの問題は解けるが，ちょっと頭をひねらなければならない問題はまったくお手上げ」，

　「問題集やテストの解答を見れば，ああそこに補助線を一本引けばよかったのか，偶数か奇数かに注目して場合分けすればよかったのか，極端な(最悪な)場合を想定して分析すればこんな簡単に解けてしまうのか，……と分かるのだが，実際はそういった着眼点に自分自身では気付くことができなかった」，

　「高校時代は，数学の試験もまあまあ良くできていて得意だと思っていたが，大学に進んでからは，"定義→定理→証明"が繰り返し登場する抽象的な数学の講義や専門書に，ついていけない」

　ポリヤやラーソンの示す王道と思われる数学の指南法に感銘を受けていた筆者は，基礎的な知識をひととおり身につけたが，問題を自力で解く思考力，応用力または発想力に欠けると感じている学生たちには，方程式，数列，微分，積分といった各ジャンルごとに，"このジャンルの問題は次のように解く"ということを学ぶ従来の学習法(これを"縦割り学習法"と呼ぶ)に固執するのではなく，ジャンルを超えて存在する数学的な考え方や技巧，ものの見方を修得し，それらを拠り所として様々な問題を解決するための学習法(これを"横割り学習法"と呼ぶ)で学ぶことこそが肝要だと感じた．

　そこで，1990年ぐらいまでの難問または超難問とされ，かつ良問とされていた大学入試問題，数学オリンピックの問題，海外の数学コンテストの問題，たとえば，米国の高校生や大学生向けに出題されたPutnam(パットナム)等の問題集に紹介されている問題を収集，選別した．そして，それらを題材に，どういう点に着眼すれば首尾よく解決できるのか，思考のプロセスに重点を置いて問題分析の手法を，発想力や柔軟な思考力，論理力を磨きたい，という学生たちのために書きおろしたのが本シリーズである．

　本書が1989年に駿台文庫から出版された当時，本気で数学の難問を解く思考力や発

想力を身につけたいという骨太な学生や数学教育関係者に好意的に受け入れられたのは筆者の大きな喜びだった．

そして，本書は韓国等でも翻訳され，海外の学生にも支持を得ることができた．

二十年以上たって一度絶版となった際も，関西の某大学の学生や教授から，「このシリーズはコピーが出回っていて読み継がれていますよ」と聞かされることもあった．

また，本シリーズと同様の主旨で1991年にNHKの夏の数学講座を担当した際には，学生や教育関係者以外の一般の方々からも「数学の問題をどうやって考えるのかがわかって面白かった」，「数学の問題を解くときの素朴な考え方や発想が，私たちの日常生活のなかのアイディアや発想とそんなに大きく違わないのだということがわかった」という声をいただき，その反響は相当のものだった．

このたび，森北出版より本シリーズが復刻されて，新たな読者の目に触れる機会を得たことは筆者にとって望外の喜びである．一人でも多くの方が活用してくださることを期待しております．

最後になりましたが，今回の復刻を快諾し協力してくださった駿台予備学校と駿台文庫に感謝の意を表します．

2014年3月　秋山　仁

― 序　　文 ―

読者へ

世に数々の優れた参考書があるにもかかわらず，ここに敢えて本シリーズを刊行するに至った私の信念と動機を述べる．

現在，数学が苦手な人が永遠に数学ができないまま終生を閉じるのは悲しいし，また不公平で許せない．残念ながら，これは若干の真実をはらむ．しかし，数学が苦手な人が正しい方向の努力の結果，その努力が報われる日がくることがあるのも事実である．

ここに，正しい方向の努力とは，わからないことをわからないこととして自覚し，悩み，苦しみ，決してそれから逃げず，ウンウンうなって考え続けることである．そうすれば，悪戦苦闘の末やっとこさっとこ理解にたどりつくことが可能になるのである．このプロセスを経ることなく数学ができるようになることを望む者に対しては，本書は無用の長物にすぎない．

私ができる唯一のことは，かつて私自身がさまよい歩いた決して平坦とはいえない道のりをその苦しみを体験した者だけが知りうる経験をもとに赤裸々に告白することによ

り，いま現在，暗闇の中でゴールを捜し求める人々に道標を提示することだけである．読者はこの道標を手がかりにして，正しい方向に向かって精進を積み重ねていただきたい．その努力の末，困難を克服することができたとき，それは単に入試数学の征服だけを意味するものではなく，将来読者諸賢にふりかかるいかなる困難に対しても果敢に立ち向かう勇気と自信，さらには，それを解決する方法をも体得することになるのである．

【本シリーズの目標】

　同一の分野に属する問題にとどまらず，分野（テーマ）を超えたさまざまな問題を解くときに共通して存在する考え方や技巧がある．たとえば，帰納的な考え方（数学的帰納法），背理法，場合分けなどは単一の分野に属する問題に関してのみ用いられる証明法ではなく，整数問題，数列，1次変換，微積分などほとんどすべての分野にわたって用いられる考え方である．また，2個のモノが勝手に動きまわれば，それら双方を同時にとらえることは難しいので，どちらか一方を固定して考えるという技巧は最大値・最小値問題，軌跡，掃過領域などのいくつもの分野で用いられているのである．それらの考え方や技巧を整理・分類してみたら，頻繁に用いられる典型的なものだけでも数十通りも存在することがわかった．問題を首尾よく解いている人は各問題を解く際，それを解くために必要な定理や公式などの知識をもつだけでなく，それらの知識を有効にいかすための考え方や技巧を身につけているのである．だから，数学ができるようになるには，知識の習得だけにとどまらず，それらを活性化するための考え方や技巧を完璧に理解しなければならないのである．これは，あたかも，人間が正常に生活していくために，炭水化物，脂肪やたん白質だけを摂取するのでは不十分だが，さらに少量のビタミンを取れば，それらを活性化し，有効にいかすという役割を果たしてくれるのと同じである．本シリーズの大目標はこれら数十通りのビタミン剤的役割を果たす考え方や技巧を読者に徹底的に教授することに尽きる．

【本シリーズの教授法——横割り教育法——について】

　数学を学ぶ初期の段階では，新しい概念・知識・公式を理解しなければならないが，そのためには，教科書のようにテーマ別（単元別）に教えていくことが能率的である．しかし，ひととおりの知識を身につけた学生が狙うべき次のターゲットは〝実戦力の養成〟である．その段階では，〝知識を自在に活用するための考え方や技巧〟の修得が必須になる．そのためには，〝パターン認識的〟に問題をとらえ，〝このテーマの問題は次のように解答せよ〟と教える教授法（**縦割り教育法**）より，むしろ少し遠回りになるが，テーマを超えて存在する考え方や技巧に焦点を合わせた教授法（**横割り教育法**）のほうがはるかに効果的である．というのは，上で述べたように，考え方のおのおのに注目すると，その考え方を用いなければ解けない，いくつかの分野にまたがる問題群が存在するから

である．本書に従ってこれらの考え方や技巧をすべて学習し終えた後，振り返ってみれば受験数学の全分野にわたる復習を異なる観点に立って行ったことになる．すなわち，本書は"縦割り教育法"によってひととおりの知識を身につけた読者を対象とし，彼らに"横割り教育法"を施すことにより，彼らの潜在していた能力を引き出し，さらにその能力を啓発することを目指したものである．

【本シリーズの特色——発見的教授法——について】

本シリーズのタイトルに冠した発見的教授法という言葉に，筆者が託した思いについて述べる．

標準的学生にとっては，突然すばらしい解答を思いつくことはおろか，それを提示されてもどのようにしてその解答に至ったのかのプロセスを推測する事さえ難しい．そこで，本シリーズにおいては，天下り的な解説を一切排除し，"どうすれば解けるのか"，"なぜそうすれば解けるのか"，また逆に，"なぜそうしたらいけないのか"，"どのようにすれば，筋のよい解法を思いつくことができるのか"などの正解に至るプロセスを徹底的に追求し，その足跡を克明に表現することに努めた．

このような教え方を，筆者は**発見的教授法**とよばせていただいた．その結果，10行ほどの短い解答に対し，そこにたどりつくまでのプロセスを描写するのに数頁をもさいている箇所もしばしばある．本シリーズでは，このプロセスの描写を**発想法**という見出しで統一し，各問題の解答の直前に示した．このように配慮した結果，優秀な学生諸君にとっては，冗長な感を抱かせる箇所もあるかもしれない．そのようなときは適宜，"発想法"を読み飛ばしていただきたい．

1989年5月　秋山　仁

※　本シリーズは1989年発行当時のまま，手を加えずに復刊したため，現行の高校学習指導要領には沿っていない部分もあります．

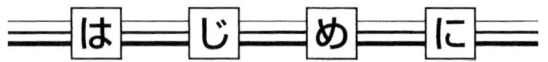

はじめに

　あの手この手を用いての大格闘の末，かろうじてとり押さえることができるのが難問である．エサをまくだけで群がり寄る獲物や網1枚，釣竿1本を垂れ下げておくだけで仕留めることのできる獲物は，大概は雑魚にすぎない．仕留めたいのは，知識という網だけで捕獲できるような代物(しろもの)ではなく，それを仕留めれば名狩人の名を冠することができるような獲物である．そのような獲物を仕留めるためには，それなりの戦術が必要である．その獲物の本性(特性)，習性(行動パターン)，生育域(行動範囲)，弱点や急所などを知り尽くし，それらを勘案して戦術を練る．山のどの斜面に追い込むべきか，どの木の下に罠を仕掛けるのがよいか，攻めるのは昼夜どちらがよいか，囮(おとり)には何がよいか，どんな武器を使うのが適当か……，のような綿密な計画を立てなければならない．

　本書において難問を仕留める方法や考え方について解説する．それは問題解法においても，狩人が単に無策をもって手をこまねいているだけでは，何らその日の糧を手にできないのと同様に，作戦なくして問題に体当りしても必ずしも解決には至らないからである．すなわち，難問に直面したときに『どう考え，何を為すべきか』を知る攻略法を身につけていなければならない．そのために，名狩人が難問に対処する術を見習って，それらの方法を問題解決の手段に適用することを試みる．難問は難問のまま解かれるのではなく，結果的には必ずやさしい問題に帰着されてから解かれるのである．すなわち，難問に挑戦しているとき，結果的にそれが解けるということはその問題固有の性質を見抜いたり，見方を変えたら解法が浮かび上がったり，やさしい問題へのすり換えが可能になったり，都合のよい強力な道具を探し当てることができたという現象がどこかで生じているのである．本書では，諸君がそのような現象を引き起こすことができるようになるための具体的な操作を紹介する．読者が本書を勉強後，難問をテキパキと解決できるようにならなければ，本書の価値はあまりなかったと言わざるを得ない．

☆ 本書の使い方と学習上の注意 ☆

さきに述べたとおり，本シリーズでは，数学の考え方や技巧に照準を合わせ入試数学全体を分類し，入試数学を解説している．よって，目次(この目次を便宜上，"横割り目次"とよぶ)もその分類に従っている．高校の教科書をひととおり終えた，いわゆる受験生(浪人や高校3年生)とよばれる読者は，本書に従って学習すれば自ずとそれらの考え方や技巧を能率的に身につけることができる．

一方，一般の教科書(または参考書)のように，分野別(たとえば，方程式，三角比，対数，……という分類)に勉強していくことも可能にするため，分野別の目次(これを便宜上，"縦割り目次"とよぶ)も参考のため示しておいた．すなわち，たとえば，確率という分野を勉強したい人は，確率という見出しを縦割り目次でひけば，本シリーズのどの問題が確率の問題であるかがわかるようにしてある．だから，それらの問題をすべて解けば，確率の問題を解くために必要な考え方や技巧を多角的に学習することができるしくみになっている．

入試に必要な知識を部分的にしか理解していない高校1, 2年生，または文系志望の受験生が本書を利用するためには縦割り目次を利用するとよい．すなわち，読者各位の学習の進度に応じ，横割り目次，縦割り目次を適宜使い分けて本書を活用していただければよいのである．

次に，学習時に読者に心がけていただきたい点を述べる．

数学を能率的に学習するためには，次の点に注意することが重要である．
1. 理論的流れに従い体系的に諸事実を理解すること
2. 視覚に訴え，問題の全貌を把握すること
3. 同種な考え方を反復して理解すること

以上3点を踏まえ，問題の配列や解説のしかたや順序を決定した．とくに，第Ⅳ巻(数学の視覚的な解きかた)，第Ⅴ巻(立体のとらえかた)では，2を重視した．また，3を徹底するために，全巻を通して同種の考え方や技巧をもつ例題と練習をペアにし，どちらかというと[**例題**]のほうをやや難しいものとし，例題を練習の先に配列した．[**例題**]をひとまず理解した後に，できれば独力で対応する〈**練習**〉を解いてみて，その考え方を十分に呑み込んだかどうかをチェックするという学習法をとることをお勧めする．

なお，本文中の随所にある参照箇所の意味は，次の例のとおりである．

(例) Ⅰの**第3章**§2参照　本シリーズ第Ⅰ巻の**第3章**§2を参照
　　 第2章§1参照　　本書と同じ巻の**第2章**§1を参照
　　 §1　　　　　　　本書と同じ巻同じ章の§1

目次

　　復刻に際して　　　　　　　　　　　　………　iii
　　序　　文　　　　　　　　　　　　　　………　v
　　は じ め に　　　　　　　　　　　　　………　viii
　　本書の使い方と学習上の注意　　　　　………　ix
　　縦割り（テーマ別）目次　　　　　　　………　xi

第1章　規則性の発見のしかたと具体化の方法　　　　**1**
　§1　数列や関数列は規則性が現れるまで書き並べよ　………　2
　§2　パターンを見出し，それらの性質を利用せよ　………　21
　§3　具体的な数値を代入した例をつくり実験せよ　………　34

第2章　着想の転換のしかた　　　　　　　　　　　　**48**
　§1　操作の順や時間の流れを逆転せよ　………　49
　§2　視点を変えたり，反対側から裏の世界をのぞきこめ　………　71

第3章　柔軟な発想のしかた　　　　　　　　　　　　**100**
　§1　同値な問題へのすり換えや他分野の概念への移行を図れ　………　101
　§2　三段論法を活用せよ　………　127
　§3　問題を一般化し，微積分や帰納法などの武器を利用せよ　………　139

第4章　使うべき道具（定理や公式）の検出法と
　　　　それらの活かした使い方　　　　　　　　　**160**
　§1　問題文を読んだ後，使うべき定理を連想せよ　………　161
　§2　逆をたどれ，または迎えに行って途中で落ち合え　………　183
　§3　式の変形のしかた　………　198
　§4　設問間の分析のしかた（出題者の誘導にのれ）　………　217

　　あ と が き　　　　　　　　　　　　　………　236
　　重 要 項 目 さ く い ん　　　　　　　………　237

［※第Ⅰ～Ⅴ巻の目次は前見返しを，別巻の目次は後見返しを参照］

（テーマ別）

> **縦割り（テーマ別）目次について**
> ○ 各テーマ別初めのローマ数字（Ⅰ，Ⅱ，…）は，本シリーズの巻数を表している．別は別巻を表す．
> ○ それに続く E(1・1・3) や P(1・1・4) については，Eは例題，Pは練習を示し，（ ）内の数字は各問題番号である．
> ○ 1，2，……は各巻の章を表している．

[1] 数と式

相加平均・相乗平均の関係
 Ⅱ. E(1・1・3), P(1・1・4),
  P(1・1・5), P(1・2・2),
  E(3・2・3)
 Ⅲ. E(4・1・1)
 Ⅳ. E(1・2・4)
 別Ⅱ. P(4・6・1), P(4・6・3)
  P(4・6・4)

その他
 Ⅰ. P(4・1・1), E(4・1・3),
  E(4・1・4), P(5・3・1)
 Ⅱ. E(3・1・4), E(3・3・6)
 Ⅲ. E(1・2・1), P(1・2・1),
  E(1・3・2), E(3・1・4),
  P(3・1・4), E(4・1・4),
  P(4・1・4), P(4・4・1),
  E(4・4・2), E(4・4・3)
 Ⅳ. P(1・3・2)

 別Ⅱ. E(1・2・1), P(1・2・1),
  E(5・5・1), P(5・5・1),
  P(5・5・2)

[2] 方程式

方程式の(整数)解の存在および解の個数
 Ⅰ. P(2・2・3), E(2・2・4),
  E(2・2・5), P(2・2・5)
 Ⅱ. E(3・3・5)
 Ⅲ. E(3・1・3), P(3・2・2),
  P(4・3・5)
 Ⅳ. E(3・1・1), P(3・1・1),
  P(3・1・2), E(3・1・3),
  P(3・1・4)
 別Ⅱ. P(1・1・1)

その他
 Ⅱ. P(3・3・4)
 Ⅲ. E(3・1・2), P(3・1・7),
  P(4・1・3)

 別Ⅱ. E(1・1・1), P(1・1・3),
  E(2・1・1), P(2・1・2)

[3] 不等式

不等式の証明
 Ⅰ. E(2・1・2), P(2・1・2),
  E(2・1・7), P(2・1・7),
  E(2・1・8), P(5・1・4)
 Ⅱ. P(1・3・1), P(1・3・2)
 Ⅲ. E(3・2・1), P(3・2・1),
  E(3・2・2), E(3・3・1),
  P(3・3・1), E(3・3・3),
  E(3・3・4), P(3・3・4),
  P(4・2・3)
 Ⅳ. E(3・2・2), E(3・2・3),
  P(3・2・3)

不等式の解の存在条件
 Ⅳ. E(3・6・2), P(3・6・4),
  P(3・6・5), P(3・6・6)

その他
- Ⅰ. P(5・3・5)
- Ⅱ. P(1・2・3), P(2・1・3), E(3・4・4)
- Ⅲ. E(2・2・1), P(3・1・3), P(3・3・2), P(4・4・2), P(4・4・4)
- Ⅳ. E(3・2・1), P(3・2・1), P(3・2・4), E(3・3・5), P(3・3・7)

[4] 関数

関数の概念
- Ⅱ. E(3・1・1), P(3・1・1), P(3・1・2)
- Ⅲ. E(1・2・3)

その他
- Ⅰ. E(4・1・1)
- Ⅱ. E(1・2・2), E(3・1・2), P(3・1・4), P(3・2・3), P(3・3・5)
- Ⅲ. P(1・2・3)

[5] 集合と論理

背理法
- Ⅰ. E(5・2・1), P(5・2・1), E(5・2・2), P(5・2・2)
- Ⅲ. P(1・3・1), E(4・4・3), E(4・4・4)
- Ⅳ. E(1・3・1), P(1・3・1), E(1・3・3), P(1・3・3), P(2・1・1)

数学的帰納法
- Ⅰ. 第2章全部, P(4・1・1), P(5・1・3)
- Ⅲ. E(4・1・3), P(4・4・3)

鳩の巣原理
- Ⅰ. E(2・2・6), P(2・2・7)
- Ⅲ. E(4・1・2), P(4・1・2)

必要条件・十分条件
- Ⅰ. 第5章§1全部
- Ⅱ. E(1・2・2)
- Ⅳ. E(1・3・2), E(3・6・1), P(3・6・1), P(3・6・2), P(3・6・3)

その他
- Ⅰ. 第1章全部, E(5・3・3)
- Ⅱ. P(2・3・1)
- Ⅲ. E(1・2・2), P(1・2・2), E(1・3・1)
- Ⅳ. E(2・1・2), P(2・1・2), P(2・1・3), P(2・1・4), E(2・2・2)

[6] 指数と対数
- Ⅰ. P(3・2・1)

[7] 三角関数

三角関数の最大・最小
- Ⅱ. E(1・1・4), P(1・1・6), E(3・2・1), E(4・1・2), E(4・1・3), E(4・5・5)
- Ⅳ. E(3・4・2), P(3・4・4)
- 別Ⅱ. P(2・2・2), P(2・2・3), E(4・2・1), P(4・2・1), E(4・5・1), P(4・5・1), E(5・4・1), P(5・4・1), P(5・4・2)

その他
- Ⅱ. E(2・1・1)
- Ⅲ. E(2・2・2), P(4・1・6), E(4・2・1), E(4・4・1)

Ⅳ. P(3・4・3)

[8] 平面図形と空間図形

初等幾何
- Ⅰ. P(3・1・3), E(3・1・4), E(3・1・5), E(3・2・3)
- Ⅳ. E(1・1・2), P(1・2・1), E(1・2・2)
- Ⅴ. E(1・1・1), E(1・2・3), P(1・2・3), E(1・2・4), E(2・2・5)
- 別Ⅱ. E(3・2・1), P(3・2・1)

正射影
- Ⅴ. 第1章§3全部
- 別Ⅱ. E(4・4・1), P(4・4・1)

その他
- Ⅰ. E(4・2・4)
- Ⅱ. P(1・2・3), E(1・4・3), P(1・4・4), P(1・4・5), P(2・1・3), E(2・1・4), P(2・1・4), P(2・1・5), P(2・2・2), P(3・1・5)
- Ⅲ. E(3・1・6), P(3・1・6), E(3・2・3), P(3・3・3), E(4・2・2), P(4・2・2), P(4・2・3)
- Ⅳ. E(3・2・4)
- 別Ⅱ. E(3・3・1), P(3・3・1), E(5・1・1)

[9] 平面と空間のベクトル

ベクトル方程式
- Ⅰ. P(5・3・3)
- Ⅴ. E(1・3・4), E(1・3・5)

ベクトルの1次独立
  I. P(3・1・1), E(3・1・1)

[10] 平面と空間の座標
 媒介変数表示された曲線
  II. E(1・2・1), P(1・2・1),
    E(4・4・1), P(4・4・1)
  III. E(2・2・3), P(2・2・3),
    E(2・2・4), P(2・2・4),
    E(2・2・5)

 定点を通る直線群, 定直線を含む平面群
  II. P(4・5・1), E(4・5・2),
    P(4・6・1), P(4・6・4),
    E(4・6・5), P(4・6・5),
    E(4・6・6)

 2曲線の交点を通る曲線群,
   2曲面を含む曲面群
  II. E(4・5・1), E(4・5・2),
    P(4・5・2), E(4・6・1),
    P(4・6・1), E(4・6・2),
    P(4・6・2), E(4・6・4),
    P(4・6・4)

 曲線群の通過範囲
  I. E(5・3・2), P(5・3・2)
  II. E(2・3・2), E(3・3・3),
    P(3・3・3), E(3・3・4),
    E(4・3・1), P(4・3・1),
    E(4・3・2), P(4・3・2),
    E(4・5・3), P(4・5・3),
    E(4・5・4), P(4・5・4),
    E(4・5・5)
  III. E(2・2・1), P(2・2・1),
    E(2・2・2), P(2・2・2)
  IV. E(1・1・2)

座標軸の選び方
  II. 第2章 §2 全部

その他
  I. P(5・3・3)
  II. P(4・5・5), E(4・6・1),
    E(4・6・2), E(4・6・3),
    E(4・6・4)
  III. E(2・1・3), E(3・1・5),
    E(4・3・1), P(4・3・1)
  IV. P(1・1・1)
  V. E(1・1・2), E(1・1・3),
    E(1・2・1), P(1・2・1),
    E(1・2・2), P(1・2・2)

[11] 2次曲線
 だ円
  II. P(2・1・2)
  III. E(2・1・2), P(2・1・2)
  IV. E(1・2・1)
  別II. E(4・3・1), P(4・3・1),
    P(4・3・2), E(6・5・1)

 放物線
  II. E(2・2・1), P(2・2・1),
    E(2・2・2), P(3・1・3)
  III. P(2・1・3)
  別II. P(1・3・1)

[12] 行列と1次変数
 回転, 直線に関する対称移動
  別I. 第2章 §1 全部

 その他
  I. P(3・1・1), E(3・1・2),
    P(5・1・1), E(5・3・1),
    P(5・3・2), E(5・3・4),
    P(5・3・4)
  II. P(3・3・6)

別I. 別巻I 全部

[13] 数列とその和
 漸化式で定められた数列の一般項の求め方
  I. E(2・1・5), E(2・1・6),
    P(2・1・9), P(4・1・2)
  II. E(3・4・1), P(3・4・1),
    E(3・4・2), P(3・4・2),
    E(3・4・3)
  III. E(1・1・1), P(1・1・1)
  IV. P(2・2・1), E(2・2・3)
  別II. E(1・4・1), P(1・4・1),

 その他
  I. P(3・1・2), P(3・2・2),
    E(5・3・5), P(5・3・5)
  II. E(2・3・1)
  III. E(1・1・2), P(1・1・2),
    E(1・1・3), P(1・1・3),
    E(1・3・3), P(1・3・3),
    E(3・3・2), P(4・2・1)

[14] 基礎解析の微分・積分
 3次関数のグラフ
  II. E(2・2・3), P(2・2・3),
    E(2・2・4), P(2・2・4),
    P(2・2・5), E(3・1・2)
  III. E(2・1・1)
  別II. P(1・1・2), E(1・3・1),
    E(3・4・1), P(3・4・1)

 その他
  I. P(4・1・3)
  II. E(1・2・2), E(1・2・4),
    P(1・2・4), E(1・3・1),
    P(1・3・1), P(1・3・2),
    E(1・4・2), P(1・4・3),
    E(3・1・5), P(3・1・6)
  III. E(4・1・3), E(4・1・6)

xiv　縦割り目次

別Ⅱ. P(1・3・2), E(3・5・1),
　　　P(3・5・2), P(4・6・2)
　　　E(6・1・1), P(6・1・1)
　　　P(6・1・2), E(6・2・1)
　　　P(6・2・1), P(6・2・2)
　　　P(6・3・1), E(6・4・1)
　　　P(6・4・1), P(6・4・2)
　　　P(6・5・1), E(6・6・1)
　　　P(6・6・1)

[15]　最大・最小

2変数関数の最大・最小
　　　Ⅳ. 第3章§3全部

2変数以上の関数の最大・最小
　　　Ⅱ. E(1・1・1), P(1・1・1),
　　　　E(1・1・2), P(1・1・2),
　　　　P(1・1・3)
　　　Ⅳ. E(3・3・6)
　　別Ⅱ. P(3・1・1), E(3・1・1),
　　　　E(4・6・1)

最大・最小問題と変数の置き換え
　　　Ⅱ. E(1・1・4), P(1・1・6),
　　　　E(3・2・1), P(3・3・5)
　　　Ⅳ. P(3・4・1), E(3・4・3)
　　別Ⅱ. E(5・2・1), P(5・2・1),
　　　　P(5・2・3)

図形の最大・最小
　　　Ⅱ. E(4・1・4), P(4・1・4),
　　　　E(4・1・5), P(4・1・5)
　　　Ⅲ. P(3・1・5), E(3・1・7)

独立2変数関数の最大・最小
　　　Ⅱ. E(4・1・1), P(4・1・1),
　　　　E(4・1・2), P(4・1・2),
　　　　E(4・1・3), E(4・2・1),
　　　　P(4・2・1), E(4・2・2),

　　　　P(4・2・2), E(4・2・3)
　　別Ⅱ. E(5・3・1)

その他
　　　Ⅱ. E(3・1・3), P(3・2・1),
　　　　E(3・2・2), P(3・2・2),
　　　　E(3・3・2), P(3・3・2),
　　　　E(4・3・3)
　　　Ⅲ. P(3・1・2), E(4・1・1),
　　　　P(4・1・1)
　　　Ⅳ. E(3・4・1)
　　　Ⅴ. E(1・1・4)
　　別Ⅱ. P(2・1・1), E(2・1・1),
　　　　P(2・2・1), E(4・1・1),
　　　　P(5・3・1), E(6・3・1)

[16]　順列・組合せ

場合の数の数え方
　　　Ⅰ. 第3章§2全部
　　　Ⅱ. E(1・4・1), P(2・3・2)
　　　Ⅲ. E(3・1・1), P(3・1・1),
　　　　E(4・1・4)
　　　Ⅳ. E(2・1・1), E(2・2・2),
　　　　E(2・2・3)

その他
　　　Ⅲ. E(2・2・7), E(4・1・4)

[17]　確率

やや複雑な確率の問題
　　　Ⅰ. E(4・2・1), P(4・2・1),
　　　　E(4・2・2), E(4・2・3),
　　　　P(4・2・3)
　　　Ⅱ. E(1・4・1), P(1・4・1),
　　　　P(1・4・2)
　　　Ⅳ. E(2・1・3), E(2・2・1),
　　　　P(2・2・1), P(2・2・2),
　　　　P(2・2・3), E(3・7・1),
　　　　P(3・7・1), E(3・7・2),

　　　　P(3・7・2)

期待値
　　　Ⅰ. E(4・2・1)
　　　Ⅲ. E(2・1・4), P(2・1・4),
　　　　P(4・1・4)
　　　Ⅳ. P(3・7・3)

その他
　　　Ⅲ. P(2・2・5), E(2・2・6),
　　　　E(4・1・4)

[18]　理系の微分・積分

数列の極限
　　　Ⅰ. E(2・2・2), P(2・2・2)
　　　Ⅳ. P(3・4・3), E(3・5・1),
　　　　P(3・5・1), P(3・5・3)

関数の極限
　　　Ⅱ. P(3・1・6)
　　　Ⅲ. E(4・3・2), P(4・3・2)
　　　Ⅳ. P(2・2・1), E(3・1・2)

平均値の定理
　　　Ⅰ. P(2・2・1), E(2・2・5),
　　　　P(2・2・6)

中間値の定理
　　　Ⅰ. E(2・2・3), P(2・2・3),
　　　　P(2・2・4)
　　　Ⅲ. E(4・1・5)

積分の基本公式
　　　Ⅱ. E(1・2・2), P(1・2・2),
　　　　E(1・2・3), P(1・2・3)
　　　Ⅲ. P(4・1・3), E(4・1・6),
　　　　E(4・3・3), E(4・3・5)

曲線の囲む面積

- Ⅱ. E(1・2・4), P(1・2・4), E(3・1・2)
- Ⅲ. P(2・1・1)

立体の体積

- Ⅱ. E(1・2・1), E(1・3・1), E(1・4・2), P(1・4・3), E(3・3・1), P(3・3・1)
- Ⅴ. 第2章全部

その他

- Ⅰ. E(2・2・1)
- Ⅲ. P(1・3・2), E(2・1・1), P(4・1・5), E(4・1・6), P(4・1・6), E(4・2・3), P(4・3・3), E(4・3・4), P(4・3・4)
- 別Ⅱ. P(1・4・2), P(4・6・3), P(5・1・1), P(5・2・2), P(5・4・3)

発見的教授法による数学シリーズ

③
数学の発想のしかた

第1章 規則性の発見のしかたと具体化の方法

　この章では，規則性の発見のしかたと，具体化の方法について述べる．

　変化するものに対して，その規則性を発見することや抽象的な事柄を具体化することが，物事を推理したり，解き明かすために重要であることはいうに及ばぬことである．初夏になれば冬服をしまいこみ，秋になればそろそろストーブを物置きから出すのは，気温が1年を1周期として変化するという規則性（この場合は周期性）を，人々が知っているからである．

　それでは，どのようにして規則性を見出すことができるのだろうか．まず，複雑なものの中から規則やパターンをつかみとるためには，単に"観察すればよい"というだけでなく，鋭い観察力をもって然るべき点を凝視しなければならない．

　たとえば日本では，書類に押印するのが習慣になっているが，欧米などでは，サイン1つですべての事務的事柄を片づけてしまう．それは人の筆跡にはそれぞれ他の人には真似のできない特徴があるからである．筆跡鑑定や筆跡占いなどは，この性質を利用したものといえるだろう．カタカナや金釘流で，故意に特徴を隠そうとして書かれた筆跡からその人の特徴をつかむことは難しくなるが，それでも，曲線が多い文字や数字などに着目すると，見出し難いその人特有のパターンをつかむことができる．

　さらに，鋭い観察力を働かせるためには，データを分類，整理し見通しをよくする必要がある．そのために，一覧表に書き並べたり，棒グラフや折れ線グラフで総合的に変化を表現したり，コンピュータグラフィックを使って立体的に表現してみたり，異なる基準に基づいてデータを分析し直すことが大切である．

　では，次に具体化の方法について述べよう．人は具体的なものに比べ，抽象的なものは理解しにくい．戦争は悲惨であり，不幸な結果を招くから絶対に避けるべきだという言葉は理解しても，戦争を体験していない世代には，実感としてその恐怖は伝わらない．数学が難しい1つの理由は，それが抽象的対象を扱うことにある．だから，問題を解く際に，動きまわる点や直線を具体的に動かすこと，変数やパラメータに具体的に代入すること，問題用紙を折ったり丸めたりして，円すいや四面体，円柱などを具現すること，情報がたくさんつまった記号（たとえば Σ などのようなもの）を具体的に書き直してみることなどが大切である．

§1 数列や関数列は規則性が現れるまで書き並べよ

　身体の具合が悪いとき，突然，体温を測ったり脈拍を数え出したりしても，普段の自分の体温や脈拍を知らなければ，これらのデータを有効に活かすことはできない．しかし，体温や脈拍を定期的に測定している人ならば，かなり正確に身体の変調を知ることができる．体温を一定時間おきに測り，記録していくと大抵は朝が低く，昼，夜に従って上昇していくことや，測定を数か月も続けると，1か月を単位とする周期性を見出すこともある．医者は体温，脈拍，血圧，心電図，脈波や脳波，……などのデータを測定し，人の身体の状態を判断し，さらには身体のどこの部分がどのように悪いかを診断し，それらの結果に基づき適切な治療法までも決定する．名医とは，一見混沌としたものの中から背後に潜む事実を見出すことができる医者ともいえるだろう．上述の事柄は，発見と称するほど大げさなものではないが，医者や看護婦が日々に行う操作自体は，大きな発見を呼び起こす手法と相通ずるものがある．すなわち，日々の観察を続け，無秩序の中からなにがしかの真実を見出すことは自然科学の本領といえるのである．

　たとえば，日々の天体の動きを緻密に観測し，惑星が，太陽のまわりを太陽を焦点の1つとするだ円運動をしていることや，その惑星の速度が，そのだ円の焦点と惑星の軌道上の弧とがつくる面積を一定にして運動しているという事実を，ケプラーは江戸時代初期の1609年に発見した．

　また，メンデルは，エンドウから遺伝の法則を発見した．彼が注目したエンドウに関する性質は，その大きさや重さでなく，種子の形が丸いか角張っているか，シワがあるかないか，さやは種子の間にくびれがあるかないかなどであった．

　このように，発見をする定常的操作は，データを収集することに始まり，適切な基準に基づき整理分析することによって，初めて常人には見えなかった新しい事実が浮かびあがるのである．常人に見抜きにくかった事実の発見こそが大きな発見の名にふさわしいのである．

　数学の問題解法に際しても，多かれ少なかれ発見的要素が必要になる．ケプラーが天体運動に関する数ある可能な着眼点の中から面積に注目し，また，メンデルは種子のくびれや形に注目したように，その問題固有の点に注目しない限り，難しい問題は解けないのである．そのためには，何はともあれ，データを書き並べ，それらをどのような基準で分析すればよいかを探る姿勢が難問解決の基本となるのである．

[例題 1・1・1]

$$x_{n+2}=\frac{1+x_{n+1}}{x_n}, \quad x_1=6, \quad x_2=1$$

によって定められる数列の第1989項，すなわち x_{1989} を求めよ．

発想法

x_{1989} は数列 $\{x_n\}$ の一般項を求めることができれば，その式に $n=1989$ を代入することにより求めることができる．IIの第3章§4では，非線形の漸化式を線形の式に直して，数列の一般項を求める方法を学んだ．この漸化式は線形化できるだろうか？　どうもうまくいきそうにない．それでは，この問題の答を得ることをあきらめるしかないだろうか．問題文をよく読み直してみると，実は，この問題では「一般項を求めよ」とはいっていない．x_{1989} という具体的な値が問われているのである．もちろん，一般項を求めずに，漸化式をそのまま使って限られた時間内に x_{1989} まで順次計算することは不可能に近い．しかし，数列 $\{x_n\}$ にもし何らかの規則性 (たとえば，周期性など) を見出すことができれば，膨大な計算をしなくても x_{1989} の値を予想することができる．漸化式 $x_{n+2}=\dfrac{1+x_{n+1}}{x_n}$ において，

$$x_k=x_1, \quad x_{k+1}=x_2$$

なる (最小の) k が見つかったとしよう．すると

$$x_{k+2}=\frac{1+x_{k+1}}{x_k}=\frac{1+x_2}{x_1}=x_3$$

以下同様に

$$x_{k+3}=\frac{1+x_{k+2}}{x_{k+1}}=\frac{1+x_3}{x_2}=x_4$$

$$x_{k+4}=\frac{1+x_{k+3}}{x_{k+2}}=\frac{1+x_4}{x_3}=x_5$$

$$\vdots \qquad \vdots \qquad \vdots \qquad \vdots$$

$$x_{2k-1}=\frac{1+x_{2k-2}}{x_{2k-3}}=\frac{1+x_{k-1}}{x_{k-2}}=x_k=x_1$$

となっていくので，一般に

$$x_{n+k-1}=x_n$$

が成り立つことがわかる．すなわち，数列 $\{x_n\}$ は周期 $k-1$ で同じ値が繰り返される数列であるから，x_{1989} の値が $x_1 \sim x_{k-1}$ のいずれの値と一致するかを知れば答を得ることができる．

このようにうまく周期性が見つかるのは，まれな例である．しかし，数列や関数列を議論するとき，周期性というのはつねに頭に入れておかなければならない重要な性質の1つだ．

解答 まず，最初の何項かを見ていこう．

$x_1 = 6$

$x_2 = 1$

$x_3 = \dfrac{1+1}{6} = \dfrac{1}{3}$

$x_4 = \dfrac{1+\dfrac{1}{3}}{1} = \dfrac{4}{3}$

$x_5 = \dfrac{1+\dfrac{4}{3}}{\dfrac{1}{3}} = 7$

$x_6 = \dfrac{1+7}{\dfrac{4}{3}} = 6 = x_1$

$x_7 = 1 = x_2$

$x_8 = \dfrac{1+x_7}{x_6} = \dfrac{1+x_2}{x_1} = x_3$

$\vdots$

となっていくから，一般に

$x_{n+5} = x_n$ （周期 5 の数列）

が成り立つ（別のいい方をすれば，$x_{5k+l} = x_l$ ($l=1, 2, \cdots, 5$) だ．わざわざ帰納法で示すまでもない）．

したがって，ある整数 m を用いて $1989 = 5m+4$ ($= 5 \times 397 + 4$) と書けるから

$x_{1989} = x_{5m+4} = x_4 = \dfrac{\mathbf{4}}{\mathbf{3}}$ ……(答)

（注）実をいうと，漸化式

$x_{n+2} = \dfrac{1+x_{n+1}}{x_n}$

で与えられる数列 $\{x_n\}$ は初期値にかかわらず（ただし，-1 と 0 は除く），周期 5 で同じ値の項が現れる数列である．そのことは

$x_{n+5} = \dfrac{1+x_{n+4}}{x_{n+3}} = \dfrac{1+\dfrac{1+x_{n+3}}{x_{n+2}}}{x_{n+3}} = \dfrac{1+x_{n+2}+x_{n+3}}{x_{n+2} \cdot x_{n+3}}$

$= \dfrac{1+x_{n+2}+\dfrac{1+x_{n+2}}{x_{n+1}}}{x_{n+2} \cdot \dfrac{1+x_{n+2}}{x_{n+1}}} = \dfrac{1+x_{n+1}}{x_{n+2}} = x_n$

より示せる．どうしてこのような現象が起きるのかはいまだ解明されていない！

§1 数列や関数列は規則性が現れるまで書き並べよ 5

──〈練習 $1\cdot1\cdot1\,(\mathrm{a})$〉──────────────

$n \geqq 4$ に対して
$$y_n = \frac{y_{n-1} + y_{n-2} + 1}{y_{n-3}}, \quad y_1 = 1, \quad y_2 = 2, \quad y_3 = 3$$
によって定められる数列の1000項目,すなわち y_{1000} の値を求めよ.

解答 まず,はじめの何項かを調べよう.

$y_1 = 1$

$y_2 = 2$

$y_3 = 3$

$y_4 = \dfrac{3 + 2 + 1}{1} = 6$

$y_5 = \dfrac{6 + 3 + 1}{2} = 5$

$y_6 = \dfrac{5 + 6 + 1}{3} = 4$

$y_7 = \dfrac{4 + 5 + 1}{6} = \dfrac{5}{3}$

$y_8 = \dfrac{\frac{5}{3} + 4 + 1}{5} = \dfrac{4}{3}$

$y_9 = \dfrac{\frac{4}{3} + \frac{5}{3} + 1}{4} = 1 = y_1$

$y_{10} = \dfrac{1 + \frac{4}{3} + 1}{\frac{5}{3}} = 2 = y_2$

$y_{11} = \dfrac{2 + 1 + 1}{\frac{4}{3}} = 3 = y_3$

$y_{12} = \dfrac{y_2 + y_3 + 1}{y_1} = y_4$

$\vdots$

となっていくので,一般に
$$y_{n+8} = y_n \quad (\text{周期 8 の数列})$$
が成り立つ.

したがって,ある整数 m を用いて $1000 = 8m \,(= 8 \times 125)$ と書けるから
$$y_{1000} = y_{8 \times 125}$$
$$= y_8$$
$$= \dfrac{4}{3} \qquad \cdots\cdots(\text{答})$$

[コメント]

本問の漸化式 $y_n = \dfrac{y_{n-1} + y_{n-2} + 1}{y_{n-3}}$ で与えられる数列 $\{y_n\}$ は,
$$y_1 = a, \quad y_2 = b, \quad y_3 = c$$
とおいて計算しても,やはり周期 8 の数列となる.各自証明を試みよ(ただし,相当たいへんな計算になる).

6   第1章　規則性の発見のしかたと具体化の方法

〈練習　1・1・1(b)〉

数列 $\{a_n\}$ は $a_1=0$ であり，a_n $(n\geqq 2)$ は
$$a_{n+1}=\lceil f_n(x)=2x^3-3a_nx^2+(-a_n{}^2+3a_n-1)=0\text{ の相異なる実数解の個数}\rfloor \quad (n=1,2,3,\cdots\cdots)$$
によって定められるものとする．a_{200} を求めよ．

発想法

「a_n は3次方程式の相異なる実数解の個数」だから，各 a_n がとりうる値として可能性があるのは，1, 2 または 3 のたった3通りである．まず，これらの数が規則性をもって数列 $\{a_n\}$ に出現するか否かを調べよ．

解答　まず，最初の何項かを調べる．　$n=1$ とおいて，
$$a_2=[\,f_1(x)=2x^3-1=0\text{ の相異なる実数解の個数}\,]$$

$f_1(x)=0$ の実数解は $x=\dfrac{1}{\sqrt[3]{2}}$ のみである．

ゆえに $a_2=1$．　$a_2=1$ より
$$a_3=[\,f_2(x)=2x^3-3x^2+1=0\text{ の相異なる実数解の個数}\,]$$
となる．

$f_2(x)=(x-1)^2(2x+1)$ と因数分解できるから，$f_2(x)=0$ の実数解は $x=1,\ -\dfrac{1}{2}$ の2つである．ゆえに $a_3=2$

$a_3=2$ より
$$a_4=[\,f_3(x)=2x^3-6x^2+1=0\text{ の相異なる実数解の個数}\,]$$
となる．
$$f_3'(x)=6x^2-12x=6x(x-2)$$
$$f_3(0)=1,\quad f_3(2)=-7$$
から，$y=f_3(x)$ のグラフは図1のようになる．

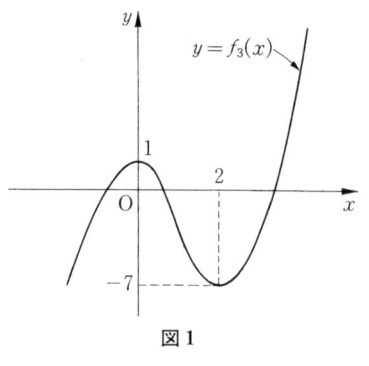

図1

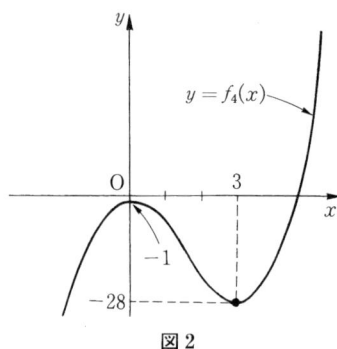

図2

よって，$f_3(x)=0$ は相異なる 3 つの実数解をもつので，$a_4=3$
$a_4=3$ より
$\quad a_5=[\ f_4(x)=2x^3-9x^2-1=0\ \ $の相異なる実数解の個数 $]$
$\quad f_4'(x)=6x^2-18x=6x(x-3)$
$\quad\quad (f_4(x)$ の極大値$)=f_4(0)=-1$
$\quad\quad (f_4(x)$ の極小値$)=f_4(3)=-28$
これらは同符号だから，$y=f_4(x)$ のグラフを考えて（図 2），$f_4(x)=0$ の実数解は 1 つである．ゆえに
$\quad a_5=1$
よって，$f_5(x)=f_2(x)$ となり，
$\quad a_6=a_3=2$
これより，$f_6(x)=f_3(x)$ となり，
$\quad a_7=a_4=3$
このようにして，数列 $\{a_n\}$ は
$\quad \{0,\ 1,\ 2,\ 3,\ 1,\ 2,\ 3,\ \cdots\cdots\}\quad \cdots\cdots Ⓐ$
のように繰り返しとなり，$m=0,\ 1,\ 2,\ \cdots\cdots$ として
$$a_n=\begin{cases} 1 & (n=3m+2\ \text{のとき}) \\ 2 & (n=3m+3\ \text{のとき}) \\ 3 & (n=3m+4\ \text{のとき}) \end{cases}\quad \cdots\cdots Ⓑ$$
となる．したがって
$\quad a_{200}=a_{3\times 66+2}$
$\quad\quad\ \ =1 \quad\quad\quad \cdots\cdots$（答）

（注）$a_5=a_2=1$ がわかれば，$a_6=a_3=2$，$a_7=a_4=3$，$\cdots\cdots$ は明らかとしてよい．Ⓐ，Ⓑ をわざわざ数学的帰納法で証明する必要はない．

8　第1章　規則性の発見のしかたと具体化の方法

[例題 1・1・2]

無限級数　$\dfrac{x^2}{1-x^2}+\dfrac{x^3}{1-x^4}+\dfrac{x^5}{1-x^8}+\cdots\cdots+\dfrac{x^{2^{n-1}+1}}{1-x^{2^n}}+\cdots\cdots$ は $x^2\neq 1$ のとき収束することを示し，その和を求めよ．

発想法

第 n 項までの和を S_n とおく．S_n の一般項がわかれば，$n\to\infty$ としたものが求める和である．級数 S_n の一般項 a_n は

$$a_n=\dfrac{x^{2^{n-1}+1}}{1-x^{2^n}}$$

である．一般項 S_n の形を推測するために，$S_1,\ S_2,\ S_3,\ S_4$ を具体的に書き並べてみよう．

$$S_1=a_1=\dfrac{x^2}{1-x^2}$$

$$S_2=a_1+a_2=\dfrac{x^2}{1-x^2}+\dfrac{x^3}{1-x^4}=\dfrac{x^2(1+x^2)+x^3}{1-x^4}$$

$$=\dfrac{x^2+x^3+x^4}{1-x^4}$$

$$S_3=S_2+a_3=\dfrac{x^2+x^3+x^4}{1-x^4}+\dfrac{x^5}{1-x^8}=\dfrac{(x^2+x^3+x^4)(1+x^4)+x^5}{1-x^8}$$

$$=\dfrac{x^2+x^3+x^4+x^5+x^6+x^7+x^8}{1-x^8}$$

（これは規則性がありそうだ！）

$$S_n=\dfrac{1}{1-x^{2^n}}(x^2+x^3+\cdots\cdots+x^{2^n})$$

と推測できる．この式（☆）をもとに解答をつくればよい．

解答

$$a_n=\dfrac{x^{2^{n-1}+1}}{1-x^{2^n}}\quad (n=1,\ 2,\ \cdots\cdots),\qquad S_n=\sum_{i=1}^{n}a_i$$

とおく．このとき

$$S_n=\dfrac{1}{1-x^{2^n}}(x^2+x^3+\cdots\cdots+x^{2^n})\qquad\cdots\cdots(☆)$$

を帰納法を用いて証明する．

(I)　$n=1$ のとき

$$S_1=a_1=\dfrac{x^2}{1-x^2}$$

よって（☆）は成立する．

(II)　$n=k$ のとき（☆）が成り立つと仮定すると，$n=k+1$ のとき

$$S_{k+1}=S_k+a_{k+1}$$

$$= \frac{1}{1-x^{2^k}}(x^2+x^3+\cdots\cdots+x^{2^k})+\frac{x^{2^{k+1}}}{1-x^{2^{k+1}}}$$

$$= \frac{(x^2+x^3+\cdots\cdots+x^{2^k})(1+x^{2^k})+x^{2^{k+1}}}{1-x^{2^{k+1}}}$$

$$= \frac{x^2+x^3+\cdots\cdots+x^{2^k}+x^{2^k+1}+x^{2^k+2}+\cdots\cdots+x^{2^{k+1}}}{1-x^{2^{k+1}}}$$

よって，$n=k+1$ のときも (☆) は成立する．よって S_n は

$$S_n=\frac{1}{1-x^{2^n}}(x^2+x^3+\cdots\cdots+x^{2^n})=\frac{1}{1-x^{2^n}}\cdot\frac{x^2(1-x^{2^n-1})}{1-x}$$

$$=\frac{x^2}{1-x}\cdot\frac{1-x^{2^n-1}}{1-x^{2^n}}$$

求める和を S とすると

(i) $|x|<1$ のとき，$\lim_{n\to\infty}x^{2^n}=0$ であるから

$$S=\lim_{n\to\infty}S_n=\frac{x^2}{1-x}$$

(ii) $|x|>1$ のとき，$\frac{1}{|x|}<1$ で $\lim_{n\to\infty}\frac{1}{x^{2^n-1}}=0$ であるから

$$S=\lim_{n\to\infty}S_n=\lim_{n\to\infty}\frac{x^2}{1-x}\cdot\frac{\frac{1}{x^{2^n-1}}-1}{\frac{1}{x^{2^n-1}}-x}=\frac{x}{1-x}$$

したがって

$$\begin{cases} \dfrac{x^2}{1-x} & (-1<x<1) \\ \dfrac{x}{1-x} & (x<-1,\ 1<x) \end{cases} \quad\cdots\cdots\text{(答)}$$

【別解】 やや巧妙だが，

$$\frac{x}{1-x^2}=\frac{1}{1-x}-\frac{1}{1-x^2},\quad \frac{x^2}{1-x^4}=\frac{1}{1-x^2}-\frac{1}{1-x^4},\quad \cdots\cdots$$

と変形できることに気づけば，「中抜けの原理」([例題 1・3・3] 参照) を使ってよりスマートに解くことができる．

一般に $\dfrac{x^{2^{n-1}}}{1-x^{2^n}}=\dfrac{1}{1-x^{2^{n-1}}}-\dfrac{1}{1-x^{2^n}}$ より

$$S_n=x\left\{\frac{x}{1-x^2}+\frac{x^2}{1-x^4}+\frac{x^4}{1-x^8}+\cdots\cdots+\frac{x^{2^{n-1}}}{1-x^{2^n}}\right\}$$

$$=x\left\{\left(\frac{1}{1-x}-\frac{\cancel{1}}{\cancel{1-x^2}}\right)+\left(\frac{\cancel{1}}{\cancel{1-x^2}}-\frac{\cancel{1}}{\cancel{1-x^4}}\right)+\cdots\cdots+\left(\frac{\cancel{1}}{\cancel{1-x^{2^{n-1}}}}-\frac{1}{1-x^{2^n}}\right)\right\}$$

$$=x\left(\frac{1}{1-x}-\frac{1}{1-x^{2^n}}\right)$$

以下，同様．

〈練習 1・1・2〉

集合 $A = \{(x, y) \mid x, y \text{ は } y \geq x^2 \text{ かつ } y \leq n \text{ をみたす整数}\}$ の要素の個数を S_n とおく.

(1) $\left| S_n - 2\sum_{k=1}^{n} \sqrt{k} - 1 \right| \leq n$ を示せ.

(2) $\displaystyle\lim_{n \to \infty} \frac{S_n}{n^{\frac{3}{2}}}$ を求めよ.

発想法

本問のように見なれない問題を扱う場合は，はじめに S_n の規則性を実験により調べると，解法の手がかりをつかむことができる.

(i) $n=1$ の場合 $(y \geq x^2, y \leq 1)$

図1より, $S_1 = 4$

$\left| S_1 - 2\sum_{k=1}^{1} \sqrt{k} - 1 \right| = |4 - 2 \cdot 1 - 1|$
$= 1 \leq 1$

よって，(1)の不等式はみたされる.

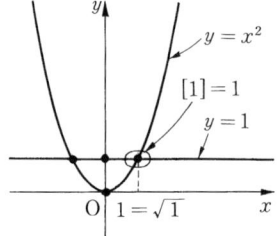

図1

(ii) $n=2$ の場合 $(y \geq x^2, y \leq 2)$

図2より, $S_2 = 7$

$\left| S_2 - 2\sum_{k=1}^{2} \sqrt{k} - 1 \right| = |7 - 2(1+\sqrt{2}) - 1|$
$= |4 - 2\sqrt{2}| \leq 2$

よって，(1)の不等式はみたされる.

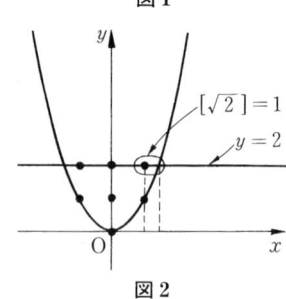

図2

(iii) $n=3$ の場合 $(y \geq x^2, y \leq 3)$

図3より, $S_3 = 10$

(iv) $n=4$ の場合 $(y \geq x^2, y \leq 4)$

図4より, $S_4 = 15$

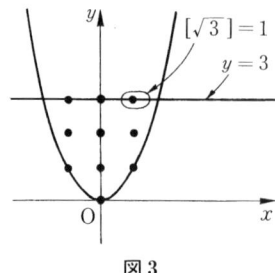

図3

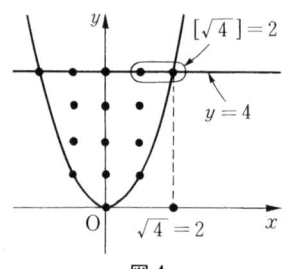

図4

図1〜4より，直線 $y = k$ $(0 \leq k \leq n)$ 上に存在する格子点（点 (x, y) において，x, y がともに，整数で与えられる点）の個数に，規則性を見出すことができる.

すなわち，x 軸に k，y 軸に S_k（直線 $y=k$（$0\leq k\leq n$）上に存在する格子点の個数）をとり，グラフに図示すると図5を得る．
　図5より，S_k の値は k が整数のべき乗，すなわち，$\sqrt{k}$ が有理数（整数）となるごとに，階段状に増加していることがわかる．
　このように，滑らかな連続関数ではなく，がたがたと階段状に変化する関数を表現する手段に，ガウス記号（[　]）がある（$y=[x]$ のグラフは，図6のようになる）．

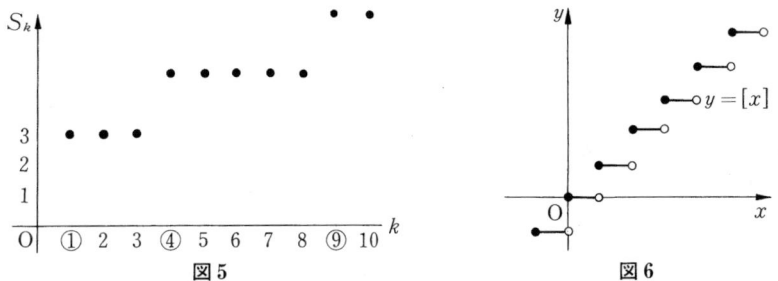

図5　　　　　　　　　　　図6

　ガウス記号を自力で導入するところに本問の難しさがあるが，ガウス記号を用いると，$[\sqrt{k}]$ は x が正の格子点の数を表すから，x が負の部分，および $x=0$ の格子点の数を考えて，直線 $y=k$ 上に格子点の数は $S_k=2[\sqrt{k}]+1$（図1～4参照）で与えられる．したがって

$$S_n = \sum_{k=0}^{n} S_k$$
$$= \sum_{k=0}^{n} (2[\sqrt{k}]+1)$$
$$= 2\sum_{k=1}^{n} [\sqrt{k}]+n+1 \quad \cdots\cdots ①$$

を得る．

[解答]　(1)　①より

$$S_n - 2\sum_{k=1}^{n}\sqrt{k} - 1 = 2\sum_{k=1}^{n}[\sqrt{k}]+n+1-2\sum_{k=1}^{n}\sqrt{k}-1$$
$$= 2\cdot\sum_{k=1}^{n}([\sqrt{k}]-\sqrt{k})+n \quad \cdots\cdots ②$$

ここで

$$-1 < [\sqrt{k}]-\sqrt{k} \leq 0$$

より

$$-n < \sum_{k=1}^{n}([\sqrt{k}]-\sqrt{k}) \leq 0$$

だから，②より

$$-2n < 2\sum_{k=1}^{n}([\sqrt{k}]-\sqrt{k}) \leq 0$$

$$\iff -n < 2\sum_{k=1}^{n}([\sqrt{k}]-\sqrt{k})+n \leq n$$

$$\iff -n < S_n - 2\sum_{k=1}^{n}\sqrt{k}-1 \leq n$$

$$\therefore \quad |S_n - 2\sum_{k=1}^{n}\sqrt{k}-1| \leq n$$

(2) $\quad |S_n - 2\sum_{k=1}^{n}\sqrt{k}-1| \leq n$

$$\iff \left|\frac{S_n}{n^{\frac{3}{2}}} - \frac{2}{n^{\frac{3}{2}}}\sum_{k=1}^{n}\sqrt{k} - \frac{1}{n^{\frac{3}{2}}}\right| \leq \frac{1}{\sqrt{n}} \quad \cdots\cdots ③$$

③において,$n \to +\infty$ のとき,右辺 $\to 0$ となるので

$$\lim_{n \to +\infty}\frac{S_n}{n^{\frac{3}{2}}} = \lim_{n \to +\infty}\left(\frac{2}{n^{\frac{3}{2}}}\sum_{k=1}^{n}\sqrt{k} + \frac{1}{n^{\frac{3}{2}}}\right) \quad \cdots\cdots ④$$

$\lim_{n \to +\infty}\frac{1}{n^{\frac{3}{2}}}=0$ だから

$$④ \iff \lim_{n \to +\infty}\frac{2}{n^{\frac{3}{2}}}\sum_{k=1}^{n}\sqrt{k} = \lim_{n \to +\infty}\frac{2}{n}\sum_{k=1}^{n}\sqrt{\frac{k}{n}}$$

ここで,$y=\sqrt{x}$ のグラフを考えると,$\lim_{n \to \infty}\frac{1}{n}\sum_{k=1}^{n}\sqrt{\frac{k}{n}}$ は,図7の斜線部の面積を表す.

したがって

$$④ \iff 2\int_{0}^{1}\sqrt{x}\,dx = 2\left[\frac{2}{3}x^{\frac{3}{2}}\right]_{0}^{1} = \frac{4}{3} \quad \cdots\cdots(答)$$

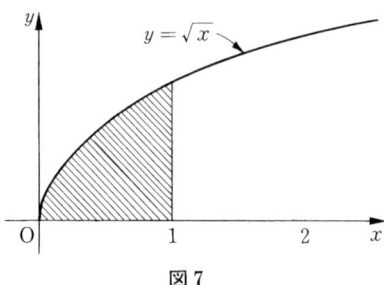

図7

［例題　1・1・3］

$10^5 (=100000)$ 以下の負でない整数の中から，次の条件（＊）をみたすような 1988 個の数が選べることを示せ．

　　どの 3 個を選んでも等差数列をなさない　……（＊）

発想法

$a<b<c$ なる 3 数が等差数列をなす必要十分条件は，$b=\dfrac{a+c}{2}$ である．よって，0 以上 10^5 以下の整数の部分集合 A が条件（＊）をみたすための必要十分条件は，

　　「$\forall \alpha \in A,\ \forall \beta \in A$　について，$\alpha \neq \beta$ ならば $\dfrac{\alpha+\beta}{2} \notin A$」　……（＊＊）

となる．

1988 という数字にあまり意味はなさそうだが，ともかく，なるべくたくさんの数が選べるように，そして，0 から順に題意をみたすような数を選んでみよう．すると，

　　0, 1, 3, 4, 9, 10, 12, 13, 27, 28, 30, 31, 36, 37, 39, 40, ……

この数列に潜むパターンを洞察しよう．まず，すぐに（？）わかることは，(3 の倍数) と (3 の倍数＋1) が交互に現れているということである．しかし，そのような数がすべて選ばれているわけではない．

上の数列を数直線上に配置することにより，この数列の規則性を視覚的にとらえてみよう（図 1）．

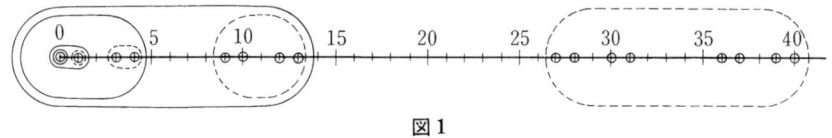

図 1

数列の配置における「自己相似性」に気づいてもらえただろうか．

すなわち，この数列では $(0, 1)$ と $(3, 4)$ の組の配置が $(0, 1, 3, 4)$ と $(9, 10, 12, 13)$ の組の配置と同じような形になっている．このことは，図 1 における実線と破線で囲まれる数字の組すべてにあてはまっている．

以上の考察から，（＊）をみたす数列の 1 つは，数直線上の自己相似的な拡大によって得られるらしい．ある程度の間隔をおいて，自分自身のコピーをつくるというアルゴリズムにより，等差数列が生じるのを防ぐことができるわけだ．これを利用したのが以下に述べる解答である．

しかし，この問題にはアッと驚く単純明快な「**別解**」があるので，これも付記しておく．

[解答] 集合 $A_n = \{0, 1, 3, 4, \ldots, a_n\}$ (a_n は A_n の要素の中の最大値を表す) を以下のように帰納的に定義する (図2参照).

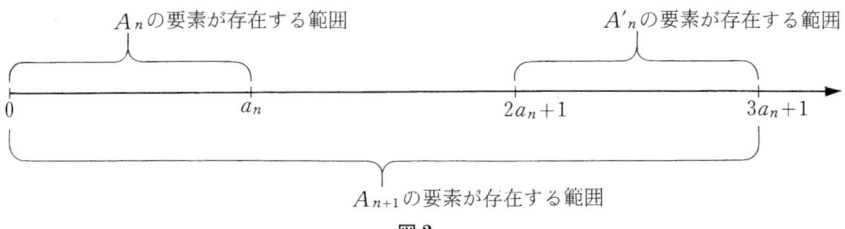

図2

$A_0 = \{a_0\} = \{0\}$

$n \geq 0$ なる任意の n について,$A_n = \{0, 1, 3, 4, \ldots, a_n\}$ に対し,A_n のおのおのの要素に $(2a_n+1)$ を加えて得られる数の集合を
$$A_n' = \{(2a_n+1)+0, (2a_n+1)+1, \ldots, (2a_n+1)+a_n\}$$
として,
$$A_{n+1} = A_n \cup A_n'$$
(A_n と A_n' の間に,長さ (a_n+1) の空白部分を設けるために $(2a_n+1)$ を加えた)

このとき,集合 A の要素の個数を $|A|$ で表すことにすると,$|A_n| = |A_n'|$ より,
$$|A_{n+1}| = 2|A_n| \quad \therefore \quad |A_n| = 2^n \cdot |A_0| = 2^n \quad \cdots\cdots ①$$

また
$$a_{n+1} = (2a_n+1) + a_n = 3a_n + 1 \iff a_{n+1} + \frac{1}{2} = 3\left(a_n + \frac{1}{2}\right)$$
$$\therefore \quad a_n = 3^n\left(a_0 + \frac{1}{2}\right) - \frac{1}{2} = \frac{3^n - 1}{2} \quad \cdots\cdots ②$$

「任意の負でない整数 n について,集合 A_n が条件 (**) をみたす」ことを帰納法で示そう.

(i) $n=0$ のとき, $A_0 = \{0\}$ は (**) をみたす.

(ii) $n=k$ のとき, $A_k = \{0, 1, 3, \ldots, a_k\}$ が (**) をみたしているとする.このとき,A_k' も (**) をみたすことは明らか.$A_{k+1} = A_k \cup A_k'$ が (**) をみたすかどうかを調べよう.

$A_{k+1} = A_k \cup A_k'$ から任意の2つの要素を取り出すとき,その取り出し方は,
 ア) A_k から2つ取り出す
 イ) A_k' から2つ取り出す
 ウ) A_k から1つ,A_k' から1つ取り出す
の3通りの場合がある.ア),イ) の場合は帰納法の仮定により (**) をみたしている.ウ) の場合,
$\forall \alpha \in A_k$, $\forall \beta \in A_k'$ について $0 \leq \alpha \leq a_k$, $2a_k+1 \leq \beta \leq 3a_k+1$ より

$$\frac{0+(2a_k+1)}{2} \leq \frac{\alpha+\beta}{2} \leq \frac{a_k+(3a_k+1)}{2}$$

$$\therefore \quad a_k+\frac{1}{2} \leq \frac{\alpha+\beta}{2} \leq 2a_k+\frac{1}{2}$$

よって, $\dfrac{\alpha+\beta}{2} \in A_k$ かつ $\dfrac{\alpha+\beta}{2} \in A_k'$ より $\dfrac{\alpha+\beta}{2} \in A_{k+1}$

となり, ウ) の場合も (∗∗) をみたす.

すなわち, $n=k+1$ のときもこの命題は正しい.

(i), (ii) より, 任意の負でない整数 n について A_n は条件 (∗∗) をみたす. すなわち, A_n において (∗) が成立している.

次に, $A_n \subset \{10^5$ 以下の負でない整数$\}$ なる n の最大値を求めよう.

② より

$$\frac{3^n-1}{2} \leq 10^5 \leq \frac{3^{n+1}-1}{2}$$

$$\therefore \quad 3^n \leq 200001 \leq 3^{n+1}$$

$3^{11}=177147 \leq 200001 \leq 3^{12}=531441$ より $n=11$

① より, $|A_{11}|=2^{11}=2048$ だから, (∗) をみたす整数は少なくとも 2048 個存在する. したがって, その 2048 個の中から任意に 1988 個選んでくればよい.

【別解】 「発想法」に示した, (∗) をみたす数列 $\{0, 1, 3, 4, \cdots\cdots\}$ を 3 進法で表してみよう.

$$\left.\begin{array}{r}0= 0_{[3]} \\ 1= 1_{[3]} \\ 3= 10_{[3]} \\ 4= 11_{[3]} \\ 9= 100_{[3]} \\ 10= 101_{[3]} \\ 12= 110_{[3]} \\ 13= 111_{[3]} \\ 27= 1000_{[3]} \\ 28= 1001_{[3]} \\ 30= 1010_{[3]} \\ 31= 1011_{[3]} \\ 36= 1100_{[3]} \\ 37= 1101_{[3]} \\ 39= 1110_{[3]} \\ 40= 1111_{[3]} \\ \vdots \end{array}\right\}$$ (右辺は 3 進表示, 以下も同様に表す)

驚くべきことに，(∗)をみたす数列は，3進法のどの位にも2が現れてこない数を順番に書き並べたものである．逆にいうと，

「3進表示したときに2が現れてこないような任意の3数 $a<b<c$ に対して，
$$a+c \neq 2b \text{」} \quad \cdots\cdots(☆)$$

である．(☆)を背理法で証明する．

もし，$a+c=2b$ となる3数が存在するならば，$2b$ の各位の数は $0(=0\times 2)$ または $2(=1\times 2)$ である．一方，a, c の各位は，0または1であるから，$(a+c)$ の各位が0または2となるためには，すべての位において，$0+0=0$, $1+1=2$ が成り立っていなければならないことがわかる（$1_{[3]}+2_{[3]}=10_{[3]}$ のようなケタ上がりはあり得ない）．すなわち，a と c の各位の数が一致している場合である．

$$\therefore \quad a=c$$

これは，$a<b<c$ に反する．よって，(☆)を否定した仮定は誤り．

あとは，そのような0と1からなる3進数で0以上 10^5 以下のものを数えればよい．

$$3^{10} = \underbrace{10\cdots\cdots 0}_{11\text{個}}{}_{[3]} = 59049, \quad 3^{11} = \underbrace{10\cdots\cdots 0}_{12\text{個}}{}_{[3]} = 177147$$

より，そのような数の最大のもの M は $\underbrace{10\cdots\cdots 0}_{12\text{個}}{}_{[3]}$ よりは小さい．すなわち，M は3進表示で11ケタの数である．

ここで

$$\underbrace{11\cdots\cdots 1}_{11\text{個}}{}_{[3]} = 1\times 3^{10}+1\times 3^9+\cdots\cdots+1\times 3^1+1\times 3^0$$

$$= 3^{10}+3^9+\cdots\cdots+3^1+3^0$$

$$= \frac{3^{11}-1}{3-1} = \frac{177146}{2} = 88573 < 10^5$$

より，$M = \underbrace{11\cdots\cdots 1}_{11\text{個}}{}_{[3]}$ とわかる．0以上 M 以下の3進数で各位が0または1の数の個数は，0, 1からなる11ケタ以下の数（0を含む）のつくり方の個数，すなわち $2^{11}=2048$ 個である．したがって，その2048個の中から任意に1988個選んでくればよい．

[コメント]

「別解」は3進法の性質を利用したエレガントな解法であるが，エレガントな解法が例外なく優れた解法であるとは限らない．たとえば，問題文における「負でない整数」という条件が「正の整数」という条件で与えられていると，0ではなく，1から順に(∗)をみたす数列を選ぶだろう．すなわち，

$$\{1, 2, 4, 5, 10, 11, \cdots\cdots\}$$

数列の「自己相似性」を利用すれば，数列 $\{1, 2, 4, 5, 10, 11, \cdots\cdots\}$ から(∗)を

みたす数を 1988 個選ぶことができることは「**解答**」とほぼ同様の議論で証明できる．
しかし，この数列を 3 進法表示すると，

$1 = 1_{[3]}$
$2 = 2_{[3]}$
$4 = 11_{[3]}$
$5 = 12_{[3]}$
$10 = 101_{[3]}$
$11 = 102_{[3]}$
$\vdots$

となるので，「**別解**」の議論をただちには適用できない．

すなわち，本問の本質は数列の値そのものではなく値と値の間隔にあるのだから，数列を数直線上に表し，その規則性を視覚的にとらえるという発想の方がより一般的な解法であるといえる．

18 第1章 規則性の発見のしかたと具体化の方法

> ─〈練習 1・1・3〉─
>
> 初項が 2, 第 2 項が 7 である数列 {2, 7, 1, 4, 7, 4, 2, 8, ……} は次の規則でつくられたものである.
>
> 初めから連続する 2 項ずつ (すなわち, 1, 2 項, 次に 2, 3 項, 次に 3, 4 項, ……) を取り出し, 今までで構成されている数列の終わりにその積が 1 ケタならばその数を新しい 1 項とし, その積が 2 ケタならば数列の終わりに引き続く 2 つの項として十の位, 一の位の順に並べる.
>
> この数列において 6 の値をもつ項が無数に出現することを示せ.

発想法

まずこの数列の規則をしっかり把握しよう. どういう規則でつくったかというと, 2 と 7 をかけて 14, だから 1, 4 を 7 の直後におく. 次に 7 と 1 をかけて 7, 次に 1 と 4 をかけて 4, 次に 4 と 7 をかけて 28 で 2 ケタだから 2, 8, 次に 7 と 4 をかけてまた 2, 8, 次に 4 と 2 をかけて 8, 2 と 8 をかけて 1, 6, 次に 8 と 2 をかけて 1, 6, いつも 1 ケタずつ, 今までにできている数列の最終項の直後に数を置いていく. いつも 1 ケタだから, 積が 2 ケタのときには十の位, 一の位とその順にただ並べて書いていくといっている. こんな奇妙な数列は初めて見た, という人がほとんどだろう. 数列をつくるための規則は把握したとしても, 一体どんな数列になるのか, 見当もつかない. まして, 普通の数列の問題のように「一般項を n で表す」なんてことは, できそうにない.

こういう問題では, 問題文の規則に従って, 実際に数列をつくっていき, 何らかのパターンを探すしか方法はない. [例題 1・1・1] では最初の 7 項を求めることで規則性をつかむことができたが, 今度は, 10 項や 20 項書いたぐらいでは何のパターンも見えてこない. その代わり, 計算はずっと楽だ. 100 項や 200 項書いたって, 大した時間はかからない.

2, 7, 1, 4, 7, 4, 2, 8, 2, 8, 8, 1, 6, 1, 6, 1, 6, 6, 4, 8, 6, 6, 6, 6,
6, 3, 6, 2, 4, 3, 2, 4, 8, 3, 6, 3, 6, 3, 6, 3, 6, 1, 8, 1, 8, 1, 2, 8,
1, 2, 6, 8, 3, 2, 2, 4, 1, 8, 1, 8, 1, 8, 1, 8, 1, 8, 1, 8, 1, 8, 6, 8,
8, 8, 8, 2, 1, 6, 8, 2, 1, 2, 4, 8, 2, 4, 6, 4, 8, 8, 8, 8, 8, 8,
8, 8, 8, 8, 8, 8, 8, 4, 8, 4, 6, 4, 6, 4, 6, 4, 1, 6, 2, 6, 4, 8, 1,
6, 2, 2, 8, 3, 2, 1, 6, 8, 2, 4, 2, 4, 3, 2, 3, 2, 3, 2, 6, 4, 6, 4, 6,
4, 6, 4, 6, 4, 6, 4, 6, 4, 6, 4, 6, 4, 6, 4, 6, 4, 6, 4, 3, 2, 3, 2, 3,
2, 3, 2, 4, 8, 2, 4, 2, 4, 2, 4, 4, 4, 6, 1, 2, 1, 2, 4, 3,
2, 8, 6, 1, 2, 4, 1, 6, 2, 4, 6, 2, 6, 4, 8, 1, 6, 8, 8, 8, 1, 2, 6, 6,
6, 6, 6, 1, 2, 2, 4, 2, 4, 2, 4, 2, 4, 2, 4, 2, 4, 2, 4, 2, 4, 2,

§1 数列や関数列は規則性が現れるまで書き並べよ   19

4, 2, 4, 2, 4, 2, 4, 2, 4, 2, 4, 2, 4, 2, 4, 2, 4, 2, 4, 2, 4, 2,
4, 2, 4, 1, 2, 6, 6, 6, ……, 3, 6, 6, 2, 4, 8, 8, ……………, 8, 8,
$\underbrace{}_{\text{45 個の 8}}$

4, 2, 1, 2, ………, 1, 2, 8, 3, 2, $\underbrace{6, 4, 6, 4, ………, 6, 4,}_{\text{44 組の 6, 4 のペア}}$ 3,

2, 8, ………

図 1

 このぐらい書いたところで，だいぶ脳ミソも刺激されただろうから，ちょっと手を休めて，頭を働かすとしよう．問題文で要求されているように「6 の値をもつ項が無数に出現することを示す」ためには，何をいえばいいだろう．

 最も都合がいいのは [例題 1・1・1] のように周期性が見つかることである．[例題 1・1・1] では，$x_1 = 6$ の値をもつ項は，4 つおきに無数に出現するのはいうまでもない．ところが，この問題では，「2 項が 1 度に決定される場合がある」という性質のために，「新しく生成される項」と「その新しい項の値を決定する既出の項」の間隔が一定でなく，どんどん広がってしまう．たとえば，最初は「2, 7」の次にすぐ「1, 4」と続ければよかったけれど，もし「2, 7」という配列が再び現れたとしても，その次の項はもっと前の項によってすでに決められているので，「1, 4」が現れるのはずっと後になる．つまり，ある同じ配列が再度現れたからといって，その間の項がそっくり繰り返されるというわけにはいかないのである．

 しかし，「まったく同じ配列の繰り返し」はなくても「一定のパターンをもった配列の繰り返し」が存在して，そのなかに 6 が含まれていることを示せれば，十分である．そこで，一定の長さをもった「かたまり（図 1 の下線を引いた数字の組）」に注目しよう．いま，第 1 項と第 2 項の「2, 7」から生成されるのは「1, 4」，「1, 4」から生成されるのは「4」．さて，その後は？ これは「4」の前後を見ないとわからない．このように途中からしぼんでしまい 1 ケタになってしまうような「かたまり」は数列の規則性を予言してくれないので，しぼんでしまわないような「かたまり」に目をつけよう．

[解答] （図 1, 図 2 参照）

 与えられた数列において，2, 8, 2, 8 という部分が出てくると，後で 1, 6, 1, 6, 1, 6 という部分が出てくる．1, 6, 1, 6, 1, 6 という部分が出てくると，6, 6, 6, 6, 6 を経て 3, 6, 3, 6, 3, 6, 3, 6 という部分が出てくる．3, 6, 3, 6, 3, 6, 3, 6 という部分が出てくると，そのずっと後に，1, 8, 1, 8, 1, 8, …… と 1, 8 が続いて出てくる．そうすると，8, 8, 8, …… と 8 が続いて出てくる．

 「8, 8, 8, …… というのが出てくれば，6, 4, 6, 4, …… というのが出てきて，6 が現れるが，6, 4, 6, 4, …… から 2, 4, 2, 4, …… となって，さらに 8, 8, 8, …… というのが現れる」 ……(*)

ので，以後もループ(*)が同様に繰り返される．

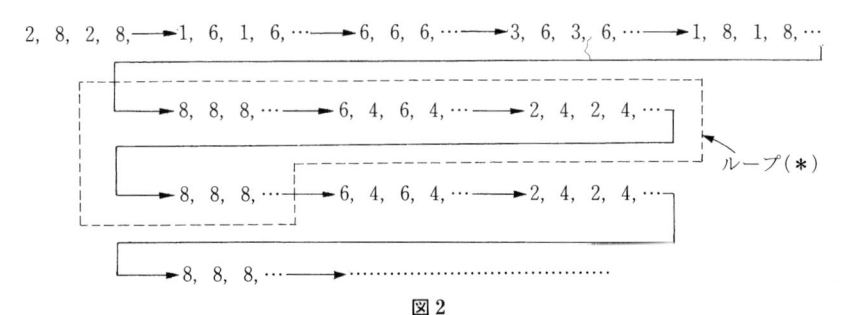

2, 8, 2, 8, → 1, 6, 1, 6, … → 6, 6, 6, … → 3, 6, 3, 6, … → 1, 8, 1, 8, …
→ 8, 8, 8, … → 6, 4, 6, 4, … → 2, 4, 2, 4, …
→ 8, 8, 8, … → 6, 4, 6, 4, … → 2, 4, 2, 4, …
→ 8, 8, 8, … → ……………………

ループ(*)

図 2

ここで，ループ(*)において2回目に出てきた「8, 8, 8, ……」は1回目の「8, 8, 8, ……」より個数が増えていることに注意．このためループ(*)は「しぼんでしまう」ことはなく，逆に肥大しながら(個数を増やしながら)永遠に続く．

すなわち，ループ(*)の中に現れるすべての数は無限回出現することになる．よって，6もループ(*)に含まれるので無数に出現する．

§2 パターンを見出し，それらの性質を利用せよ

ルイス・キャロル作「鏡の国のアリス」に出てくる鏡の国では，すべてが現実の世界と逆になっている．文字は，鏡に映した形で書かれている．そして，目の前に見える木のところへ行くためには，木が見えているのと逆の方向に進まなければならない(図A)．

「この絵の意味が分かりますか．」

Where has the tree gone?

木に向かって進むと，木はどこかに消えてしまう．

木と逆の方向へ進むと，木にたどりつく．

図 A

鏡の国のルールは，現実の世界と逆転しているのである．鏡の国で行動するためには，私達の生活している世界のルールを忘れ，鏡の国のルール(目に見えているものは，すべて，鏡を通して見ているのだという認識)に従わなくてはならない．

数学の問題を解くときも同様で，問題文で扱っている世界のルールに習熟し，扱う対象の背後に潜むパターンを見抜くことが先決なのである．

[例題 1・2・1]

次のように，二項係数を三角形状に並べたものをパスカルの三角形という．

$$
\begin{array}{c}
{}_0C_0 \\
{}_1C_0 \quad {}_1C_1 \\
{}_2C_0 \quad {}_2C_1 \quad {}_2C_2 \\
{}_3C_0 \quad {}_3C_1 \quad {}_3C_2 \quad {}_3C_3 \\
{}_4C_0 \quad {}_4C_1 \quad {}_4C_2 \quad {}_4C_3 \quad {}_4C_4 \\
\cdots\cdots\cdots\cdots\cdots\cdots\cdots\cdots
\end{array}
$$

この三角形を参考にして，次の□を埋めよ．

(1) ${}_nC_k = {}_nC_\square$ （□の中は k 以外の整数とする）

(2) ${}_{n-1}C_{k-1} + {}_{n-1}C_k = {}_\square C_\square$

(3) ${}_lC_l + {}_{l+1}C_l + \cdots\cdots + {}_nC_l = {}_\square C_\square \quad (l \leqq n)$

(4) ${}_nC_0 + {}_nC_1 + \cdots\cdots + {}_nC_n = \square$

(5) (3)を利用して
$$1 \cdot 2 + 2 \cdot 3 + \cdots\cdots + (n-1) \cdot n$$
の値を求めよ．

発想法

パスカルの三角形（図1）を具体的な数で書くと，図2のようになる．

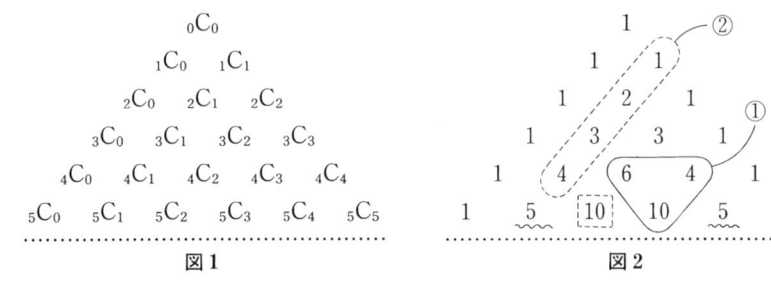

$$
\begin{array}{c}
{}_0C_0 \\
{}_1C_0 \quad {}_1C_1 \\
{}_2C_0 \quad {}_2C_1 \quad {}_2C_2 \\
{}_3C_0 \quad {}_3C_1 \quad {}_3C_2 \quad {}_3C_3 \\
{}_4C_0 \quad {}_4C_1 \quad {}_4C_2 \quad {}_4C_3 \quad {}_4C_4 \\
{}_5C_0 \quad {}_5C_1 \quad {}_5C_2 \quad {}_5C_3 \quad {}_5C_4 \quad {}_5C_5 \\
\cdots\cdots\cdots\cdots\cdots\cdots\cdots\cdots
\end{array}
$$

図1

$$
\begin{array}{c}
1 \\
1 \quad 1 \\
1 \quad 2 \quad 1 \\
1 \quad 3 \quad 3 \quad 1 \\
1 \quad 4 \quad 6 \quad 4 \quad 1 \\
1 \quad 5 \quad 10 \quad 10 \quad 5 \quad 1
\end{array}
$$

図2

まず，観察により，パスカルの三角形に隠されている規則やパターンを探し出し，□に何が入るか推測しよう．

(1) 図2より，パスカルの三角形は左右対称であると推測できる（たとえば，～～ の2つの5）．

よって，${}_nC_k = {}_nC_{\boxed{n-k}}$

(2) 図2より，$n-1 \geqq k \geqq 1$ のとき，①，すなわち $6+4=10$ などから推測すれば，

$${}_{n-1}C_{k-1} + {}_{n-1}C_k = {}_{\boxed{n}}C_{\boxed{k}}$$

(3) これは，たとえば図2で②のようにとって，その中の数の和はどうなるか，という問いであるが，いくつか調べると，それは②の中の一番左下の数の右下の数（図2では，4の右下の $\boxed{10}$）になっている．よって，次の等式が推測できる．
$$_l C_l + {}_{l+1}C_l + \cdots + {}_n C_l = {}_{\boxed{n+1}} C_{\boxed{l+1}}$$
これは，(2)を繰り返し使って，以下のプロセスをたどれば答に到達する．

———考え方の流れ———

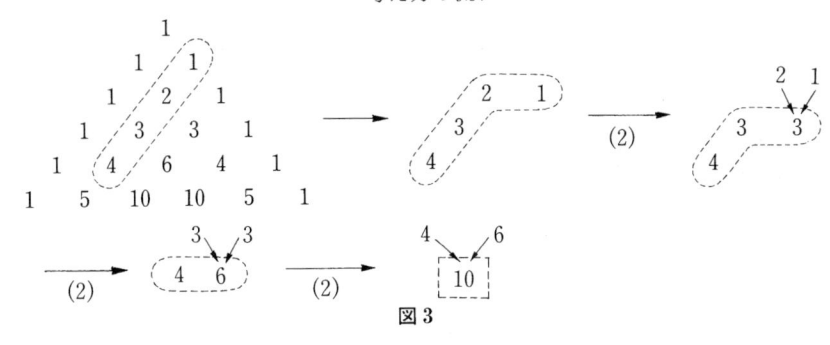

図3

(4) それぞれの行の和を計算すると，図4のようになる．
これらより
$$_n C_0 + {}_n C_1 + \cdots + {}_n C_n = \boxed{2^n}$$

$$
\begin{array}{rcl}
1 & \longrightarrow & 1 = 2^0 \\
1\ 1 & \longrightarrow & 2 = 2^1 \\
1\ 2\ 1 & \longrightarrow & 4 = 2^2 \\
1\ 3\ 3\ 1 & \longrightarrow & 8 = 2^3 \\
1\ 4\ 6\ 4\ 1 & \longrightarrow & 16 = 2^4 \\
1\ 5\ 10\ 10\ 5\ 1 & \longrightarrow & 32 = 2^5
\end{array}
$$

図4

[解答] (1) $\quad {}_n C_k = \dfrac{n!}{(n-k)!\,k!}$

$${}_n C_{n-k} = \dfrac{n!}{\{n-(n-k)\}!\,(n-k)!} = \dfrac{n!}{k!\,(n-k)!}$$

よって，
$$_n C_k = {}_n C_{\boxed{n-k}} \qquad \cdots\cdots(答)$$

なお，これは組合せ的解釈をすれば，n 個から k 個を選ぶ選び方 ${}_n C_k$ は，n 個から $(n-k)$ 個を選んで（${}_n C_{n-k}$ 通り）それらを取り除くのと同じである．また，この結果は $(x+y)^n$ の展開式の二項係数の対称性を示している．

(2) $\quad {}_{n-1}C_{k-1} + {}_{n-1}C_k$
$$= \dfrac{(n-1)!}{(n-k)!\,(k-1)!} + \dfrac{(n-1)!}{(n-k-1)!\,k!}$$
$$= \dfrac{(n-1)!}{(n-k)!\,k!}\{k+(n-k)\}$$

$$= \frac{n(n-1)!}{(n-k)!\,k!} = \frac{n!}{(n-k)!\,k!} = {}_{\boxed{n}}C_{\boxed{k}} \quad \cdots\cdots(\text{答})$$

これも組合せ的解釈をすれば，次のようになる．

『あなたの属するクラスの学生は n 人である．この中から k 人の代表を選ぶことになった（${}_nC_k$ 通り）．あなたは，代表に選ばれるか，選ばれないかのいずれかであるが（あたりまえ），あなたが代表に含まれる選び方は，あなたを除く $(n-1)$ 人から，残り $(k-1)$ 人を選ぶ（${}_{n-1}C_{k-1}$ 通り）である．あなたが代表に含まれないような選び方は，あなたを除く $(n-1)$ 人から k 人を選ぶ（${}_{n-1}C_k$ 通り）である』これより，

$${}_nC_k = {}_{n-1}C_{k-1} + {}_{n-1}C_k$$

(3) 図3に示した考え方の流れを単に式で表すだけであるが，${}_lC_l = 1 = {}_{l+1}C_{l+1}$ および，(2)の結果を繰り返し用いることにより，

$${}_lC_l + {}_{l+1}C_l + {}_{l+2}C_l + \cdots\cdots + {}_nC_l$$
$$= {}_{l+1}C_{l+1} + {}_{l+1}C_l + {}_{l+2}C_l + \cdots\cdots + {}_nC_l$$
$$= \qquad {}_{l+2}C_{l+1} \;+\; {}_{l+2}C_l + \cdots\cdots + {}_nC_l$$
$$= \qquad\qquad\quad {}_{l+3}C_{l+1} \;+ \cdots\cdots + {}_nC_l$$
$$= \cdots\cdots = {}_{\boxed{n+1}}C_{\boxed{l+1}} \quad \cdots\cdots(\text{答})$$

(4) 二項定理より

$$2^n = (1+1)^n = \sum_{k=0}^{n} {}_nC_k \, 1^k 1^{n-k}$$
$$= \sum_{k=0}^{n} {}_nC_k = {}_nC_0 + {}_nC_1 + \cdots\cdots + {}_nC_n$$

よって，$\boxed{2^n}$ $\quad$ ……(答)

これは，n 人のクラスから何人かを選ぶ選び方を「何人を選ぶか」ということまで任意にしたとき，一体何通りの選び方があるだろうか，という解釈ができる．すなわち，${}_nC_0 + {}_nC_1 + \cdots\cdots + {}_nC_n$ は n 人から 0 人，1 人，……，n 人選ぶというすべての選び方の総数であり，2^n はおのおのの人に着目したとき，〝選ばれるか，選ばれないか〟の 2 通り考えられ，n 人にわたって考えれば，2^n 通りの選び方があるということである．

(5) $\quad 1\cdot 2 + 2\cdot 3 + \cdots\cdots + (n-1)\cdot n$
$$= {}_2P_2 + {}_3P_2 + \cdots\cdots + {}_nP_2$$
$$= 2!\times({}_2C_2 + {}_3C_2 + \cdots\cdots + {}_nC_2)$$
$$= 2\times {}_{n+1}C_3 \quad (\because \text{(3)において } l=2 \text{ としたとき})$$
$$= \frac{(n+1)n(n-1)}{3} \quad \cdots\cdots(\text{答})$$

§2 パターンを見出し，それらの性質を利用せよ　25

〈練習 1・2・1〉

パスカルの三角形の第 n 行の1項目から2つおきの項の和を $S_{n,0}$, 2項目から2つおきの項の和を $S_{n,1}$, 3項目から2つおきの項の和を $S_{n,2}$ で表す。$S_{100,1}$ の値を求めよ。ただし，三角形の一番上の行は第0行と数えることにする。

発想法

[例題 1・2・1]のほうで，パスカルの三角形に関するいろいろな規則性を学んだので，今度はその応用編というわけだ。いま，$S_{n,0}$, $S_{n,1}$, $S_{n,2}$ という3つの記号が与えられた。数学には記号がたくさん出てくるが，一般に，それらの記号には多くの情報が詰め込まれている。その内容をしっかり把握することが問題の解決への第一歩だ。$S_{n,0}$, $S_{n,1}$, $S_{n,2}$ といった記号の意味が具体的に頭の中でしっかりわからなくては困る。実際に具体的な値を求めて表にすれば，パターンは一目瞭然だ。

パスカルの三角形	n	$S_{n,0}$	$S_{n,1}$	$S_{n,2}$
1	0	1^+	0	0
1　1	1	1	1	0^-
1　2　1	2	1	2^+	1
1　3　3　1	3	2^-	3	3
1　4　6　4　1	4	5	5	6^+
1　5　10　10　5　1	5	11	10^-	11
1　6　15　20　15　6　1	6	22^+	21	21
1　7　21　35　35　21　7　1	7	43	43	42^-

表1

表1を見てほしい。パスカルの三角形の中で，アンダーラインがひかれていない項を加え合わせると $S_{n,0}$ であり，1重のアンダーラインが引かれている項の和が $S_{n,1}$ であり，2重のアンダーラインがひかれた項の和が $S_{n,2}$ である。$S_{n,0}$, $S_{n,1}$, $S_{n,2}$ を整理すると表1の右側のようになる。

このようにするとパターンが見えてくるだろう。どの行に関しても，3つの数のうちの1つだけがほかの2つの数とちがう。そして，ちがうものは必ず他の2数より1だけ少ない（右肩に $-$）か，1だけ多い（右肩に $+$）かのいずれかである。このパターンさえつかめれば，この問題は解決できるはずだ。ほかの2数と1だけちがう項が3周期ごとに同じ位置に現れ，しかも，$+1$ の場合と -1 の場合が交互にあるので，結果的には6周期で，$+$, $-$, $+$, $-$, $+$, $-$ というふうに変化している。

さらに重大なのは，

$$S_{n+1,0}=S_{n,0}+S_{n,2}, \quad S_{n+1,1}=S_{n,1}+S_{n,0}, \quad S_{n+1,2}=S_{n,2}+S_{n,1}$$

が成立していることである．これが周期性の生じる原因にちがいない．

[解答] まず，$S_{n,0}$, $S_{n,1}$, $S_{n,2}$ を改めて定義する．

$$\begin{aligned}
S_{n+1,0} &= {}_{n+1}C_0 + {}_{n+1}C_3 + {}_{n+1}C_6 + \cdots \\
&= {}_nC_0 + ({}_nC_2 + {}_nC_3) + ({}_nC_5 + {}_nC_6) + \cdots \\
&= ({}_nC_0 + {}_nC_3 + {}_nC_6 + \cdots) + ({}_nC_2 + {}_nC_5 + \cdots) \\
&= S_{n,0} + S_{n,2}
\end{aligned}$$

以下同様に

$$S_{n+1,1} = S_{n,1} + S_{n,0}, \quad S_{n+1,2} = S_{n,2} + S_{n,1}$$

が示せる．

すなわち，$S_{n,0}$, $S_{n,1}$, $S_{n,2}$ は

- $n=0$ のとき

  $S_{0,0}=1$, $S_{0,1}=0$, $S_{0,2}=0$ であり，

- $n \geq 1$ のとき，漸化式

$$\left. \begin{aligned} S_{n,0} &= S_{n-1,0} + S_{n-1,2} \\ S_{n,1} &= S_{n-1,1} + S_{n-1,0} \\ S_{n,2} &= S_{n-1,2} + S_{n-1,1} \end{aligned} \right\} \quad \cdots\cdots(*)$$

によって帰納的に定めることができる．

また，[例題 1・2・1] の(4)より，一般に

$$S_{n,0} + S_{n,1} + S_{n,2} = \sum_{k=0}^{n} {}_nC_k = 2^n \quad \cdots\cdots(**)$$

ここで，簡略化のために次のような記号 s_n を導入する．

$$s_n \equiv \begin{cases} \dfrac{2^n - 1}{3} & (n \text{ が偶数のとき}) \\ \dfrac{2^n + 1}{3} & (n \text{ が奇数のとき}) \end{cases}$$

これを用いると，表1より一般に次のような予想が立つ（いずれの場合も $(**)$ が成立していることに注意せよ）．

	$S_{n,0}$	$S_{n,1}$	$S_{n,2}$
$n \equiv 0 \pmod 6$	$s_n + 1$	s_n	s_n
$n \equiv 1 \pmod 6$	s_n	s_n	$s_n - 1$
$n \equiv 2 \pmod 6$	s_n	$s_n + 1$	s_n
$n \equiv 3 \pmod 6$	$s_n - 1$	s_n	s_n
$n \equiv 4 \pmod 6$	s_n	s_n	$s_n + 1$
$n \equiv 5 \pmod 6$	s_n	$s_n - 1$	s_n

表2

これを帰納法で証明するわけだが，示すべき式は

$$2s_n = s_{n+1} - 1 \quad (n \text{ が偶数のとき})$$
$$2s_n = s_{n+1} + 1 \quad (n \text{ が奇数のとき})$$
$$\quad \cdots\cdots(***)$$

$(***)$ が示せれば，表2において漸化式 $(*)$ が成立していることになる．
$(***)$ を示そう．

(i) n が偶数のとき

$$s_n = \frac{2^n - 1}{3}, \quad s_{n+1} = \frac{2^{n+1} + 1}{3} \quad \text{より}$$

$$\therefore \quad 2s_n = 2 \cdot \frac{2^n - 1}{3}$$
$$= \frac{2^{n+1} - 2}{3}$$
$$= \frac{2^{n+1} + 1}{3} - 1$$
$$= s_{n+1} - 1$$

(ii) n が奇数のとき

$$s_n = \frac{2^n + 1}{3}, \quad s_{n+1} = \frac{2^{n+1} - 1}{3} \quad \text{より}$$

$$\therefore \quad 2s_n = 2 \cdot \frac{2^n + 1}{3}$$
$$= \frac{2^{n+1} + 2}{3}$$
$$= \frac{2^{n+1} - 1}{3} + 1$$
$$= s_{n+1} + 1$$

よって，$n \geq 0$ なる任意の n において $(***)$ が成立．よって，表2に示した仮定は $n = 0, \cdots\cdots, 5$ で成立し，かつ，$n \geq 0$ なる任意の整数 n について漸化式 $(*)$ をみたすので，任意の n について正しい．

$100 = 6 \times 16 + 4 \equiv 4 \pmod{6}$ より，表2から

$$S_{100,1} = s_{100} = \frac{2^{100} - 1}{3} \quad \cdots\cdots\text{(答)}$$

[例題 1・2・2]
　S を集合とし，$*$ を次の 2 つの条件をみたす S 上の二項演算とする．
　　(i)　S のすべての x に対して　$x*x=x$
　　(ii)　S のすべての x, y, z に対して　$(x*y)*z=(y*z)*x$
　このとき，S のすべての x, y に対して，$x*y=y*x$ が成り立つことを示せ．

[発想法]

　まず用語の確認をしておこう．「$*$ が S 上の二項演算である」ということは，
　　　$x\in S,\ y\in S$ ならば，$x*y\in S$

であることを意味している．すなわち，$x*y$, $x*(y*x)$ など x, y と演算 $*$ を組み合わせたもの（演算結果）はすべて S の要素となることが保証されているので，これらを 1 つの文字とみなして条件式に代入することができる．与えられた条件式はたったの 2 つだが，代入によって得られる式は無数にある．たとえば，
(i)より，$(x*y)*(x*y)=x*y$
　　　　$(y*y)*x=y*x$
(ii)より，$(x*y)*y=(y*y)*x$
　まず，このような式をたくさんつくってみて，試行錯誤を繰り返すことが大切である．その中に，解答への糸口を見出そう．
　また，(ii)式において，ただちに
　　　$(x*y)*z=(y*z)*x=(z*x)*y$
という一種の巡回性が示される．これを使わない手はない．

[解答]　(i)式より
　　　$x*y=\underline{(x*x)*(y*y)}=(x*y)*(x*y)$
　　　$y*x=(y*y)*(x*x)=\underline{(y*x)*(y*x)}$
　　～～部分を利用する
　　　$x*y=(x*y)*(x*y)$
　　　　　$=\{y*(x*y)\}*x$　　　($\because$ (ii)で $z\to x*y$)
　　　　　$=\{(x*y)*x\}*y$　　　($\because$ (ii)で $x\to (x*y),\ y\to x,\ z\to y$)
　　　　　$=\{(y*x)*x\}*y$　　　($\because$ $\{\ \}$ の中身に(ii)を適用)
　　　　　$=\{(x*x)*y\}*y$　　　($\because$ 上に同じ)
　　　　　$=(y*y)*(x*x)$　　　　($\because$ (ii)で $x\to x*x,\ y\to y,\ z\to y$)
　　　　　$=y*x$

> **〈練習 1・2・2〉**
> S を集合とし，$*$ を S 上の次の条件をみたす二項演算とする．
> S のすべての x, y に対して，　$x*(x*y)=y$　　　……①
> S のすべての x, y に対して，　$(y*x)*x=y$　　　……②
> このとき，S のすべての x, y に対して，$x*y=y*x$ であることを示せ．

[解答] ①において，x, y をそれぞれ $(y*x), x$ で置き換えると，

$(y*x)*\{(y*x)*x\}=x$　……③　$\left(\because\ ①で\ \begin{matrix}x\to(y*x)\\y\to x\end{matrix}\ と置き換えた\right)$

②より，③左辺の～～部は y に等しいから

$(y*x)*y=x$

両辺に「$*y$」を右から作用させて，

$\{(y*x)*y\}*y=x*y$　……④

②において，x, y をそれぞれ $y, (y*x)$ で置き換えると

$\{(y*x)*y\}*y=y*x$

この等式を④の左辺に用いると

$y*x=x*y$

[例題 1・2・3]

関数 $f(x)$ は
 (i) $0 \leq x < 1$ のとき， $f(x) = -2x$
 (ii) すべての実数 x に対し， $f(x+1) = -f(x)$
をみたすとする．

このとき，方程式 $f(x) = \dfrac{1}{2}x - 1$ の解を求めよ．

[発想法]

　関数の中には，$y = \sin x$ のように周期性をもつものがある．このような関数を周期関数という．$y = \sin x$ は基本周期(最小の周期のこと)2π の周期関数である．この例題で与えられた関数 $f(x)$ が周期関数であることは，一目見ただけでは明らかではないが，途中まで実際にグラフをかいてみれば，おのずと周期性が浮かび上がってくるだろう．周期関数のグラフには，一部分をかいただけで全体の様子がわかるという利点がある．

　いま，方程式 $f(x) = \dfrac{1}{2}x - 1$ を代数的にのみ処理しようとすると x の区間による場合分けが繁雑で面倒になるが，方程式の実数解は 2 曲線の交点として与えられることから図形的に処理すれば，ぐっとやさしくなるのである (IVの**第3章**参照)．

[解答] $y = f(x)$ のグラフは，まず $0 \leq x < 1$ におけるグラフを (i) に従ってかいた後，$1 \leq x < 2$ の範囲におけるグラフを (ii)，すなわち

$$f(x) = -f(x-1)$$

に従って，(i) を用いて得る．さらに (ii) により

$$\begin{aligned}f(x+2) &= -f(x+1) \\&= -(-f(x)) \quad (\because\ f(x+1) = -f(x)) \\&= f(x)\end{aligned}$$

であるから，$y = f(x)$ のグラフの周期は 2 であることがわかり，すべての x に対する $y = f(x)$ のグラフが，$0 \leq x < 2$ の範囲のグラフの繰り返しとして得られる．

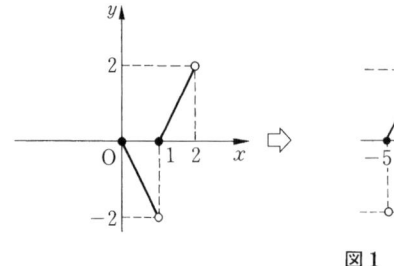

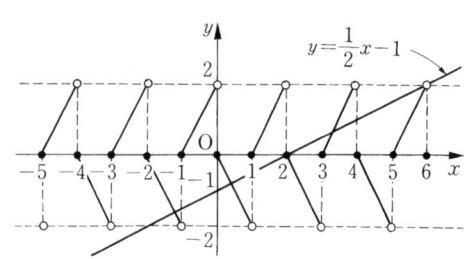

図 1

方程式 $f(x)=\frac{1}{2}x-1$ の実数解は 2 曲線 $y=f(x)$ と $y=\frac{1}{2}x-1$ の交点として与えられる．したがって，図 1 より，実数解の存在する範囲は，

$$-2 \leq x \leq -1, \quad 0 \leq x < 1, \quad x=2, \quad 3 \leq x \leq 4$$

である．

(i) $-2 \leq x \leq -1$ のとき，$f(x)=-2x-4$

したがって，求める実数解は $-2x-4=\frac{1}{2}x-1$ $\quad \therefore \quad x=-\frac{6}{5}$

(ii) $0 \leq x < 1$ のとき，$f(x)=-2x$

したがって，求める実数解は $-2x=\frac{1}{2}x-1$ $\quad \therefore \quad x=\frac{2}{5}$

(iii) $x=2$

(iv) $3 \leq x \leq 4$ のとき，$f(x)=2x-6$

したがって，求める実数解は $2x-6=\frac{1}{2}x-1$ $\quad \therefore \quad x=\frac{10}{3}$

$$-\frac{6}{5}, \quad \frac{2}{5}, \quad 2, \quad \frac{10}{3} \qquad \cdots\cdots(答)$$

―― <練習 1・2・3> ――

$f(x)$ は

「$|x|\leq 1$ のとき，$f(x)=x^2$，かつ，任意の x に対して
$$f(x+2)=f(x)$$ 」……(∗)

をみたす関数である．
(1) $0\leq x\leq 3$ の範囲で $y=f(2x+3)$ のグラフをかけ．
(2) $1\leq x\leq 4$, $2\leq y\leq 5$ の範囲で
$$f(2x+3)\leq f(y)$$
となる点 (x, y) の存在範囲を図示せよ．

解 答 (1) (∗)から，$y=f(x)$ は周期が 2 であるということがわかる．たとえば，
$$f\left(\frac{21}{2}\right)=f\left(\frac{17}{2}\right)=f\left(\frac{13}{2}\right)=f\left(\frac{9}{2}\right)=f\left(\frac{5}{2}\right)=f\left(\frac{1}{2}\right)=\left(\frac{1}{2}\right)^2=\frac{1}{4}$$

一方，$y=f(2x+3)$ の周期は，$2x+3$ の増加率が $x+2$ の 2 倍だから $y=f(x+2)$ の半分になるので，1 である．

次に，繰り返されるパターンを調べる．

問題文にある〝$|x|\leq 1$ のとき $f(x)=x^2$″に合わせて，
$$|2x+3|\leq 1,\ \text{つまり，} -2\leq x\leq -1$$
におけるグラフをかいてみよう．このとき
$$y=f(2x+3)=(2x+3)^2$$
だから，図 1 のようになる．この区間は幅がちょうど 1 で，これはいま求めた周期に等しい．このパターンが左右に次々に繰り返されるから，$y=f(2x+3)$ のグラフの概形は図 2 のようになる．太線部分が求めるべきグラフである．

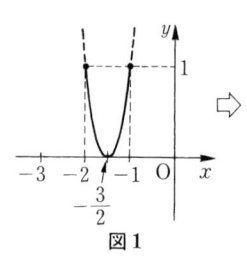

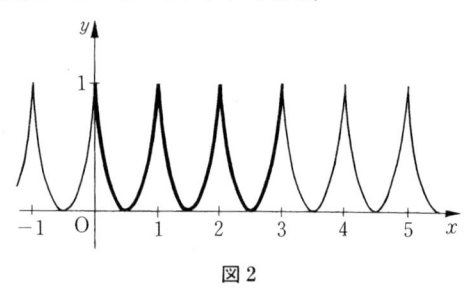

図 1

図 2

(2) $|2x+3|\leq 1$ かつ $|y|\leq 1$，すなわち，
$$-2\leq x\leq -1,\quad -1\leq y\leq 1 \quad\quad \cdots\cdots(**)$$
において，
$$f(2x+3)\leq f(y) \iff (2x+3)^2\leq y^2 \iff |2x+3|\leq |y|$$

§2 パターンを見出し，それらの性質を利用せよ 33

となる．(**)なる範囲で，この不等式を図示すると，図3の斜線部になるのがわかる ($y \gtreqless 0$ で分けて考えればよい)．これが，(*) の範囲での (x, y) の存在範囲である．

さて，(1)ですでに観察したように，$f(2x+3)$ の周期は1，$f(y)$ の周期は2の関数である．だから，図2の範囲内の任意の点を

$$\begin{cases} x \text{ 軸方向に 1 の整数倍} \\ y \text{ 軸方向に 2 の整数倍} \end{cases}$$

した点も $f(2x+3) \leq f(y)$ をみたすので，図3のパターンが周期的に現れる．

よって，求める範囲は，図4の枠で囲んだ部分となる．

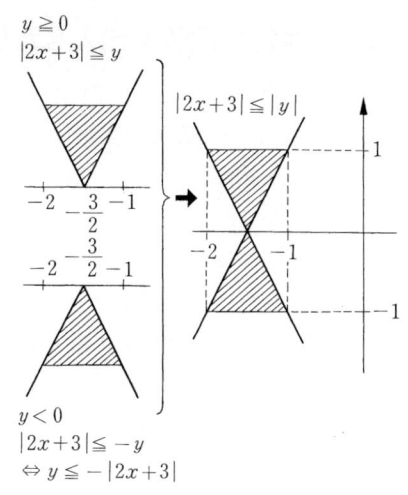

$y \geq 0$
$|2x+3| \leq y$

$y < 0$
$|2x+3| \leq -y$
$\Leftrightarrow y \leq -|2x+3|$

$|2x+3| \leq |y|$

図3

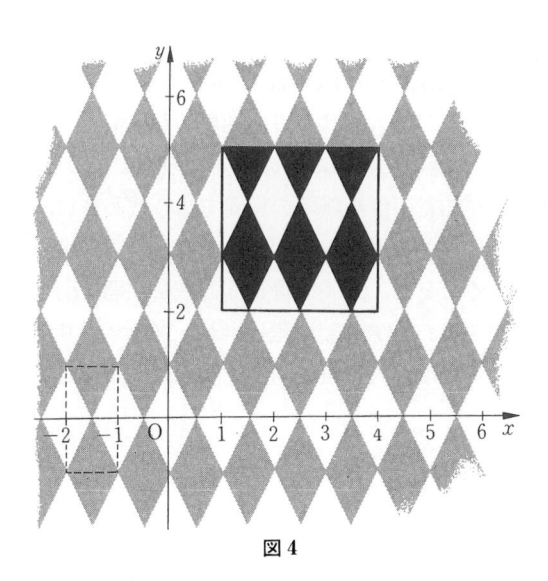

図4

§3　具体的な数値を代入した例をつくり実験せよ

　実験と観測はすべての自然科学の研究の基本である．大宇宙の法則から極微のDNAの構造に至る偉大な発見は，しばしば，小さな実験室の片隅から産み出されてきた．たとえば，500人乗りのジャンボ・ジェット機を開発するとしよう．500人の命を預かるわけだから，あらゆる面から安全性が追求されなければならない．そこで，模型を使って様々な実験を繰り返すわけだが，いきなり現寸大の模型を使って実験していては，予算がいくらあっても足りないし，能率も悪い．プラモデルのような小さい模型による実験でも，特徴・状況を適確に押さえておけば，多くの有益な情報が得られるのである．

　数学も自然科学の一分野であるから，実験やシミュレーション (通常は，紙の上やコンピューターの中で行われる) は大切である．しかし，最初から大きな数や大きな集合を扱うのはたいへんだから，小さい「モデル」をつくって試してみるとよい．小さな「モデル」とは，たとえば，n 個の文字 (数えられない) を扱うところを5個 (数えられる) の文字で実験したりすることである．そこで得られる情報や結果を，与えられた問題に適用すれば，問題があっさりと解決できるのである．

　章序文で述べたことだが，"人間は一般に抽象的な事柄を理解することを苦手とするが，具体的な話だと極めて容易にその概要をのみこむことができる"．だから，抽象的な記号や人間が知覚不能な無限の世界を扱う代わりに，それらを具体的なイメージが湧くように別の形に書き直してみたり，無限の世界を有限のモデルに置き換えてみたりすることが，人間の得意な領域に問題を引き戻してくれるのである．大宇宙の全貌を見わたすことは難しいが，プラネタリウムに行って数々の星たちを観れば，ある程度，大宇宙の構造を知ることができるのである．

§3 具体的な数値を代入した例をつくり実験せよ 35

[例題 1・3・1]
　n 個の異なる要素からなる集合は何個の異なる部分集合をもつか．ただし，要素を1つも含まない集合（空集合）は任意の集合に対して，その部分集合であるとする．

発想法

　集合 S の要素が，0個のとき，1個のとき，2個のとき，3個のとき，どうなるかをチェックすることから始めよう．その結果が次の表である．

n	S の要素	S の部分集合	S の部分集合の個数
0	なし	ϕ	1
1	x_1	$\phi, \{x_1\}$	2
2	x_1, x_2	$\phi, \{x_1\}, \{x_2\}, \{x_1, x_2\}$	4
3	x_1, x_2, x_3	$\phi, \{x_1\}, \{x_2\}, \{x_1, x_2\},$	8
		$\{x_3\}, \{x_1, x_3\}, \{x_2, x_3\}, \{x_1, x_2, x_3\}$	

　この表を作成した目的は，$n=0, 1, 2, 3$ のときの結果を見つけるためだけではなく，一般の場合の解法パターンを探すためである．そのため，できる限り体系的に表をつくるべきである．

　まず，$n=3$ のときに注目しよう．その第1行目には集合 $\{x_1, x_2\}$ の部分集合をすべて網羅してあり，第2行目に第1行目の各部分集合に x_3 をつけ加えて得られる集合をすべて網羅してある．

　これは，より大きい値 n に対して問題を解決するための重要なアイデアである．たとえば，$n=4$ のとき，$S=\{x_1, x_2, x_3, x_4\}$ の部分集合は「$n=3$ の場合に得られた $\{x_1, x_2, x_3\}$ の8個の部分集合」と「そのそれぞれに x_4 をつけ加えることによって得られる8個の集合」である．合計16個の部分集合はすべての可能な S の部分集合の族を形成する．すなわち，4つの要素からなる集合は $2^4(=16)$ 個の部分集合をもつことになる．

　このアイデアに従って解答をつくればよい．

解答　各 n に対して，A_n は n 個の（異なる）要素をもつ集合の異なる部分集合の個数とする．また，S を $(n+1)$ 個の要素からなる集合とし，その要素の1つを x で表す．S の x を含まない部分集合の族と，x を含む部分集合の族との間に1対1対応が存在する（すなわち，前者の部分集合 T を後者の $T \cup \{x\}$ に対応させればよい）．前者のタイプは，n 個の要素をもつ集合 $S-\{x\}$ のすべての部分集合であるから，等式
　　　$A_{n+1} = 2A_n$
が成り立つ．この漸化式は，$n=0, 1, 2, 3, \cdots\cdots$ に対して真である．これと，$A_0=1$ なる事実とを合わせれば，$A_n = 2^n$ を得る．　　　……(答)

【別解】1 $S=\{x_1, x_2, \cdots, x_n\}$ とおく．

S の部分集合は，

x_1 を含むか含まないか （2通りある）
x_2 を含むか含まないか （2通りある）
$\vdots$
x_n を含むか含まないか （2通りある）

によって定まる．

したがって，異なる部分集合の数は

$$\underbrace{2\times 2\times \cdots \times 2}_{n\text{個}}=2^n \text{(個)}$$

【別解】2 $0\leqq k\leqq n$ に対し，異なる k 個の要素からなる部分集合は ${}_nC_k$ 個ある．したがって，部分集合の総数は

$${}_nC_0+{}_nC_1+{}_nC_2+\cdots+{}_nC_n=(1+1)^n=2^n \text{(個)} \quad \text{（二項定理より）}$$

§3 具体的な数値を代入した例をつくり実験せよ　37

┌─────〈練習 1・3・1〉─────────────────────┐
│　ある宿泊所は7室あり，10人の客がいる．この10人の客にカギを，次の│
│(∗)がみたされるように渡したい．このときカギは，最低，何個必要か．│
│　「10人のうちのどの7人を選んできても，その人達はそれぞれ7つの│
│　異なる部屋に入ることができる」……(∗)│
└──────────────────────────────┘

発想法

　まず，問題の意味を確実に把握するために，7室や10人をより小さな値に変えて実験をしてみよう．そこで，数値を 7→3, 10→5 と変えてみよう．
　図1で □ は部屋を表し，ア〜オは人を表すとする．また，ある人がカギをもっている場合に限って，それらを線分でむすぶ．

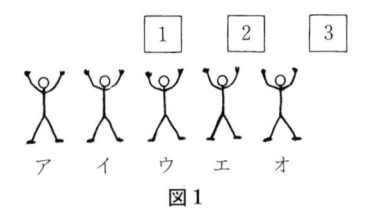

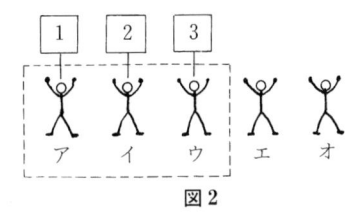

図1

図2

　まず，ア，イ，ウの3人を選んだとき，各室に1人ずつ3室に入れるようにしなければならないので，図2のように線分でむすぶ．
　次に，イ，ウ，エの3人を選んでも，やはり各室に1人ずつ3室に入れなければならないので，1―エをむすぶ(図3)．

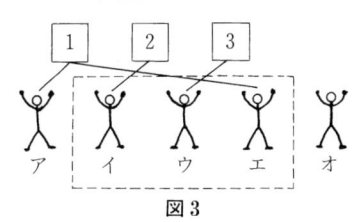

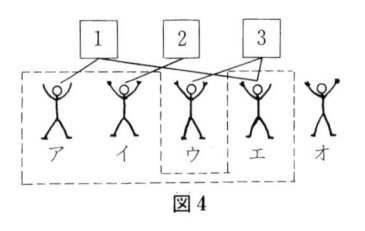

図3

図4

　同様にア，イ，エの3人を選べば，3―エを結ばなければならない(図4)．
　そして最終的に図5を得る(計9個)．
　この考察から，9個が条件(∗)をみたす最少個数であり，最初に選んだ3人に異なる3室のカギを1つずつ渡し，残りの2人には3室のカギすべてを渡せばよいことがわかる．この小さな例で調べた結果を本問に適用すれば，解答が得られる．

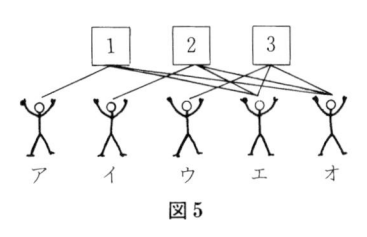

図5

解答 7人に異なる7室のカギを1つずつ渡し，残りの3人のおのおのには7室のカギすべてを渡すとき，必要なカギの個数は合計 $7+7\times3=28$ 個 である．これが必要とされる最少個数であることを示すためには，27個では不十分であることを示せばよいので，それを以下に示す．

必要なカギの最少個数が27個以下でよいとして矛盾を導こう．7室の中には，その部屋のカギをもっている人がたかだか3人であるような部屋Rが存在する．なぜなら，どの部屋のカギも4人以上に渡されているならば，(カギの総数)$\geq 7\times 4=28$ となり矛盾するからである．

いま，部屋Rのカギをもっている人はたかだか3人であるから，逆に部屋Rのカギをもっていない人は少なくとも7人はいる．その7人を選んだとき，どの人も部屋Rに入れないので，この人たちが入れる部屋は6室以下となり矛盾する．

したがって，最低必要なカギの個数は **28個** ……(答)

> **[例題 1・3・2]**
> $a_1+a_2+\cdots\cdots+a_n=1000$ ……(*) で，かつ $a_1\cdot a_2\cdot\cdots\cdots\cdot a_n$ が最大となるような正の整数 $n, a_1, a_2, \cdots\cdots, a_n$ を求めよ．

発想法

"具体化"というのがこの節のメインテーマなのだが，この問題は少々始末が悪い．というのは，$a_1, a_2, \cdots\cdots$ に具体的な値を入れてみようにも，(*) の右辺の 1000 という値が大きすぎるので，$a_1, a_2, \cdots\cdots$ の値の組合せが膨大な数になり規則性をつかむことができないからだ．もっとも，この 1000 という値に，問題の本質にかかわる特別な意味があるとは到底思えないから，1000 のかわりに小さい数，たとえば 10 などにしてみて実験すればよい．しかし，その前に（"具体化"とは正反対の考え方だが），1000 を一般化して，パラメータ A と置き換えて，できる限りの一般的考察をしてみよう．このとき，問題は次のように一般化される（問題を一般化するという方針については，IIIの**第3章**を参照せよ）．

> $a_1+a_2+\cdots\cdots+a_n=A$ （A は自然数）
> とする．A という値を分割して $a_1, a_2, \cdots\cdots, a_n$ という数列をつくるとき，積 $a_1\cdot a_2\cdots\cdots a_n$ が最大となるような分割のしかたを考えよ．

A の値が変わっても，「$a_1\cdot a_2\cdot\cdots\cdots\cdot a_n$ が最大となる」ような $a_1, a_2, \cdots\cdots, a_n$ の決め方には共通するパターンがあるにちがいない．そしてそのパターンは，問題解決への重大な手がかりとなるはずだ．

たとえば，(相加平均)≧(相乗平均) の関係の等号成立条件を思い出す人もいるだろう．n を先に固定すれば，$a_1, a_2, \cdots\cdots, a_n$ の相加平均は一定だから，各 a_i は，A をなるべく均等に分割した値すなわち $\dfrac{A}{n}$ に近い値がよさそうである．

それでは，n をうごかしたとき，つまり分割の個数を変えるとどうであろうか．たとえば $A=100$ のとき，(*) をみたす等式として

$$\underbrace{1+1+\cdots\cdots+1}_{100\text{個}}=100, \quad \underbrace{10+10+\cdots\cdots+10}_{10\text{個}}=100, \quad 50+50=100$$

を得るが，それぞれの $a_1\cdot a_2\cdot\cdots\cdots\cdot a_n$ の値は不等式

$$1^{100}<50^2<10^{10}$$

をみたす．すなわち，100 という数をあまり細かく分けても，逆に粗すぎる分割でも，積は最大とはなりそうにない．その境目の値がどこにあるのかを決めたい．

そこで，冒頭で述べたように A を具体化し，特に A を小さい値に設定し，分析してみることにしよう．

$$A=a_1+a_2+\cdots\cdots+a_n=2, \ 3, \ 4, \ \cdots\cdots$$

とおいて (すなわち, A だけを固定して), 積が最大となるような数列 a_1, a_2, ……, a_n がどのようなものになるか実験し, 一覧表を以下につくろう.

便宜上 $a_1 \leq a_2 \leq \cdots \leq a_n$ としておく (このようにおいても一般性を失わない).

A	n	$\{a_1, a_2, \cdots, a_n\}$
2	1	$\{2\}$
3	1	$\{3\}$
4	$\binom{1}{2}$	$\{4\}$ $\{2, 2\}$
5	2	$\{2, 3\}$
6	2	$\{3, 3\}$

A	n	$\{a_1, a_2, \cdots, a_n\}$
7	$\binom{2}{3}$	$\{3, 4\}$ $\{2, 2, 3\}$
8	3	$\{2, 3, 3\}$
9	3	$\{3, 3, 3\}$
10	$\binom{3}{4}$	$\{3, 3, 4\}$ $\{2, 2, 3, 3\}$
11	4	$\{3, 3, 3, 2\}$
12	4	$\{3, 3, 3, 3\}$

以上の結果より, 「$a_1 \cdot a_2 \cdot \cdots \cdot a_n$ が最大」のとき, 次の (i)〜(iii) が成立していることがわかる.

(i) $2 \leq a_i \leq 4$
(ii) 2個の2と1個の4は, 互いに置き換えることができる
     ($A=4, 7, 10, \cdots$ の場合) $\biggr\}$ (☆)
(iii) たかだか2個の a_i が2 (または1個の a_i が4) で, あとの a_i はすべて3

解答 まず, 「発想法」の (☆) を証明する. (ii) は $2+2=2\times 2=4$ より明らかであるから, (i) と (iii) を背理法によって証明しよう.

(i) の証明

$a_1 \cdot a_2 \cdot \cdots \cdot a_n$ が最大となるように, n および a_1, a_2, ……, a_n をきめたとき,

(第1段) $a_1 = 1$ と仮定する.

このとき, 数列 (a_2+1), a_3, a_4, ……, a_n は
$$(a_2+1) + a_3 + a_4 + \cdots + a_n = a_1 + a_2 + \cdots + a_n = A$$
をみたし, $a_2 + 1 > a_1 \cdot a_2 = 1 \cdot a_2 = a_2$ より
$$(a_2+1) \cdot a_3 \cdot a_4 \cdot \cdots \cdot a_n > a_1 \cdot a_2 \cdot \cdots \cdot a_{n-2} \cdot a_{n-1} \cdot a_n$$
よって, $a_1 \cdot a_2 \cdot \cdots \cdot a_n$ の最大性に矛盾する.

以上より
$$2 \leq a_1 \leq a_2 \leq \cdots \leq a_n$$

(第2段) $a_n \geq 5$ と仮定する.

このとき, 数列 a_1, a_2, ……, a_{n-1}, $a_n - 2$, 2 は
$$a_1 + a_2 + \cdots + a_{n-1} + (a_n - 2) + 2 = a_1 + a_2 + \cdots + a_n = A$$

をみたし，$(a_n-2)\cdot 2=2a_n-4=a_n+(a_n-4)>a_n$　より
$$a_1\cdot a_2\cdot\cdots\cdot a_{n-1}(a_n-2)\cdot 2>a_1\cdot a_2\cdot\cdots\cdot a_{n-1}\cdot a_n$$
再び，$a_1\cdot a_2\cdot\cdots\cdot a_n$ の最大性に矛盾する．
よって
$$4\geqq a_n\geqq a_{n-1}\geqq\cdots\geqq a_1$$

(iii) の証明

$a_1=a_2=a_3=2$ と仮定すると，このとき，数列 $3,3,a_4,a_5,\cdots,a_n$ は
$$3+3+a_4+a_5+\cdots+a_n=2+2+2+a_4+\cdots+a_n=a_1+a_2+\cdots+a_n=A$$
をみたし，$3\times 3>2\times 2\times 2=a_1\cdot a_2\cdot a_3$　より
$$3\cdot 3\cdot a_4\cdot a_5\cdot\cdots\cdot a_n>a_1\cdot a_2\cdot a_3\cdot a_4\cdot\cdots\cdot a_n$$
これも $a_1\cdot a_2\cdot\cdots\cdot a_n$ の最大性に矛盾する．

よって，2 はたかだか 2 個，4 は 2 の 2 個分に相当するので，ほかに 2 がないときに限り，たかだか 1 個である．

以上より，(i), (ii), (iii) は，A の値にかかわらず成立することが証明された．

(i), (ii), (iii) に従って，$a_1, a_2, \cdots, a_n$ を決めると次のようになる．

$\begin{cases} A\equiv 0\pmod 3\ \text{のとき}\\ \quad n=\dfrac{A}{3},\quad a_1=a_2=\cdots=a_n=3\\ A\equiv 1\pmod 3\ \text{のとき}\\ \quad n=\dfrac{A+2}{3},\ a_1=a_2=2,\ a_3=a_4=\cdots=a_n=3\\ \quad \text{または}\\ \quad n=\dfrac{A-1}{3},\ a_1=a_2=\cdots=a_{n-1}=3,\ a_n=4\\ A\equiv 2\pmod 3\ \text{のとき}\\ \quad n=\dfrac{A+1}{3},\ a_1=2,\ a_2=a_3=\cdots=a_n=3 \end{cases}$

$A=1000$ のときは $1000\equiv 1\pmod 3$　より

$\left.\begin{array}{l} n=334,\ a_1=a_2=2,\ a_3=a_4=\cdots=a_{334}=3\\ \text{または}\\ n=333,\ a_1=a_2=\cdots=a_{332}=3,\ a_{333}=4 \end{array}\right\}$ ……(答)

[コメント]

以上のように，結果は "ほとんどの a_i が 3" というものである．3 という値にどういう意味があるのか調べてみよう．そのために問題をより一般化して，解析的に解説する．

まず，$a_1, \cdots, a_n$ のとる値を有理数にまで拡大しよう．

n を固定化すると，$\dfrac{a_1+a_2+\cdots+a_n}{n}\geqq\sqrt[n]{a_1\cdot a_2\cdot\cdots\cdot a_n}$　より

$$a_1 \cdot a_2 \cdot \cdots \cdot a_n \leq \left(\frac{a_1+a_2+\cdots+a_n}{n}\right)^n = \left(\frac{A}{n}\right)^n$$

$a_1=a_2=\cdots=a_n=\dfrac{A}{n}$ のとき等号が成立するので,

$$\max[a_1 a_2 \cdots a_n] = \left(\frac{A}{n}\right)^n = f(n) \quad \text{とおける.}$$

さらに，$f(n)$ の定義域を正の実数の範囲まで拡大し，$f(x)=\left(\dfrac{A}{x}\right)^x$ とすると

$\log f(x)=x(\log A-\log x)$

$(\log f(x))'=\log A-\log x-1$

$\qquad\qquad = \log \dfrac{A}{xe}$

$f(x)$ と $\log f(x)$ の増減は一致するので右の増減表を得る．

よって，$x=\dfrac{A}{e}$ のとき，$f(x)$ は最大値をとる．このとき $\dfrac{A}{x}=e$

x	(0)		$\dfrac{A}{e}$	
$(\log f(x))'$		$+$	0	$-$
$\log f(x)$		↗	極大	↘
$f(x)$		↗	極大	↘

この実数 x は，もともと自然数 n だったわけだから

$$\left(\frac{A}{x} \text{の意味するもの}\right) \fallingdotseq \frac{A}{n}=a_i \quad (i=1,\ 2,\ \cdots,\ n)$$

$e=2.71828\cdots$ に最も近い整数が 3 というわけである．

以上の議論はやや厳密さには欠けるが，3 という値が偶然に出てきたわけではないということが，わかってもらえただろう．

―――〈練習 1・3・2〉―――

$0 \leq x < 2\pi$ の区間において，2曲線
$$y = 2\sin x, \quad y = a - \cos 2x$$
が接するように定数 a の値を定めよ．ただし，「2曲線が接する」とは，共通接線を有することをいう．

発想法

　パラメータを含む直線や曲線が平面上（または空間内）を動き回るとき，それらを実際動かして答の見当をつけることができたり，ときには答自身がわかることがある．すなわち，パラメータにいろいろな値を代入し，実験することは数学の解答をつくる際にも大切なことなのである．

　本問の場合，パラメータ a の値が変化すると曲線 $y = a - \cos 2x$ が y 軸方向に平行移動するので，次のように実験することが可能である．

$$\begin{cases} y = 2\sin x \\ y = -\cos 2x \end{cases}$$

のグラフを別々の紙にかく（紙はすけて見えるものがよい）．2枚の紙を図1のように y 軸方向に平行にスライドさせれば，どのような位置関係で2曲線が接するか見当がつく（図2）．

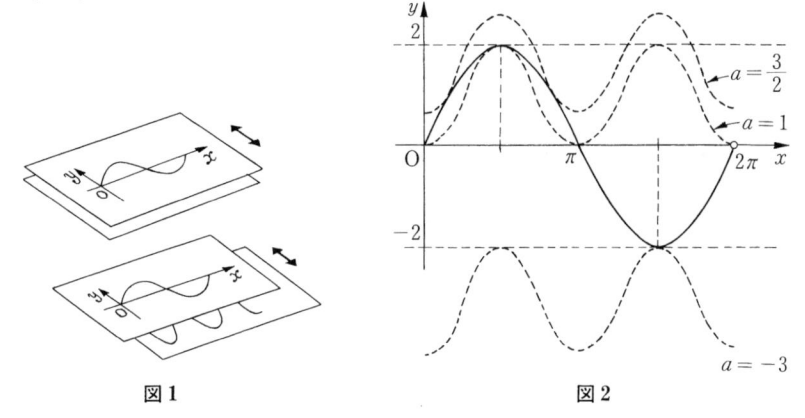

図1　　　　　図2

　図2より，2曲線が接するような a の値は3通りあり，特に，そのうちの2通りが $a = 1$ と $a = -3$ であることは容易に読み取れるであろう．

解答　　$y = 2\sin x$ 　　　　……①
　　　　　$y = a - \cos 2x$ 　　……②

とおき，①，②の接点の x 座標を α とする．
　接点を共有することから，

$2\sin a = a - \cos 2a$ ……③

接線の傾きが等しいことから，

①より，$y' = 2\cos x$

②より，$y' = 2\sin 2x$

よって，$2\cos a = 2\sin 2a$ ……④

④より，$\cos a = 2\sin a\cos a \iff \cos a(1 - 2\sin a) = 0$

∴ $\cos a = 0$ または $1 - 2\sin a = 0$

∴ $a = \dfrac{\pi}{2}, \dfrac{3}{2}\pi$ または $a = \dfrac{\pi}{6}, \dfrac{5}{6}\pi$ ($\because$ $0 \leqq a < 2\pi$)

これらの値を③に代入する．

○ $a = \dfrac{\pi}{2}$ のとき，$2\sin\dfrac{\pi}{2} = a - \cos\pi$

$2 = a + 1$

∴ $a = 1$

○ $a = \dfrac{3}{2}\pi$ のとき，$2\sin\dfrac{3}{2}\pi = a - \cos 3\pi$

$-2 = a + 1$

∴ $a = -3$

○ $a = \dfrac{\pi}{6}$ のとき，$2\sin\dfrac{\pi}{6} = a - \cos\dfrac{\pi}{3}$

$1 = a - \dfrac{1}{2}$

∴ $a = \dfrac{3}{2}$

○ $a = \dfrac{5}{6}\pi$ のとき，$2\sin\dfrac{5}{6}\pi = a - \cos\dfrac{5}{3}\pi$

$1 = a - \dfrac{1}{2}$

∴ $a = \dfrac{3}{2}$

よって，求める a の値は

$a = 1, \quad -3, \quad \dfrac{3}{2}$ ……(答)

(注) $x = a$ における接線の傾きが等しくても，接点を共有していなければ2曲線は接していないことに気をつけよう（図4参照）．

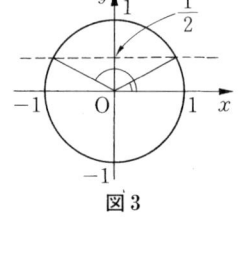

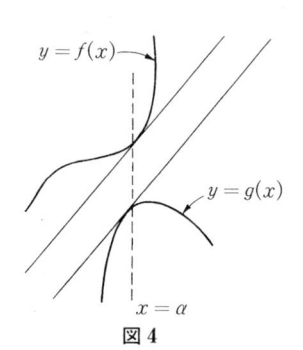

[例題 1・3・3]

次の無限級数の和 S を求めよ．

$$S = \sum_{n=1}^{\infty} 3^{n-1} \sin^3\left(\frac{x}{3^n}\right)$$

発想法

S を具体的に書き並べ，全体を見わたすことから始めよう．部分和を S_k とおくと

$$S_k = \sum_{n=1}^{k} 3^{n-1} \sin^3\left(\frac{x}{3^n}\right)$$

$$= 3^0 \sin^3\left(\frac{x}{3}\right) + 3^1 \sin^3\left(\frac{x}{3^2}\right) + 3^2 \sin^3\left(\frac{x}{3^3}\right) + \cdots\cdots$$

この級数を形成する数列は等比数列でも等差数列でもないので，公式で簡単に S を求めることはできない．そこで，ほかの方法を考えなければならないが，そのために次の2点に注目してみよう．

(i) $\sin^3\theta$ に関連する三角関数の公式にはどんなものがあったか？
(ii) 無限級数の各項が2数の差（□－○）の形に表せれば，"中抜けの原理"によって無限級数の和が求まることがある．

解答

3倍角の公式から

$$\sin 3\theta = 3\sin\theta - 4\sin^3\theta \quad \therefore \quad \sin^3\theta = \frac{3}{4}\sin\theta - \frac{1}{4}\sin 3\theta$$

よって，$S_k = \sum_{n=1}^{k} 3^{n-1} \sin^3\left(\frac{x}{3^n}\right)$

$$= \sum_{n=1}^{k} 3^{n-1}\left\{\frac{3}{4}\sin\left(\frac{x}{3^n}\right) - \frac{1}{4}\sin\left(\frac{x}{3^{n-1}}\right)\right\}$$

$$= \left(\frac{3}{4}\sin\frac{x}{3} - \frac{1}{4}\sin x\right) + \left(\frac{3^2}{4}\sin\frac{x}{3^2} - \frac{3}{4}\sin\frac{x}{3}\right)$$

$$+ \left(\frac{3^3}{4}\sin\frac{x}{3^3} - \frac{3^2}{4}\sin\frac{x}{3^2}\right) + \cdots\cdots + \left(\frac{3^k}{4}\sin\frac{x}{3^k} - \frac{3^{k-1}}{4}\sin\frac{x}{3^{k-1}}\right)$$

$$= \frac{3^k}{4}\sin\frac{x}{3^k} - \frac{1}{4}\sin x$$

（このように，間の項が消えてしまうことを"中抜けの原理"という）

したがって，無限級数の和 S は

$$S = \lim_{k\to\infty} S_k = \lim_{k\to\infty}\left(\frac{3^k}{4}\sin\frac{x}{3^k} - \frac{1}{4}\sin x\right)$$

$$= \lim_{k\to\infty}\left\{\frac{x}{4}\cdot\frac{\sin\frac{x}{3^k}}{\frac{x}{3^k}} - \frac{1}{4}\sin x\right\}$$

$$= \frac{x - \sin x}{4} \qquad \cdots\cdots（答）$$

第1章 規則性の発見のしかたと具体化の方法

> **〈練習 1・3・3〉**
> 次の無限級数の和 S を求めよ。
> $$S = \sum_{k=1}^{\infty} \frac{2k+1}{k(k+1)(k+2)}$$

発想法

$k=1, 2, 3, \cdots\cdots$ を代入し具体化してみると

$$S = \frac{3}{1\cdot 2\cdot 3} + \frac{5}{2\cdot 3\cdot 4} + \frac{7}{3\cdot 4\cdot 5} + \frac{9}{4\cdot 5\cdot 6} + \cdots\cdots$$

となる。

一般項 $\dfrac{2n+1}{n(n+1)(n+2)}$ を部分分数に分解し、それら各項を具体的に書き並べ、"中抜けの原理"の適用を図れ。

解答 部分分数に分解して、

$$\frac{2n+1}{n(n+1)(n+2)} = \frac{A}{n} + \frac{B}{n+1} + \frac{C}{n+2}$$

となる数 A, B, C を求める。

$$2n+1 = A(n+1)(n+2) + Bn(n+2) + Cn(n+1)$$

であるから、この式に $n=0$ を代入すると $A=\dfrac{1}{2}$, $n=-1$ を代入すると $B=1$, $n=-2$ を代入すると、$C=-\dfrac{3}{2}$ を得る。ゆえに、n 項目までの和は、具体的に書き並べると、

$$S_n = \left[\frac{\frac{1}{2}}{1} + \frac{1}{2} - \frac{\frac{3}{2}}{3}\right] + \left[\frac{\frac{1}{2}}{2} + \frac{1}{3} - \frac{\frac{3}{2}}{4}\right] + \left[\frac{\frac{1}{2}}{3} + \frac{1}{4} - \frac{\frac{3}{2}}{5}\right] + \cdots\cdots$$

$$+ \left[\frac{\frac{1}{2}}{n-2} + \frac{1}{n-1} - \frac{\frac{3}{2}}{n}\right] + \left[\frac{\frac{1}{2}}{n-1} + \frac{1}{n} - \frac{\frac{3}{2}}{n+1}\right]$$

$$+ \left[\frac{\frac{1}{2}}{n} + \frac{1}{n+1} - \frac{\frac{3}{2}}{n+2}\right]$$

となる。このとき、カッコ内の最後の項は、次のカッコ内のまん中の項、および、その次のカッコ内の最初の項によって打ち消される。すなわち、

$$-\frac{\frac{3}{2}}{i} + \frac{1}{i} + \frac{\frac{1}{2}}{i} = 0 \quad (i=3, 4, \cdots\cdots, n)$$

この結果、

§3 具体的な数値を代入した例をつくり実験せよ 47

$$S_n = \left[\dfrac{\dfrac{1}{2}}{1}+\dfrac{1}{2}\right]+\left[\dfrac{\dfrac{1}{2}}{2}\right]+\left[\dfrac{-\dfrac{3}{2}}{n+1}\right]+\left[\dfrac{1}{n+1}-\dfrac{\dfrac{3}{2}}{n+2}\right]$$

$$=\dfrac{5}{4}-\dfrac{\dfrac{1}{2}}{n+1}-\dfrac{\dfrac{3}{2}}{n+2}$$

となる．したがって，無限級数の和 S は， $S=\lim\limits_{n\to\infty}S_n=\dfrac{5}{4}$ ……(答)

【別解】 $S_n=\sum\limits_{k=1}^{n}\dfrac{2k+1}{k(k+1)(k+2)}$

$$=2\sum_{k=1}^{n}\dfrac{1}{(k+1)(k+2)}+\sum_{k=1}^{n}\dfrac{1}{k(k+1)(k+2)}$$

$$=2\sum_{k=1}^{n}\left(\dfrac{1}{k+1}-\dfrac{1}{k+2}\right)+\dfrac{1}{2}\sum_{k=1}^{n}\left\{\dfrac{1}{k(k+1)}-\dfrac{1}{(k+1)(k+2)}\right\}$$

$$=2\left\{\left(\dfrac{1}{2}-\dfrac{1}{3}\right)+\left(\dfrac{1}{3}-\dfrac{1}{4}\right)+\cdots\cdots+\left(\dfrac{1}{n+1}-\dfrac{1}{n+2}\right)\right\}$$

$$+\dfrac{1}{2}\left[\left(\dfrac{1}{1\cdot 2}-\dfrac{1}{2\cdot 3}\right)+\left(\dfrac{1}{2\cdot 3}-\dfrac{1}{3\cdot 4}\right)+\cdots+\left\{\dfrac{1}{n(n+1)}-\dfrac{1}{(n+1)(n+2)}\right\}\right]$$

$$=2\left(\dfrac{1}{2}-\dfrac{1}{n+2}\right)+\dfrac{1}{2}\left\{\dfrac{1}{2}-\dfrac{1}{(n+1)(n+2)}\right\}$$

$\therefore\ S=\lim\limits_{n\to\infty}S_n=2\cdot\dfrac{1}{2}+\dfrac{1}{2}\cdot\dfrac{1}{2}=1+\dfrac{1}{4}=\dfrac{5}{4}$ ……(答)

第 2 章　着想の転換のしかた

　前章では難問の攻略法の 1 つとして問題固有の性質，規則性，パターンなどを見出し，それらを活かした解答のつくりかたについて学んだ．本章ではそれとは異なる攻略法について解説する．

　長い間わからなかったことも，ふとしたことからすべての謎が解けてしまうことがある．これはあるキッカケで，そのものをいままでとは異なる角度から見ることによって，今まで気づかなかったことに注意が向けられ，その結果，真相が解明されるという現象によるものであろう．この現象をひき起こす具体的な手段としては，問題を解くときには必ず異なる視点から問題を多角的に観察すること，ときには 180° 視点を変え，扱う対象や思考の裏側を見ること，問題文に書かれている手順や操作または時間の流れを逆転したり，ときにはそれらの概念を故意に切り捨ててみることなどである．

　米国ベル研究所のグラハム博士は，2×1000 の細長い長方形に直径 1 のコインを 2011 個以上詰め込めるという驚くべき事実を発見した．しかし，その発見は極めて単純な発想に起因している．それはコインを長方形に詰め込んだときのコインの占有面積を最大にしようと考えるのではなく，その隙間の面積を最小にすればよいと，見方を 180° 変えたことにある（図 A）．そして，隙間の面積が最小となるよう並べた 3 つのコインを単位として，図 B のように，2×1000 の長方形に 2011 個のコインを詰め込むことに成功したのである．

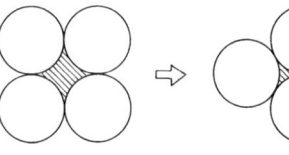

図 A

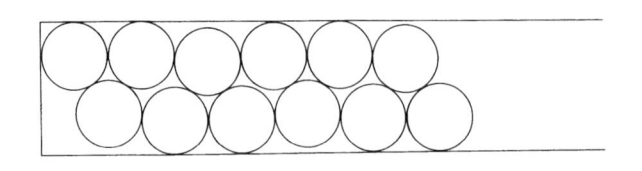

図 B

§1　操作の順や時間の流れを逆転せよ

　物を組立てたり真実を解明したりするときに，組立てる順序や考える順序が重要になってくることが多い．組立てるためには，考えられるたくさんの順序の中から目的にかなった最良の順序を選ばないと，結果的には上手に組立てられない．

　君が，2トン積みトラックを使って，自分で下宿の引っ越しをする場面を想定しよう．そして，机，ベッド，洗濯機，冷蔵庫などの電化製品や本棚，洋服ダンス，ふとん，書籍，台所用品，自転車など，学生の割りには君は物持ちであるとしよう．たくさんの荷物を2トン積みトラック1台に積み込むためには，どの物から先に積み込むべきかの順序や，各品物をトラックのどこに置いたらよいかという2つの要素（順序と位置）について計画を練らなければならない．首尾よく積み込むためには，一番大きな物にまず注目し，そのためのスペースをトラックの空間に確保し，次第に小さな物に目を転じていけばよいだろう．すなわち，何でもよいから勝手に積み込んでいけばよいというわけではないことがわかる．また，積み木の箱から積み木が溢れ出ているという子供部屋によくある光景は，はじめにキチンと納まっていた積み木を，積み木の大きさや箱にしまい込む順序を考慮して元通りにしまい込むことが，子供にとって難しいことに起因するのであろう．

　このように，順序を決定することは重要であるが，その上手な順序を知るために，完成した姿から逆に分解していくと，その手順がよくわかることがある．自転車やラジオを分解したことがある人がそれらを組立てる達人になることが往々にしてあるという事実は，この効果によって成されたといえる．

　時間の概念を操作すると，モノのカラクリや手順がわかるというのも上述と同種の考え方である．熱心な相撲力士が，スローモーションビデオやコマ送りを用いて，自分や相手の取り口を研究するのは，時間の流れをゆっくりにする，または一時止めてみたりすると，モノが見えてくるからである．手品師の手に突然現われる鳩がどこから出てきたかを探るには，そのビデオを逆戻しスローモーションにして見れば，手品師の袖口のカゲに隠れている鳩の黄色いくちばしが見えてくるに違いない．

[例題 2・1・1]

曲線 $y=x^3-3x^2+2$ に，相異なる 3 本の接線をひくことができるような点 P の存在範囲を求め，図示せよ．

発想法

問題文にかかれている順に図をかいていき，点 $P(X, Y)$ をとり，そこから 3 本の接線をひけるか否か調べるという方針がまず考えられる（図1）．

点 $P(X, Y)$ を通る直線の方程式
$$y-Y=m(x-X) \quad \cdots\cdots ①$$
と与曲線の方程式
$$y=x^3-3x^2+2 \quad \cdots\cdots ②$$
から y を消去して整理した式
$$x^3-3x^2-mx+2+mX-Y=0 \quad \cdots\cdots ③$$
が，2(3) 重解をもつときに ① と ② は接している．そこで，③ が 2(3) 重解をもつような m の値を (X, Y を含んだ形で) 求める．そのとき，m が相異なる 3 つの値となるような (X, Y) の全体が求める範囲である．

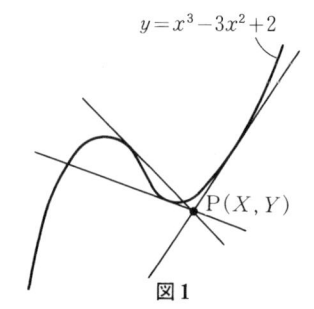

しかし，この方針では求めるべきものが多すぎて，計算も極めて煩雑なものとなることが予想される．

そこで，まず接点を
$$(t, f(t)) \quad (f(t)=t^3-3t^2+2)$$
と設定して，ここを通る接線の方程式を求めると，
$$y=(3t^2-6t)x-2t^3+3t^2+2 \quad \cdots\cdots ④$$
となり，この式を t について整理した式は
$$2t^3-3(x+1)t^2+6xt+(y-2)=0 \quad \cdots\cdots ⑤$$
となる．

式 ④ は，$(t, f(t))$ を接点とするような直線上の点 (x, y) がみたすべき条件を表しているのであるから，

点 (x, y) が $(t, f(t))$ を接点とする直線上にある
$\iff$ x と y の関係式は ⑤

したがって，点 $P(X, Y)$ に対して関係式 ⑤ が t の相異なる 3 つの実数値 t_1, t_2, t_3 で成立している．すなわち，

相異なる 3 つの実数 t_1, t_2, t_3 に対して
$$\left. \begin{array}{l} 2t_1^3-3(X+1)t_1^2+6Xt_1+(Y-2)=0 \\ 2t_2^3-3(X+1)t_2^2+6Xt_2+(Y-2)=0 \\ 2t_3^3-3(X+1)t_3^2+6Xt_3+(Y-2)=0 \end{array} \right\} \quad \cdots\cdots(*)$$

§1 操作の順や時間の流れを逆転せよ   51

がいずれも成立している,ということは,点 $P(X, Y)$ が各 t の値に対する相異なる 3 つの点におけるそれぞれの接線 l_1, l_2, l_3 上にある,ということと同値である.よって,今度はもとの操作の手順に戻して,その点 $P(X, Y)$ から曲線 $y=x^3-3x^2+2$ に接線をひこうとしたときに l_1, l_2, l_3 の 3 本をひけることが保証されていることになる((**注**)参照).

　上述の(＊)が

　　　　t の 3 次方程式:
　　　　　　$2t^3-3(X+1)t^2+6Xt+(Y-2)=0$
　　　　が相異なる 3 つの実数解をもつ

ことと同値であることに着目して,3 次方程式の解の配置の問題に帰着させる.

解答　$f(x)=x^3-3x^2+2$ とおく.

　曲線 $y=f(x)$ ……① 上の点 (t, t^3-3t^2+2) における接線の方程式は,
$f'(t)=3t^2-6t$ より
$$y-(t^3-3t^2+2)=(3t^2-6t)(x-t)$$
$$\therefore\quad y=(3t^2-6t)x-2t^3+3t^2+2 \quad\cdots\cdots②$$
である.

　よって,

　　点 $P(X, Y)$ から曲線①へ相異なる 3 本の接線がひける

$\iff$ 曲線①上の相異なる 3 点から点 $P(X, Y)$ を通る相異なる 3 本の接線がひける
$\iff$ (X, Y) が相異なる 3 つの t の実数値に対して②をみたしている
$\iff$ t の 3 次方程式:
$$F(t)\equiv 2t^3-3(X+1)t^2+6Xt+(Y-2)=0 \quad\cdots\cdots③$$
　　が相異なる 3 つの実数解をもつ
$\iff$ $F(t)$ に極大値と極小値が存在し,これらは異符号である(図 2)　……④

[(極大値)>0, (極小値)<0 であるが,単に「極大値と極小値が異符号」としておいて十分である.⑤より得られる $t=1, X$ の大小関係によって $F(1), F(X)$ のいずれが極大値であり,いずれが極小値であるかによって場合を分ける必要はない.]

$$F'(t)=6\{t^2-(X+1)t+X\}$$
$$=6(t-1)(t-X) \quad\cdots\cdots⑤$$

図2

であるから,

　　④ $\iff$ $X\neq 1$ かつ $F(1)\cdot F(X)<0$
　　　　$\iff$ $(Y+3X-3)\{Y-(X^3-3X^2+2)\}<0$　……⑥

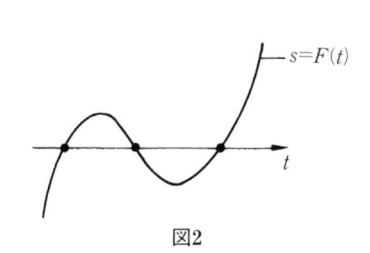

$X\neq 1$ は⑥のもとにみたされている.

これが点 P(X, Y) が題意をみたす必要十分条件であり，したがって求める領域は，⑥ をみたす点 (X, Y) の集合として，不等式
$$(y+3x-3)(y-x^3+3x^2-2)<0$$
で表される領域である．

直線 $y+3x-3=0$ $(y=-3x+3)$ が曲線 $y-x^3+3x^2-2=0$ $(y=x^3-3x^2+2)$ の変曲点 $(1, 0)$ における接線になっていることを考えると，求める点 P の存在範囲は図 3 の斜線部（ただし，境界は除く）のようになる．

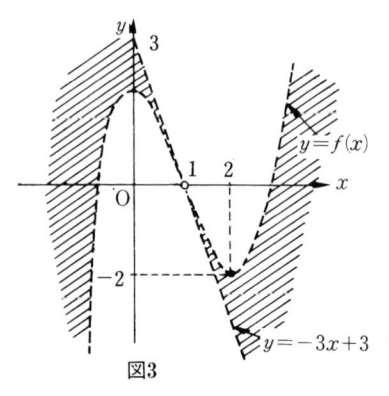

[コメント] 一般に，3 次関数 $y=f(x)$ のグラフにひける接線の本数は，$y=f(x)$ の変曲点 P における接線 l を境にして，図 4 のように分類できる．

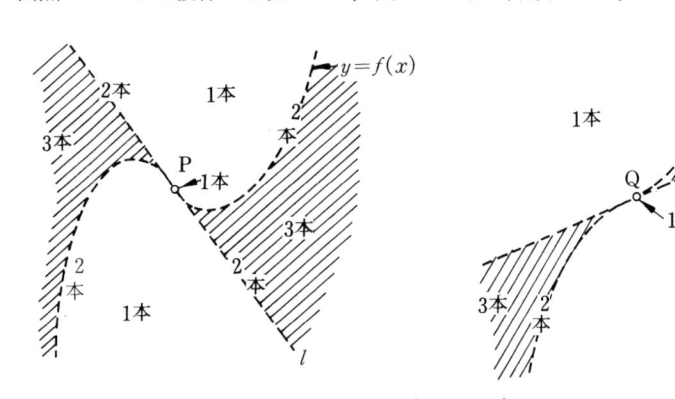

($y=f(x)$ 上，および l 上は，変曲点 P を除いて 2 本)
図 4

本問の場合，接線が 2 本だけひける	$\iff$	$F(t)$ に極大値，極小値が存在し，それらのうち一方が 0 である
	$\iff$	$x \neq 1$ かつ $F(1) \cdot F(x)=0$
接線が 1 本だけひける	$\iff$	$F(t)$ の極大値，極小値が存在し，それらが同符号または $F(t)$ に極値が存在しない
	$\iff$	$F(1) \cdot F(x)>0$ または $x=1$

によって，容易にこの「分類図」を得ることができる．

(注) 3 次関数のグラフに対して，
「異なる点における接線が一致することはない」……(*)
という事実に基づいている．たとえば点 (x, y) に対して ⑤ をみたす相異なる t の値が 3 つ $(t=t_1, t_2, t_3$ としよう) あるとしても，$x=t_1$ なる点における接線 l_1 と

$x=t_2$ なる点における接線 l_2 とが一致してしまう場合には，(x, y) からひける接線は 3 本とはいえなくなってしまうのであるが，(*) の事実によりそのような心配はしなくてよいのである．(*) の事実は，次のようにして認めておこう．

曲線 $y=ax^3+bx^2+cx+d$ $(\equiv f(x))$ 上の相異なる 2 点 $(t_1, f(t_1))$, $(t_2, f(t_2))$ における接線が一致すると仮定すると，共通接線の方程式を $y=l(x)$ として，
$$f(x)-l(x)=(x-t_1)^p(x-t_2)^q g(t)$$
$$(p \geqq 2, \ q \geqq 2, \ g(t) \text{ は定数または整式})$$
と書けるはずであるが，左辺は x の 3 次式（$a=0$ の場合も含めれば"たかだか"3 次式）であり，右辺は x の 4 次以上の式であり矛盾である．

〈練習 2・1・1〉

曲線 $y=x^3+6x^2+3x+8$ について，次の各問いに答えよ．
(1) 原点を通る接線をすべて求めよ．
(2) これらの接線と曲線の $y \geqq 0$ の部分とで囲まれる図形の面積を求めよ．

発想法

原点 O から曲線へ接線をひくつもりで考えていくよりは，最初から接点を $(a, f(a))$ と設定して接線の方程式を a を含む式で表し，その接線が O を通るべきことから a を決定するとよい．

解答 (1) $f(x)=x^3+6x^2+3x+8$

とおく．

$$f'(x)=3x^2+12x+3=3(x^2+4x+1)$$

であるから，曲線 $y=f(x)$ 上の点 $(a, f(a))$ における接線の方程式は，

$$y-f(a)=3(a^2+4a+1)(x-a) \quad \cdots\cdots ①$$

これが原点を通るための条件は，

$$0-f(a)=3(a^2+4a+1)(0-a) \quad \cdots\cdots ②$$

$f(a)=a^3+6a^2+3a+8$ だから

② $\iff a^3+3a^2-4=0$
　$\iff (a-1)(a+2)^2=0$

∴ $a=1, -2$ 　　　　$\cdots\cdots ③$

したがって，原点を通る接線は，③ を ① へ代入して（「コメント」参照）

$$y=18x \text{ および } y=-9x \quad \cdots\cdots(答)$$

(2) 題意の図形は，図1の斜線部のようになる．

これより求める面積 S は

$$S=\int_{-2}^{1}(x^3+6x^2+3x+8)dx$$
$$\qquad -(\triangle \text{ABO}+\triangle \text{CDO})$$
$$=\left[\frac{x^4}{4}+2x^3+\frac{3}{2}x^2+8x\right]_{-2}^{1}$$
$$\qquad -\frac{1}{2}(2+1)\cdot 18$$
$$=\frac{27}{4} \quad \cdots\cdots(答)$$

図1

[コメント]

(1)において，③ を ① へ代入して原点を通る接線の方程式を求めたのであるが，このとき $f(a)$ の値を求めることなく接線の方程式を得ることができる．というのは，① は整理

すると，
$$y = 3(a^2+4a+1)x + \boxed{\text{定数項}(a\text{だけの式})}$$
の形となるが，原点を通るべきことから，定数項 $=0$ となるはずである．したがって x の係数，$3(a^2+4a+1)$ だけを計算すればよいのである．この方法では結局，接線の方程式を $y=f'(a)x$ として扱うことになるのである．接線の方程式の公式
$$y - f(a) = f'(a)(x-a)$$
は，「点 $(a, f(a))$ を通り傾き $f'(a)$ の直線」として得られたものであるが，"通る点"として原点を考えれば $y=f'(a)x$ となるだけのことである．

[例題 2・1・2]

だ円 $\dfrac{x^2}{a^2}+\dfrac{y^2}{b^2}=1$ $(a>0,\ b>0)$ に対し,原点 O 以外の点を $A(x_0,\ y_0)$ として

$$\dfrac{x_0 x}{a^2}+\dfrac{y_0 y}{b^2}=1$$

の表す図形は,次のようになることを示せ.

(1) $A(x_0,\ y_0)$ がだ円の外部の点なら,
「A からだ円にひいた 2 接線の接点を結ぶ直線」
(2) $A(x_0,\ y_0)$ がだ円の内部の点なら,
「A を通る弦の両端におけるだ円の接線の交点の軌跡」

発想法

(1) 前問同様,まずだ円の周上の 2 点 $P(\alpha_1,\ \beta_1)$, $Q(\alpha_2,\ \beta_2)$ における接線の方程式をつくり,それらが点 $A(x_0,\ y_0)$ を通るべきことから,P, Q の座標を定めることができる.しかし,具体的に P, Q の座標を求める($x_0,\ y_0$ を用いて表す)必要はなく,だ円上の点 P, Q の座標のみたすべき条件式(すなわち,点 P, Q がどのような図形上にあるのか)さえ求めればよいのである.ここでは,条件式が

$$\dfrac{x_0}{a^2}x+\dfrac{y_0}{b^2}y=1 \quad (直線)$$

となるべきであることがわかっているので楽である.

(2) 題意をみたす軌跡上の点は,問題に示された操作の順に従って

　(i) だ円の内部に $P(x_0,\ y_0)$ をとり,
　(ii) P を通る直線とだ円の交点(2 点)を求め,
　(iii) (ii) で求めた 2 点を接点とするだ円の 2 接線をひいたときの交点

として得ることができる.

しかし,その交点が $\dfrac{x_0 x}{a^2}+\dfrac{y_0 y}{b^2}=1$ 上にのっていることが必要十分であることを示すためには,(ii) の操作によって得られる接点 $(x,\ y)$ の座標そのもの,あるいは x, y のみたすべき関係式を議論の展開に生かせる形で求める必要がある.そのために,複雑な計算を回避することはできない.しかし,いま列挙した操作の順序を逆にすることにより,2 接点の座標を求めるなどの複雑な計算を一切回避することが可能である.(1)で求めた結果がそっくり利用できるようになるからである.

なお,$A(x_0,\ y_0)$ がだ円の周上の点なら,与方程式が「A におけるだ円の接線」を表すことは知っているであろう.この事実を(1)の証明において使う.

§1 操作の順や時間の流れを逆転せよ   57

解答 (1) (以下の解答を読んで,「狐につままれたようだ」と感じた人は,**(注)** を参照せよ) だ円の周上の2点 $P(\alpha_1, \beta_1)$, $Q(\alpha_2, \beta_2)$ における接線の方程式は,それぞれ (公式より)

$$\frac{\alpha_1 x}{a^2} + \frac{\beta_1 y}{b^2} = 1 \quad \cdots\cdots ①, \qquad \frac{\alpha_2 x}{a^2} + \frac{\beta_2 y}{b^2} = 1 \quad \cdots\cdots ②$$

と書ける.これらが,(x_0, y_0) で交わるための条件は,だ円の周上の点として選んだ2点 $P(\alpha_1, \beta_1)$, $Q(\alpha_2, \beta_2)$ の各座標が

$$\begin{cases} \dfrac{\alpha_1 x_0}{a^2} + \dfrac{\beta_1 y_0}{b^2} = 1 \\ \text{かつ} \quad \cdots\cdots ③ \\ \dfrac{\alpha_2 x_0}{a^2} + \dfrac{\beta_2 y_0}{b^2} = 1 \end{cases}$$

をみたすことであり,③ は2点 $P(\alpha_1, \beta_1)$, $Q(\alpha_2, \beta_2)$ が (同一) 直線

$$\frac{x_0}{a^2} x + \frac{y_0}{b^2} y = 1$$

上にあることを表している.2点 P,Q を通る直線は1本しかありえないので

$$\frac{x_0}{a^2} x + \frac{y_0}{b^2} y = 1$$

が直線 PQ の方程式である (**注**).

図1

(2) だ円の外部の点を (X, Y) とし,この点からだ円へ2本の接線をひく.そのときにできる2つの接点を結ぶ直線の方程式は,(1)より

$$\frac{X}{a^2} x + \frac{Y}{b^2} y = 1 \quad \cdots\cdots ①$$

である (図2).

直線 ① が点 $A(x_0, y_0)$ を通るような (X, Y) の集合が題意の交点の軌跡である.それは,① へ $(x, y) = (x_0, y_0)$ を代入した

$$\frac{X x_0}{a^2} + \frac{Y y_0}{b^2} = 1$$

なる条件式をみたす (X, Y) の全体である.この条件式より (X, Y) が直線

$$\frac{x_0}{a^2} x + \frac{y_0}{b^2} y = 1 \quad \cdots\cdots ②$$

図2

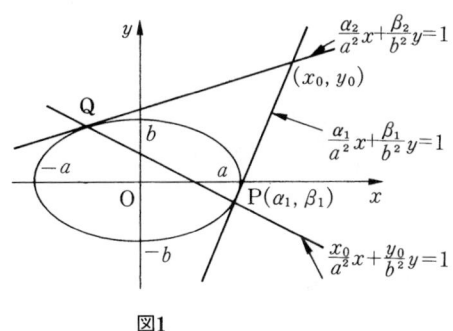

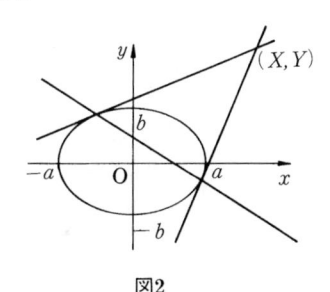

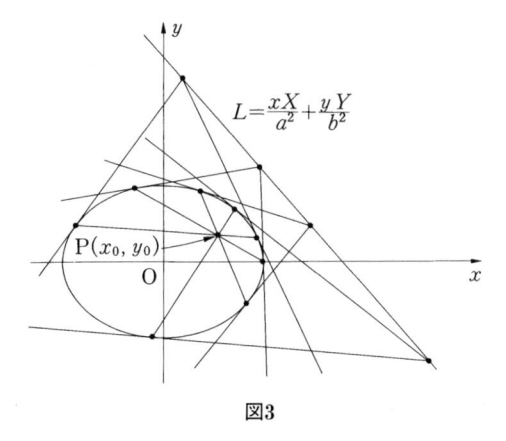

$L = \dfrac{xX}{a^2} + \dfrac{yY}{b^2}$

図3

上にあるとき，また，そのときに限って，題意をみたす軌跡上の点であることを表しており，題意は示せた．

(注) (1)の解答は，以下に述べるように，証明の途中で，「③をながめる視点」に転換が起こるため，狐につままれた感じのする読者も多いであろう．

最初③は，だ円上の2点P，Qにおける各接線の方程式に $(x, y)=(x_0, y_0)$ を代入することにより導かれた．ここで，x_0, y_0 が変数 x, y の値であることを一度忘れてしまい，単に③を，$\alpha_1, \alpha_2, \beta_1, \beta_2, x_0, y_0$ の間に成り立っている関係式として，これらの文字をまったく平等な立場でながめ，扱うこととしよう．このとき，③の第1式における α_1 と x_0，β_1 と y_0，第2式における α_2 と x_0，β_2 と y_0 をそれぞれ入れ換えて，

$$\begin{cases} \dfrac{x_0\alpha_1}{a^2}+\dfrac{y_0\beta_1}{b^2}=1 \\ \text{かつ} \qquad\qquad\qquad \cdots\cdots ③' \\ \dfrac{x_0\alpha_2}{a^2}+\dfrac{y_0\beta_2}{b^2}=1 \end{cases}$$

と書いても抵抗はないであろう(すべての文字をまったく平等に扱っているから)．

さて，今までの経過をまったく知らない人に③′を見せたなら，彼(彼女)はきっとこう解釈するであろう．

「2点 $P(\alpha_1, \beta_1)$, $Q(\alpha_2, \beta_2)$ はともに直線 $\dfrac{x_0 x}{a^2}+\dfrac{y_0 y}{b^2}=1$ 上にあるんだね」

へそ曲がりな人なら③を見てこのように解釈するかもしれないが，与えられた式に対して，どのような図形的解釈をするかは，その人の勝手であり，「**解答**」ではその「**勝手**」なことをしたまでである．

§1 操作の順や時間の流れを逆転せよ　　59

──〈練習　2・1・2〉──
　円 $C: x^2+y^2=1$ の外部に点 $P_1(x_1, y_1)$ をとり，P_1 から C に2本の接線を
ひく．このときの接点を Q_1，Q_2 とし，直線 Q_1Q_2 を l_1 とする．
　次に l_1 上，C の外部の点 $P_2(x_2, y_2)$ から C に2本の接線をひき，このとき
の接点を R_1，R_2 とし，直線 R_1R_2 を l_2 とする．
　このとき，点 P_1 は直線 l_2 上にあることを示せ．

発想法

　[例題 2・1・2] と同様にして，まず C 上の2点 Q_1，Q_2 の座標をそれぞれ (α_1, β_1)，(α_2, β_2) と設定し，これらの点における C の接線をそれぞれ求めることから始める．

解答　円 C 上の2点 $Q_1(\alpha_1, \beta_1)$，$Q_2(\alpha_2, \beta_2)$ にお
ける接線の方程式はそれぞれ
$$\alpha_1 x + \beta_1 y = 1$$
$$\alpha_2 x + \beta_2 y = 1$$
であり，これらがともに $P_1(x_1, y_1)$ を通ることか
ら
$$\alpha_1 x_1 + \beta_1 y_1 = 1$$
$$\alpha_2 x_1 + \beta_2 y_1 = 1$$
がともに成り立つ．この2式は (α_1, β_1)，(α_2, β_2)
がともに直線
$$x_1 x + y_1 y = 1 \quad \cdots\cdots ①$$
上の点であることを表しており，①が直線 l_1 の方程式にほかならない．

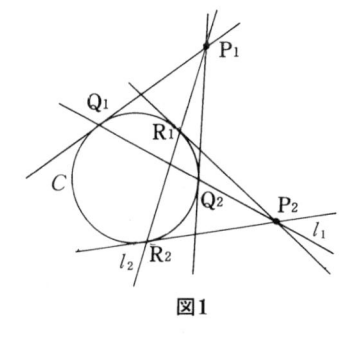

図1

　いま，$P_2(x_2, y_2)$ は l_1 上の点だから，
$$x_1 x_2 + y_1 y_2 = 1 \quad \cdots\cdots ②$$
が成り立っている．
　①を求めたときと同様な手順により，直線 l_2 の方程式
$$x_2 x + y_2 y = 1 \quad \cdots\cdots ③$$
を得るが，②は $P_1(x_1, y_1)$ が③上にあることを表している．

[コメント]　問題文は円の場合についての命題であったが，だ円の場合にも同様な命題
　が成立する．各自，証明を試みよ．

╭─〈練習 2・1・3〉

点 A(1, -2) から放物線 $y=x^2$ へ 2 本の接線をひき,接点をそれぞれ B,C とする.このとき,3 点 A,B,C を通る放物線の方程式を求めよ.

発想法

B,C を通る放物線群を,直線 BC と与放物線との 2 交点(B,C にほかならない)を通る放物線群としてパラメータ k を用いて表し(IIの**第 4 章 § 6**),A を通るときの k の値を求める.直線 BC の方程式を求めるためには,まず,接点 B,C の座標をそれぞれ (β, β^2),(γ, γ^2) と設定して,B,C における放物線の接線の方程式を求める.それらが A を通ることから導かれる (β, β^2),(γ, γ^2) のみたすべき式が x,y の 1 次方程式,すなわち直線の方程式として得られれば,それが直線 BC の方程式である.

解答 $y=x^2$ ……① 上の 2 点 B(β, β^2),C(γ, γ^2) における ① の接線の方程式は,それぞれ
$$y=2\beta x-\beta^2$$
$$y=2\gamma x-\gamma^2$$
であり,これらがともに A(1, -2) を通ることから
$$-2=2\beta-\beta^2$$
$$-2=2\gamma-\gamma^2$$
が成り立つ.この 2 式は,2 点 B(β, β^2),C(γ, γ^2) がともに直線 $-2=2x-y$,すなわち,$2x-y+2=0$ ……② 上の点であることを表しており,② が直線 BC の方程式である.

よって,① と ② の 2 交点である B,C を通る放物線群を表す方程式は
$$x^2-y+k(2x-y+2)=0 \quad \text{……③}$$
であり,③ が $(1, -2)$ を通る放物線を表すときの k の値は
$$1+2+k(2+2+2)=0$$
$$\therefore \quad 6k=-3$$
より,
$$k=-\frac{1}{2}$$
よって,求める放物線の方程式は
$$x^2-y-\frac{1}{2}(2x-y+2)=x^2-x-\frac{y}{2}-1=0$$
$$\therefore \quad \boldsymbol{y=2(x^2-x-1)} \quad \text{……(答)}$$

§1 操作の順や時間の流れを逆転せよ   61

[例題 2・1・3]
　点P(0, 1, 3) を通り, 球面 $x^2+y^2+(z-1)^2=1$ と接する直線の全体を考える.
(1) 直線と球面の接点の全体は1つの平面上にある. この平面の方程式を求めよ.
(2) これらの直線が xy 平面上と交わる点の全体は, xy 平面上の曲線となる. この曲線の方程式を求めよ.　　　　　　　　　　　　　　　　(阪大)

発想法

(2) この問題文を解釈していく際, 我々の視点は,

　　　① 点P　─→　② 球面との接点　─→　③ xy 平面上の点

の順に移っていく. その結果(2)を解くために, 点P(0, 1, 3) と, 円 C (図1:接点の全体)上の点Q(x, y, z) を通る直線PQの方程式を求め, 次に直線PQと xy 平面との交点Rを求め, 最後にQの動きにともなうRの動きを調べる, という手順が考えられる. しかし, この方針でこの問題を解くのは極めて困難である. 各自その困難さを確認してみよ.

　しかし, この解法の操作の手順を入れ換えて,

　　xy 平面上の点R($X, Y, 0$) と点Pとを通る直線PRが, 円 C を通る (図2参照)

ための R の必要十分条件を求めることに帰着させる (図2において R_1, R_2, R_3, R_5 は求める曲線上の点であるが, R_4 はそうではない) ことによって問題はもっと簡単に処理できることになる.

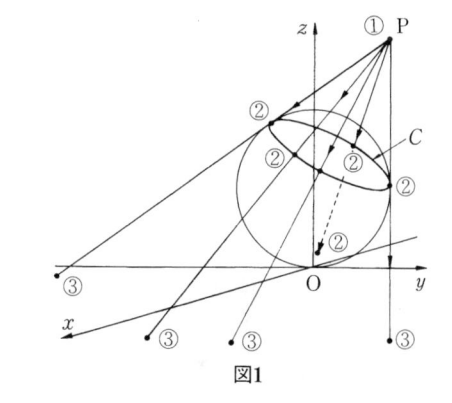

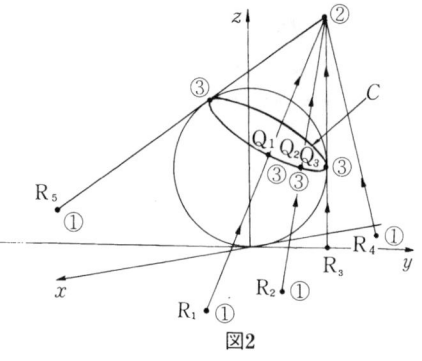

図1

図2

62　第2章　着想の転換のしかた

[解答]　(1) 球面 $x^2+y^2+(z-1)^2=1$
の中心 $(0, 0, 1)$ を S とおく．直線と球面
の接点の全体は，図3の太線の円(C と
する)であり，この円を含む平面が題意
の平面である．

この平面は $(0, 1, 1)$ (球面と z 軸に平
行な接線との接点) を通り，法線ベクト
ルが $\overrightarrow{SP}=(0, 1, 2)$ であるから，求める
平面の方程式は，
$$0\cdot(x-0)+1\cdot(y-1)+2\cdot(z-1)=0$$
$$\therefore\ y+2z-3=0 \quad \cdots\cdots(答)$$

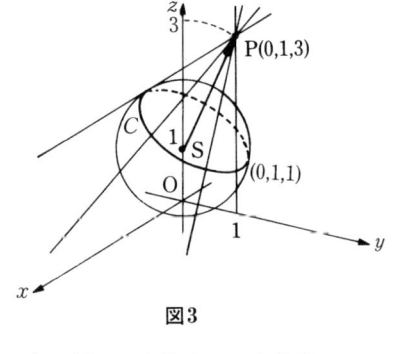

(2) xy 平面上の点 $R(X, Y, 0)$ と点 $P(0, 1, 3)$ に対し，直線 PR の方程式は
$$\frac{x}{X}=\frac{y-1}{Y-1}=\frac{z-3}{-3} \quad \cdots\cdots ①$$
と書くことができ，さらに，パラメータ t (実数)を用いて
$$\left.\begin{array}{l} x=Xt \\ y=(Y-1)t+1 \\ z=-3t+3 \end{array}\right\} \quad \cdots\cdots ①'$$
と書くことができる．この直線 PR が与えられた球面に接しているときの点 R の集合が題意の曲線である．直線 PR が与えられた球面に接しているための条件は，

　　直線 PR が図3の円 C と共有点をもつ　……(*)

ことである．(1)より円 C は，連立方程式
$$\begin{cases} y+2z-3=0 & \cdots\cdots ② \\ x^2+y^2+(z-1)^2=1 & \cdots\cdots ③ \end{cases}$$
によって表すことができるので，(*)は

　　直線 PR と平面②の共有点が存在し，
　　かつその共有点が③上にある　　　　　……(**)

といい換えることができる．

直線 PR と平面②の共有点(が存在するなら，それ)は，①' を②に代入した
$$(Y-1)t+1+2(-3t+3)-3=0$$
$$\therefore\ (Y-7)t+4=0$$
をみたす．これより，$Y\ne 7$ のとき直線 PR と平面②に交点が存在し，その点に対応する①のパラメータ t の値は
$$t=-\frac{4}{Y-7} \quad \cdots\cdots ④$$
よって交点の座標は，④を①' へ代入して

§1 操作の順や時間の流れを逆転せよ   63

$$\left(-\frac{4X}{Y-7},\ \frac{-3(Y+1)}{Y-7},\ \frac{3Y-9}{Y-7}\right)\ \cdots\cdots ⑤$$

⑤が球面③上にあるための条件は，⑤を③に代入して，

$$\left(-\frac{4X}{Y-7}\right)^2+\left\{\frac{-3(Y+1)}{Y-7}\right\}^2+\left(\frac{3Y-9}{Y-7}-1\right)^2=1$$

$$\iff \begin{cases}16X^2+9(Y+1)^2+(2Y-2)^2=(Y-7)^2\\ Y\neq 7\end{cases}$$

$$\iff \begin{cases}4X^2+3(Y+1)^2=12\\ Y\neq 7\end{cases}$$

$$\iff \frac{X^2}{3}+\frac{(Y+1)^2}{4}=1\ \cdots\cdots(必然的に\ Y\neq 7)$$

したがって，求める曲線(だ円)の方程式は

$$\frac{x^2}{3}+\frac{(y+1)^2}{4}=1\qquad\cdots\cdots(答)$$

【別解1】 (2) 直線 PR が与えられた球面に接している，という条件を

①′かつ $x^2+y^2+(z-1)^2=1$ をみたす実数 t がただ1つ存在する

という条件によって処理することもできる．具体的には①′を
$x^2+y^2+(z-1)^2=1$ に代入し，t について整理した式

$$(X^2+Y^2-2Y+10)t^2+2(Y-7)t+4=0\ \cdots\cdots(☆)$$

をみたす実数 t がただ1つ存在するような (X,Y) の条件を求めるのである．その条件は(☆)を t の2次方程式とみたときに重解をもつことであり，判別式 D が，

$$\frac{D}{4}=(Y-7)^2-(X^2+Y^2-2Y+10)\cdot 4=0$$

をみたしていることである．この式を整理すれば同じ結果が得られる．

【別解2】 P(0, 1, 3), S(0, 0, 1) とおく．このとき

$$\overrightarrow{PS}=(0,\ -1,\ -2),\quad |\overrightarrow{PS}|=\sqrt{5}$$

接線上の点を Q(x, y, z) とする．

∠QPS=α とおくと，図4より

$$\cos\alpha=\frac{2}{\sqrt{5}}\quad または$$

$$\cos\alpha=-\frac{2}{\sqrt{5}}\ (\alpha=\angle\mathrm{Q'PS})$$

よって，点 Q は等式

$$\overrightarrow{PQ}\cdot\overrightarrow{PS}=\pm|\overrightarrow{PQ}||\overrightarrow{PS}|\frac{2}{\sqrt{5}}$$

で定まる．$\overrightarrow{PQ}=(x,\ y-1,\ z-3)$ だから，$x,\ y,\ z$ の等式で書くと，

$$-(y-1)-2(z-3)=\pm\sqrt{x^2+(y-1)^2+(z-3)^2}\cdot\sqrt{5}\cdot\frac{2}{\sqrt{5}}\ \cdots\cdots⑥$$

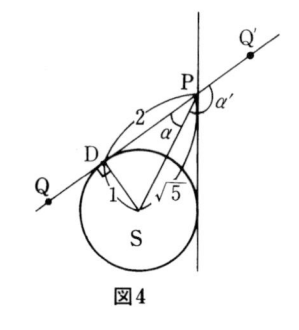

図4

この式，またはこの式の両辺を 2 乗して得られる次の式が，直線 PR が球面に接しながら動く（もちろん P は固定したまま）ときにできる円すい面の方程式である．
$$(y+2z-7)^2=4\{x^2+(y-1)^2+(z-3)^2\} \quad \cdots\cdots ⑥'$$

(1) $|\overrightarrow{PQ}|=\sqrt{x^2+(y-1)^2+(z-3)^2}=2$ のときだから
$$y+2z=3 \quad \cdots\cdots(答)$$

(2) ⑥' で $z=0$ とおくと
$$(y-7)^2=4\{x^2+(y-1)^2+9\}$$
$$\therefore\ 4x^2+3y^2+6y=9$$
$$4x^2+3(y+1)^2=12$$
したがって
$$\frac{x^2}{3}+\frac{(y+1)^2}{4}=1 \quad \cdots\cdots(答)$$

[コメント] 「解答」では，(2) の曲線（上の点 $(X, Y, 0)$ に対する条件）を求めるために，「発想法」で図 2 を用いて述べたとおり，各対象（点 P, 円 C, 点 R）に着眼する順序を，問題文を解釈していくときに視点が移る順序（点 P ⟶ 円 C ⟶ 点 R）とは入れ換えて，

　① 点 R ⟶ ② 点 P ⟶ ③ 円 C

　　　　　（点 P ⟶ 点 R ⟶ 円 C の順としても本質的に同じ）

の順とした．このほかにも，たとえば

　点 R ⟶ 円 C ⟶ 点 P

の順に考えていくことができると思えるかもしれないが，この順に考えるのは筋が悪い．

「操作の順を逆転させる（あるいは入れ換える）」ときには，どの順に着眼点を移していくと考えやすいのかは，解答を書く以前に十分考えておくべきである．

[例題 2・1・4]

これから次のようなルールで賭けをする．正二十面体のサイコロを最高5回まで振り，(最後に出た目の数)×1000円がもらえるとする．

n 回目($1 \leq n \leq 4$)を振って出た目を見たうえで $n+1$ 回目を振るか否かを決めることができる．

n 回目にどんな目であったなら，$n+1$ 回目を振るようにしたら最も有利であるか．また，この賭けの賭け金が16000円ならば，この賭けに挑戦するのは得か損か．

発想法

1回目に，たとえば18の目が出たとしたら，直観的にも1回目でやめておこう，という気になるだろうし，また，1回目にたとえば11の目が出たとしたら，残り最高4回のチャンスに期待を託そう，と思って，とりあえず2回目を振るだろう．しかし，同じ11の目といっても，4回目に出たのであれば5回目は振るだろうか．それとも，4回目でやめておくだろうか．4回目でやめた方が(数学的には)有利である，といえる．というのは，5回目を振ったとしても，5回目に出る目の期待値は

$$1 \cdot \frac{1}{20} + 2 \cdot \frac{1}{20} + \cdots\cdots + 20 \cdot \frac{1}{20} = \frac{1}{20}(1+2+\cdots\cdots+20)$$
$$= \frac{1}{20} \cdot \frac{20 \cdot 21}{2} = \frac{21}{2} = 10.5$$

であり，これは4回目に出た目の数11よりも小さいからである．

一般的には，n 回目に出た目が

　　$(n+1)$ 回目以降を，"最適な判断"で続けるか否かを決めたときに最終的に「出た目」とする目の数の期待値($E(n+1)$ と書こう)より小

であったなら，続けた方がよいのである．

1回目が11ならまだ続ける，という直観的判断の妥当性は，2回目以降を"最適な判断"で続けたときの期待値 $E(2)$ が11よりも大きいか否かを調べることによって数学的に調べることができる．

しかるに，残り4回による期待値 $E(2)$ を求めるためには2回目にどんな目なら続けて，3回目以降に賭けるかがわからなければならない．これは，結局 $E(3)$ にかかわってくるわけであり，同様に $E(3)$ を求めるのに $E(4)$，さらに $E(5)$ がわからなければならないのである．

そこで，サイコロを振る順とは逆に，まず，

　　5回目を振ったとしたら，どんな目の数が期待でき($E(5)$)，
　　4回目を振り，さらにこのとき出た目を $E(5)$ と比べて
　　$E(5)$ より小さければ5回目も振り(5回目に出る"目"は $E(5)$ と考える)，

$E(5)$ より大きければ 5 回目は振らないとしたときに最終的にどんな目が期待できるか $(E(4))$
と求めていくことになる．

[解答] $E(n)(1 \leq n \leq 5)$ を，n 回目以降を "最適な判断" で続けることによって得られる「最後に出た目」の期待値とする．

***Step* 1** 以下の *Step* で求める基準に従ってサイコロを振り続けて，4 回目を振ることになったとする．このとき出た目が $E(5)$ より小さかったなら，5 回目も振り，$E(5)$ より大きかったなら，5 回目は振らないのが有利である．

$$E(5) = 1 \cdot \frac{1}{20} + 2 \cdot \frac{1}{20} + \cdots\cdots + 20 \cdot \frac{1}{20}$$
$$= \frac{1}{20}(1 + 2 + \cdots\cdots + 20)$$
$$= \frac{1}{20} \cdot \frac{20 \cdot 21}{2} = \frac{21}{2} = 10.5$$

であるから，4 回目に 10 以下の目であったなら，5 回目も振った方が有利である．

***Step* 2** 3 回目を振ることになったとき，3 回目に出た目が $E(4)$ より小さかったなら，4 回目も振るのが有利である．4 回目以降の "最適な判断" とは，

$$\left. \begin{array}{l} \text{4 回目に 10 以下の目であったなら，さらに 5 回目も振って 5 回目} \\ \text{に出る目 "}E(5) = \frac{21}{2}\text{" を期待し，11 以上の目であったなら，その} \\ \text{とき出た目を「最後に出た目」として，5 回目は振らない} \end{array} \right\} \quad (*)$$

というものであるから

$$E(4) = E(5) \cdot \frac{10}{20} + 11 \cdot \frac{1}{20} + 12 \cdot \frac{1}{20} + \cdots\cdots + 20 \cdot \frac{1}{20} \quad \text{(注)}$$
$$= \frac{21}{2} \cdot \frac{10}{20} + \frac{1}{20}(11 + 12 + \cdots\cdots + 20)$$
$$= \frac{210}{40} + \frac{1}{20} \cdot \frac{10 \cdot (11 + 20)}{2}$$
$$= \frac{21}{4} + \frac{31}{4} = \frac{52}{4} = 13$$

したがって，4 回目以降を "最適な判断" で続ければ，13 が期待できるので，3 回目に 12(13) 以下の目だったら，4 回目を振った方が有利である．

***Step* 3** 3 回目以降の "最適な判断" とは，3 回目に 12 以下の目だったら，4 回目以降を (*) に示した基準に従って振り続けることによって $E(4) = 13$ を期待し，13 以上の目だったら，そのとき出た目を「最後に出た目」として，4 回目以降は振らない，というものであるから

$$E(3) = E(4) \cdot \frac{12}{20} + 13 \cdot \frac{1}{20} + 14 \cdot \frac{1}{20} + \cdots\cdots + 20 \cdot \frac{1}{20}$$

$$= \frac{13\cdot 12}{20} + \frac{1}{20}(13+14+\cdots\cdots +20)$$

$$= \frac{78}{10} + \frac{1}{20}\cdot\frac{8(13+20)}{2}$$

$$= \frac{144}{10} = 14.4$$

したがって，2回目に14以下の目ならば，3回目も振った方が有利である．

Step 4　以上と同様に考えて，

$$E(2) = E(3)\cdot\frac{14}{20} + 15\cdot\frac{1}{20} + 16\cdot\frac{1}{20} + \cdots\cdots + 20\cdot\frac{1}{20}$$

$$= \cdots\cdots\cdots$$

$$= \frac{1533}{100} = 15.33$$

したがって，1回目に15以下の目ならば2回目を振った方が有利である．

以上を，**Step 4 → Step 3 → Step 2 → Step 1**　の順にまとめ直し，

　　　1回目に15以下の目ならば2回目を振った方が有利であり，
　　　2回目に14以下の目ならば3回目を振った方が有利であり，
　　　3回目に12以下の目ならば4回目を振った方が有利であり，
　　　4回目に10以下の目ならば5回目を振った方が有利である．

また，このゲームにおいて，「最後に出た目の数」の期待値は $E(1)$ にほかならず，

$$E(1) = E(2)\cdot\frac{15}{20} + 16\cdot\frac{1}{20} + 17\cdot\frac{1}{20} + \cdots\cdots + 20\cdot\frac{1}{20}$$

$$= \frac{31995}{2000} \quad (\text{これより，}E(1) \fallingdotseq 16)$$

$$= \frac{6399}{400}$$

であり，したがって，獲得金額の期待値は

$$\frac{6399}{400}\times 1000 = 15997.5 < 16000$$

だから，この賭けに挑戦するのは（わずかに）損である．　　　……（答）

(注)　この式において，$E(5)\cdot\frac{10}{20}$ は，

　　　4回目に振って出た目の数が10以下 $\left(\text{その確率}\dfrac{10}{20}\right)$ であるときに，

　　　5回目を振ったなら，出る目の数は $E(5)=10.5$ である

ものとして計算しているのであるが，$E(4)$ を求める式を詳しく書けば以下のようになる．

$$E(4) = 1 \cdot \left(\frac{10}{20} \cdot \frac{1}{20}\right) + 2 \cdot \left(\frac{10}{20} \cdot \frac{1}{20}\right) + \cdots\cdots + 20 \cdot \left(\frac{10}{20} \cdot \frac{1}{20}\right)$$

$\left[\begin{array}{l}\text{5回目に出る}\\\text{目の数が1}\end{array}\right]$ $\left[\begin{array}{l}\text{4回目に1〜10の目が出て，かつ}\\\text{5回目に1の目が出る確率}\end{array}\right]$

$$+ 11 \cdot \frac{1}{20} + 12 \cdot \frac{1}{20} + \cdots\cdots + 20 \cdot \frac{1}{20}$$

この式はさらに

$$= \left(1 \cdot \frac{1}{20} + 2 \cdot \frac{1}{20} + \cdots\cdots + 20 \cdot \frac{1}{20}\right) \cdot \frac{10}{20}$$

$$+ 11 \cdot \frac{1}{20} + 12 \cdot \frac{1}{20} + \cdots\cdots + 20 \cdot \frac{1}{20}$$

$$= E(5) \cdot \frac{10}{20} + 11 \cdot \frac{1}{20} + 12 \cdot \frac{1}{20} + \cdots\cdots + 20 \cdot \frac{1}{20}$$

と変形できるので，「解答」中における $E(5)$ を用いた計算をしてさしつかえない．ほかの計算においても同様である．

―――<練習 2・1・4>―――――――――――――――――――

次の問いに答えよ．

(1) サイコロを1回または2回振り，最後に出た目の数を得点とするゲームを考える．1回振って出た目を見たうえで2回目を振るか否かを決めるのであるが，どのように決めるのが有利であるか．

(2) 上と同様のゲームで3回振ることも許されるとしたら，2回目，3回目を振るか否かの決定は，どのようにするのが有利か．

―――――――――――――――――――――――――――

[解答]

(1) 2回目を振ったときに出る目の数の期待値は，

$$1 \cdot \frac{1}{6} + 2 \cdot \frac{1}{6} + \cdots + 6 \cdot \frac{1}{6} = \frac{1}{6}(1+2+\cdots+6)$$
$$= 3.5$$

である．したがって，**1回目に振ったときに3以下の目であったなら，2回目を振る（2回目に出る目 "3.5" を期待する）方が有利である．** ……(答)

(2) **Step 1** 3回目までサイコロを振った場合の得点の期待値は（3回目に出た目の数だけで決まるので）

$$1 \cdot \frac{1}{6} + 2 \cdot \frac{1}{6} + \cdots + 6 \cdot \frac{1}{6} = \frac{1}{6}(1+2+\cdots+6)$$
$$= \frac{7}{2} \ (=3.5)$$

である．したがって（1回目に出た目が "あまりよくなかった" ために）2回目を振った場合に出た目の数が

　　　3以下であったなら，3回目を振った方が有利であり，

　　　4以上であったなら，2回目でやめておいた方が有利

である．

Step 2 次に，2回目を振るか否かを，1回目に出た目によってどのように判断すればよいのかを調べる．

　2回目に出た目の数が

　　　1，2，3 ならば3回目に期待される得点 $\frac{7}{2}$ に賭け，

　　　4，5，6 ならば2回目でやめておき，出た目の数を得点にする

のであるから，2回目以降をこの基準に従って振る場合の得点の期待値は，

$$\frac{7}{2} \times \left(\frac{1}{6} + \frac{1}{6} + \frac{1}{6}\right) + 4 \times \frac{1}{6} + 5 \times \frac{1}{6} + 6 \times \frac{1}{6} = \frac{17}{4}(=4.25)$$

である．したがって1回目に出た目の数が

　　　4以下であったなら，2回目（以降）を振った方が有利であり，

5以上であったなら，1回目でやめておいた方が有利である．

以上をまとめなおすと，以下のような決定のしかたが最も有利といえる．

(i) 1回目に出た目の数が

　　4以下ならば，2回目を振り，
　　5以上ならば，1回目でやめる．

(ii) 2回目を振った場合には，2回目に出た目の数が

　　3以下ならば，3回目を振り，
　　4以上ならば，2回目でやめる．

……(答)

§2 視点を変えたり，反対側から裏の世界をのぞきこめ

　東海道新幹線の車窓から外の景色を眺めていると，小田原を越えたあたりで富士山の頭が見えてくる．新幹線が進むにつれて，その姿や大きさが刻々と変化して見えてくる．そして，ついには見えなくなってしまう．富士山は，見方によって様々な姿や形を呈する．飛行機から見下ろす富士と，山梨県側から眺める富士と，静岡県側から眺める富士と，富士山頂から眺める富士とがすべて異なるのは当然である．どれも本当の富士であって，存在する富士は1つだけだが，その見る位置によって無数に多くの富士の側面（様相）を見ることができるのである．

　ある1つの真実をとらえるとき，様々な角度からそのものを観察し，それらのデータを総合的に分析することが大切である．というのは，ある一方向からのみその事実を見ているだけでは，その事実の本性が死角に隠れ，それが見出せないこともあり得るからである．

　現在不治の病の最たるものとして悪名高い癌に対して，化学的，放射線学的，免疫学的，漢方薬学的，遺伝子学的療法などの様々な角度から研究がなされているが，ひょっとするといままでの視点と異なる角度からそれをとらえると，癌細胞の異常分裂のメカニズムすべてが解明される可能性もある．要は，ものの本質を見極めるためには，そのものの本質全貌を展望できる適切なアングルを模索することから始めるべきなのである．対象を見る角度の変化に応じて，その対象の中のクローズアップされる部分が違ってくるのは当然である．すなわち，着目点が異なるのである．その結果，いままで見えなかった性質が浮かびあがり，真実を掌握できることもある．

　この現象を歴史上の1つの事実を例にとって，もう少し具体的に述べよう．征夷大将軍，坂上田村麻呂が8世紀に蝦夷（昔の北海道の呼び名）征伐をしたことや，ジュリアス・シーザーがエジプトまで遠征し一大帝国を築いたことは偉業であると評価されているが，当時の北海道やイスラム世界に平穏に暮らしていた人々の側に立ってみれば，これらの歴史的事実は有難くないものであっただろう，という別のとらえかたができるということである．

　このように，ものごとは見る角度によって異なる様相を示すので，多くの異なる立場から観察することをつねに心がけるべきである．ものを真うしろから眺めると全く違った見方ができ，"裏の世界"が照らし出され，異なる対処のしかたや，真実に肉迫するアプローチ法を思いつくこともあるのである．

[掃過領域の実数解条件への帰着による解法]

t を実数の定数とする．このとき，xy 平面上

$$y = tx + t^2 \quad \cdots\cdots ①$$

によって表される直線を l とする．① において，t の値を，実数の範囲で動かしたときに，直線 l は位置や傾きを変えながら動いていく．その意味で，① は t をパラメータとして動きまわる直線（群）を表していると考えることができる．この節で扱う問題は，パラメータを含む方程式によって表される曲線（直線を含む）C が，パラメータの変化にともなって通過する範囲（**掃過領域**とよばれる）を求める問題である．このような問いに対してまず頭に浮かぶ方法として，パラメータの変化にともなう曲線 C の動きを直接追う，という方法が考えられるが，この方法はⅡの 4 章 §6 で説明した（さらに**ファクシミリの原理**（Ⅱの 4 章 §3）も参考にせよ）．ここでは，この

　　　曲線 C が動くことによって通過する点（の集合）を求める

という，〝曲線を主役とする見方〟を変えて，

　　　点 (X, Y) が，パラメータの変域内のある値をとったときに定まる
　　　曲線 C によって通過される必要十分条件を求める

という，xy 平面上の点を主役とする見方として掃過領域を求める方法（掃過領域の実数解条件への帰着による解法とよぶ）を学ぶ．この方法では，曲線（直線）の掃過領域は，与えられた曲線（直線）の方程式をパラメータに関する方程式とみて，その実数解条件に帰着することになる．そのカラクリを，① の掃過領域を求めることを通じて説明する．たとえば，

　　　点 $(2, 3)$ が，t のある実数値によって定まる直線 ① によって通過さ
　　　れる点であるか否か（したがって，掃過領域内の点であるか否か）

を調べてみよう．$x = 2$，$y = 3$ を ① へ代入することによって t の 2 次方程式

$$3 = t \cdot 2 + t^2 \quad \cdots\cdots ②$$
$$\therefore \quad t^2 + 2t - 3 = 0 \quad \cdots\cdots ③$$

が得られる．この 2 次方程式を解くと

$$(t+3)(t-1) = 0$$
$$\therefore \quad t = -3, \ 1$$

なる実数解を得る．点 $(2, 3)$ はこれらの実数 t の値 $-3, 1$ によって定まる直線 ① によって通過される点であるから，点 $(2, 3)$ は掃過領域内の点である．

では，点 $(1, -2)$ についてはどうであろうか．$x = 1$，$y = -2$ を ① へ代入して

得られる t の2次方程式
$$-2 = t \cdot 1 + t^2 \quad \therefore \quad t^2 + t + 2 = 0 \quad \cdots\cdots ④$$
の解は
$$t = \frac{-1 \pm \sqrt{7}i}{2}$$
であり，これらは実数解ではない．したがって，点 $(1, -2)$ は t のいかなる実数値に対しても直線①によって通過されることはなく，したがって，点 $(1, -2)$ は掃過領域内の点ではない．

以上の2つの例において，実際にそれぞれの t の2次方程式を解いてしまったが，「t のある実数値によって定まる直線①によって通過されるか否か」を調べるだけで十分であるから，t の2次方程式が実数解をもつか否か，すなわち

　　　判別式 $D \geqq 0$ が成立しているか否か

を調べるだけで十分である．すなわち

　　　③の判別式 $D/4 = 1^2 - 1 \cdot (-3) = 4 > 0$

より点 $(2, 3)$ は③の解として求められる実数 t によって定まる直線①によって通過されるから，掃過領域内の点であり，

　　　④の判別式 $D = 1^2 - 4 \cdot 1 \cdot 2 = -7 < 0$

より点 $(1, -2)$ はいかなる実数値に対しても直線①によって通過されることはなく，したがって掃過領域内の点ではないと結論づけることができる．

同様な議論を xy 平面上から任意に選んだ点 (X, Y)（X, Y はいままでと同様，それぞれ定数とみる）に対して展開していってみよう．

点 (X, Y) が t のある実数値によって定まる直線①によって通過されるか否か（したがって，掃過領域内の点であるか否か）は，$x = X, y = Y$ を①へ代入して得られる t の2次方程式
$$Y = tX + t^2$$
（X, Y は定数として扱っている！）
$$\therefore \quad t^2 + Xt - Y = 0 \quad \cdots\cdots ⑤$$
が実数解をもつか否かによって判断でき，⑤の判別式 D は

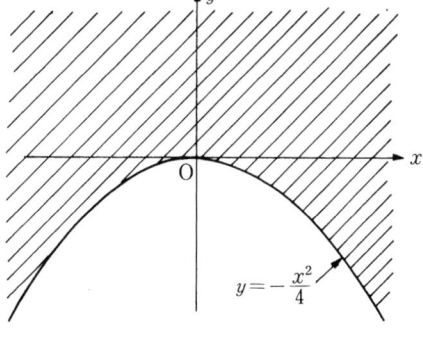

図A
$y = -\dfrac{x^2}{4}$

$$D = X^2 - 4 \cdot 1 \cdot (-Y) = X^2 + 4Y$$

である．したがって，点 (X, Y) が掃過領域内の点である必要十分条件は，X, Y が $(D=)X^2+4Y \geqq 0$ すなわち $Y \geqq -\dfrac{X^2}{4}$ をみたしていることである．これより求める掃過領域は $Y \geqq -\dfrac{X^2}{4}$ なる点 (X, Y) の集合として得られる xy 平面上の領域 $y \geqq -\dfrac{x^2}{4}$（図Aの斜線部で，境界を含む）．

このように，xy 平面上の曲線（直線を含む）を表す方程式 $f(x, y; t)=0$（t はパラメータ）（必要があれば右辺を左辺へ移項することにより $f(x, y; t)=0$ の形で表しておく）において，t を実数の範囲で動かしたときの曲線（直線）の掃過領域を求める，という問題は，一般に次の手順によって「$f(x, y; t)=0$ をパラメータ t に関する方程式とみたときの実数解条件を求める」という問題に帰着させることができるのである．

(i) xy 平面上の任意の点 (X, Y) をとり，$f(x, y; t)=0$ ……⑦ へ代入する．
  $f(X, Y; t)=0$ ……⑦

(ii) 点 (X, Y) が t のある実数値によって定まる曲線 ⑦ によって通過されることがあるか否か（したがって，点 (X, Y) が掃過領域内の点であるか否か）は，t についての方程式 ⑦ が実数解をもつか否かを調べることによって判断できる．そこで，方程式 ⑦ が実数解をもつための X, Y に対する必要十分条件 ⑨ を求める．

(iii) 掃過領域は ⑨ をみたす点 (X, Y) の集合として，⑨ における X, Y をそれぞれ x, y で置き換えることによって得ることができる．

特に，例として扱った ① のように，曲線（直線）を表す方程式がパラメータに関して 2 次の場合には，曲線（直線）の掃過領域は，（パラメータに関する）2 次方程式の実数解条件として，判別式 D を用いて処理することになる（[例題 2・2・1]，〈練習 2・2・1〉）．

なお，上述の手順において，xy 平面上の任意に選んできた点を (X, Y) と設定して議論を始めるよう書いたが，以後の議論において「x, y をそれぞれ定数とみて扱う」という感覚をもてるようになれば，わざわざ大文字を用いて表す必要もない．(iii) の置き換えの手間が省ける（〈練習 2・2・1〉，[例題 2・2・2]）．

[例題 2・2・1]

次の各問いに答えよ．
(1) 0でないどんな実数 m に対しても，放物線
$$my = m^2x^2 + 2m^2x + (m+1)^2$$
のグラフが通らない点 (x, y) の範囲を式で表し，これを図示せよ．
(2) 直線 $y = ax + b$ のグラフが，(1)で求めた範囲に含まれるような整数の組 (a, b) をすべて求めよ． (早大 商)

発想法

たとえば，点 $(2, 1)$ が求める範囲内の点であるか否かは，$(x, y) = (2, 1)$ を放物線の方程式
$$my = m^2x^2 + 2m^2x + (m+1)^2 \quad \cdots\cdots ①$$
へ代入した式
$$m = 4m^2 + 4m^2 + (m+1)^2$$
すなわち，m についての2次方程式
$$9m^2 + m + 1 = 0 \quad \cdots\cdots ㋐$$
をみたす実数 $m(\neq 0)$ が存在しないか否かによって結論を出すことができる．そのためには，㋐の判別式を調べてみればよい．この場合，㋐の判別式
$$D = 1 - 36 = -35 < 0$$
なので㋐をみたす実数 m は存在しない．したがって $(2, 1)$ は求める範囲内の点である．

同様な議論を xy 平面上の一般の点 (X, Y) に対して展開すればよい．点 (X, Y) が求める範囲内の点であるか否かは，$(x, y) = (X, Y)$ を①へ代入した式
$$mY = m^2X^2 + 2m^2X + (m+1)^2$$
すなわち，"m についての方程式"
$$(X+1)^2 m^2 + (2-Y)m + 1 = 0 \quad \cdots\cdots ㋐'$$
　　　(この時点で X, Y は点 (X, Y) の x 座標，y 座標としての定数)
をみたす実数 $m(\neq 0)$ が存在しないか否かを調べれば判断できる．そして，求める範囲を得ることは，
　　(X, Y) が㋐'をみたす実数 $m(\neq 0)$ の存在しない点である
ための必要十分条件を求めることに帰着される．

なお，㋐'が $m = 0$ を実数解としてもつことはありえない（㋐'に $m = 0$ を代入してみよ）ので，実際には，㋐'が「実数解をもたない」条件を求めることになる．この場合，点 (X, Y) の x 座標 X が $X = -1$ である点に対しては，㋐'は m についての1次方程式となるので，"判別式"は意味がなくなるので，この場合は別扱いとなる．

解答 (1) 点 (X, Y) が，どんな実数 $m(\neq 0)$ に対しても，放物線
$$my = m^2x^2 + 2m^2x + (m+1)^2$$
のグラフによって通過されないための点 (X, Y) の条件は，
$$mY = m^2X^2 + 2m^2X + (m+1)^2$$
$$\therefore (X+1)^2m^2 + (2-Y)m + 1 = 0 \quad \cdots\cdots ①$$
なる実数 $m(\neq 0)$ が存在しないことである．

すなわち，m についての方程式 ① が，0 でない実数解をもたないことである．ここで，X, Y の値にかかわらず ① が $m=0$ を実数解としてもつことはないので，結局，

　　m についての方程式 ① が実数解をもたないための (X, Y) の条件 $\cdots\cdots(*)$

を求めればよいことがわかる．

(場合 1) $X = -1$ のとき (x 座標が -1 である点について，求める領域内の点であるための条件を求める)
$$① \iff (2-Y)m + 1 = 0 \quad \cdots\cdots ①'$$
であり，①' が実数解をもたない条件は
　　$2 - Y = 0$　すなわち　$Y = 2$　である．

したがって，x 座標が -1 の点に対しては，$(-1, 2)$ だけが求める範囲の点である．

(場合 2) $X \neq -1$ のとき (x 座標が -1 でない点について，求める領域内の点であるための条件を求める)

　① は m についての 2 次方程式であるから，
　　$(*) \iff$ ① の判別式 $D < 0$
　すなわち
$$D = (2-Y)^2 - 4\cdot(X+1)^2$$
$$= \{(2-Y) - 2(X+1)\}\{(2-Y) + 2(X+1)\}$$
$$= (2X - Y + 4)(-2X - Y)$$
$$< 0$$

したがって，x 座標が -1 でない点 (X, Y) に対しては，
$$(2X - Y + 4)(2X + Y) > 0$$
をみたす点の集合が求める範囲である．

以上より，求める範囲は，
　　(i) 点 $(-1, 2)$　および
　　(ii) "$x \neq -1$　かつ
　　　　　$(2x - y + 4)(2x + y) > 0$"

なる範囲である．

ここで，2 直線 $2x - y + 4 = 0$ と $2x + y = 0$

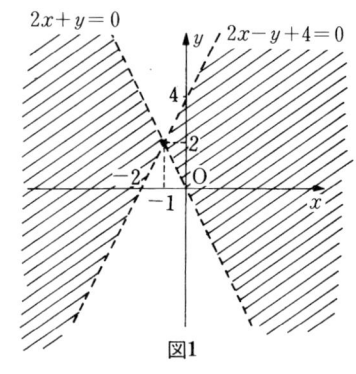

図1

の交点が(i)の点$(-1, 2)$であることから，求める範囲は，
$$(x, y)=(-1, 2)$$
および不等式
$$(2x-y+4)(2x+y)>0$$
によって表される領域である（図1）．

図1の斜線部（ただし，境界上は1点$(-1, 2)$のみ含む）が求める範囲．
……(答)

(2) 直線 $y=ax+b$ のグラフが，(1)で求めた範囲に含まれる条件は，点$(-1, 2)$を通り，傾きaが，$-2<a<2$ をみたしていることである．この条件をみたす整数の組(a, b)が求めるものである．

$y=ax+b$ が点$(-1, 2)$を通ることから
$$2=-a+b$$
$$\therefore \quad b=a+2$$

また，$-2<a<2$ をみたす整数aは
$$a=-1, 0, 1$$
だから
$$(a, b)=(-1, 1), (0, 2), (1, 3) \quad \text{……(答)}$$

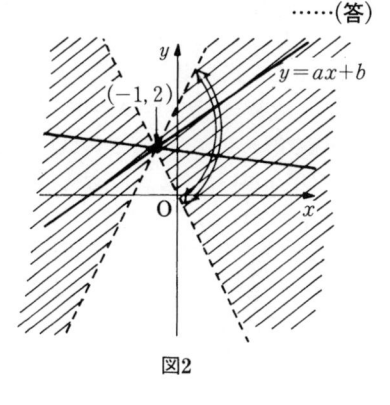

図2

┌─ 〈練習 2・2・1〉 ─────────────────────────┐
│ a がすべての実数値をとるとき，直線
│ $$x + ay = a^2 + 1$$
│ の上にある点の全体がつくる領域を求めよ．
└──────────────────────────────────────┘

発想法

xy 平面上の点 (X, Y) が，a のある値によって定まる直線によって通過される条件は，a の 2 次方程式

$$a^2 - Ya + 1 - X = 0$$

が実数解をもつことである．以下の解答では，点の各座標をわざわざ大文字で表さず，小文字を用いて (x, y) と表して考えていくこととしよう．「解答」の ① において，x，y は，点 (x, y) の各座標を代入したものと考える．また，前問のような解答の最後に X，Y をそれぞれ x，y で置き換える手間はなくなる．次の [例題 2・2・2] でも点を (X, Y) とせず (x, y) として解答をつくることとする．

解答 求める範囲は a の 2 次方程式

$$a^2 - ya + 1 - x = 0 \quad \cdots\cdots ①$$

が少なくとも 1 つの実数解をもつような点 (x, y) の集合として得られる．したがって

① の判別式 $D = (-y)^2 - 4(1-x)$
$$\geq 0$$

より

$$x \geq 1 - \frac{y^2}{4} \quad \cdots\cdots (答)$$

なる点 (x, y) の集合として図 1 を得る．

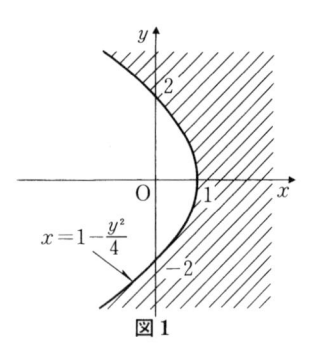

図 1

§2 視点を変えたり，反対側から裏の世界をのぞきこめ   79

[例題 2・2・2]
　点 $B(-2, 0)$ を中心とし，半径2の円周上の動点 P と定点 $A(2, 0)$ がある．動点 P が円周上を動くとき，AP の垂直二等分線 l の通りうる範囲を求めよ．

解答 $\angle ABP = \theta$ $(0 \leq \theta < 2\pi)$ とおくと，
点 P の座標は，
$$\overrightarrow{OP} = \overrightarrow{OB} + \overrightarrow{BP} = \begin{pmatrix} -2 \\ 0 \end{pmatrix} + \begin{pmatrix} 2\cos\theta \\ 2\sin\theta \end{pmatrix}$$
$$= \begin{pmatrix} -2 + 2\cos\theta \\ 2\sin\theta \end{pmatrix}$$
より，$P(-2 + 2\cos\theta, 2\sin\theta)$ である．

線分 AP の垂直二等分線 l は，2点 A, P から等距離にある点の集合であるから，l の方程式は，
$$(x + 2 - 2\cos\theta)^2 + (y - 2\sin\theta)^2 = (x - 2)^2 + y^2$$
$$\therefore \quad (2 - \cos\theta)x - (\sin\theta)y + 1 - 2\cos\theta = 0 \quad \cdots\cdots ①$$
である．求める点 (x, y) の集合は，①すなわち，
$$(x + 2)\cos\theta + y\sin\theta = 2x + 1 \quad \cdots\cdots ①'$$
をみたす θ $(0 \leq \theta < 2\pi)$ が "少なくとも1つ" 存在するような点の全体である．すなわち，
$$\sqrt{(x+2)^2 + y^2} \sin(\theta + \alpha) = 2x + 1$$
$$\left(\alpha \text{ は } \sin\alpha = \frac{x+2}{\sqrt{(x+2)^2 + y^2}},\ \cos\alpha = \frac{y}{\sqrt{(x+2)^2 + y^2}} \text{ なる角} \right)$$
$$\therefore \quad \sin(\theta + \alpha) = \frac{2x + 1}{\sqrt{(x+2)^2 + y^2}}$$
をみたす θ が少なくとも1つ存在するような点である．このような θ が少なくとも1つ存在するための x, y の条件は，$0 \leq |\sin(\theta + \alpha)| \leq 1$ より，x, y が
$$0 \leq \frac{|2x+1|}{\sqrt{(x+2)^2 + y^2}} \leq 1$$
をみたしていることである．

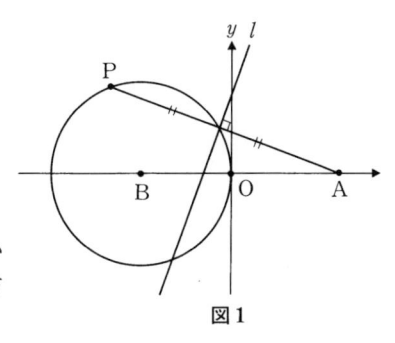

左側の不等式は，任意の実数 x, y に対して成立するので，右側の不等式だけを考えれば十分である．

右側の不等式より
$$\frac{|2x+1|}{\sqrt{(x+2)^2 + y^2}} \leq 1$$

$\iff |2x+1| \leq \sqrt{(x+2)^2+y^2}$
$\iff (2x+1)^2 \leq (x+2)^2+y^2$
$\iff x^2 - \dfrac{y^2}{3} \leq 1$

したがって，求める範囲は図2のようになる．
　　　　（図の斜線部分で境界を含む）

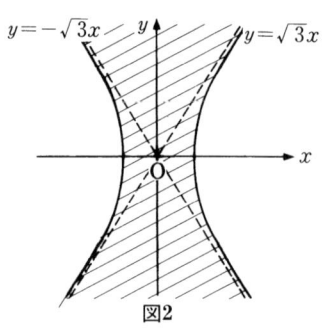

図2

【別解】 $P(a, b)$ とおく．線分 AP の中点の座標は $\left(\dfrac{a+2}{2}, \dfrac{b}{2}\right)$ であり，l の法線ベクトルは $\overrightarrow{AP}=(a-2, b)$ である．よって，l の方程式は

$$(a-2)\left(x-\dfrac{a+2}{2}\right)+b\left(y-\dfrac{b}{2}\right)=0$$

$\therefore\ (a-2)x+by-\dfrac{a^2-4+b^2}{2}=0$

ここで，$(a+2)^2+b^2=4$ より，
$a^2+b^2=-4a$

よって，l の方程式は
$(a-2)x+by+2(a+1)=0$ ……①

である．これを a, b について整理すると
$(x+2)a+yb-2(x-1)=0$ ……①′

となるが，a, b は $(a+2)^2+b^2=4$ ……②
をみたす実数だから，ab 平面上，円②が直線①′ と共有点をもつことが，求める範囲内の点 (x, y) に対する条件である（図3）．

$\begin{pmatrix}円②の中心から\\①へ至る距離\end{pmatrix} \leq \begin{pmatrix}円②の\\半径\end{pmatrix}$

より

$\dfrac{|-2(x+2)-2(x-1)|}{\sqrt{(x+2)^2+y^2}} \leq 2$

$\therefore\ |2x+1| \leq \sqrt{(x+2)^2+y^2}$

両辺を2乗して，整理すると，
$3x^2-y^2 \leq 3$

よって，l 上の点 (x, y) は領域 $x^2-\dfrac{y^2}{3} \leq 1$ 内にある．

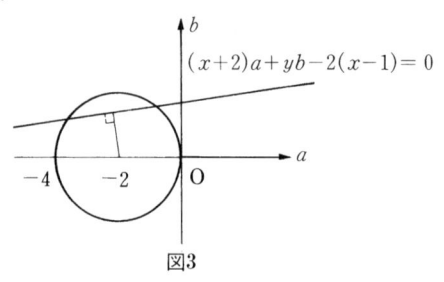

図3

§2 視点を変えたり，反対側から裏の世界をのぞきこめ　81

〈練習 2・2・2〉

2つの放物線
$$y = x^2 + a, \quad y = -2x^2 + x + 2a$$
において，これらが2点で交わるように a の値が変わるとき，この2交点を結ぶ線分(両端を除く)の通過する範囲を求め，図示せよ．

発想法

2つの放物線が2点(P, Qとし，QはPの右側にあるものとする)で交わることから，a の変域が得られる．

また，線分PQ(両端を除く)が a を含む式で表されることになるので，いままでの「パラメータ表示された直線」ならぬ，「パラメータ表示された線分」の掃過領域を求めることになる．しかし，議論のしかたは，いままでと同様に，「a の存在条件として，掃過領域内の点 (x, y) がみたすべき必要十分条件を求める」のである．

解答
$$\begin{cases} y = x^2 + a & \cdots\cdots ① \\ y = -2x^2 + x + 2a & \cdots\cdots ② \end{cases}$$

①，②が2点で交わる必要十分条件は，
$$3x^2 - x - a = 0 \quad \cdots\cdots ③$$
が相異2実解をもつこと，すなわち，
$$D = 1 + 12a > 0$$
$$\therefore \quad a > -\frac{1}{12} \quad \cdots\cdots ④$$

このもとに，①×2+② から得られる
$$3y = x + 4a \quad \cdots\cdots ⑤$$

図1

は，①，②の2交点P，Qの通る直線を表す(図1)．(IIの**第4章§6**参照)

③の2つの実数解を $\alpha, \beta (\alpha < \beta)$ とすると，α, β はそれぞれP，Qの x 座標であるから，線分PQは，$\alpha < x < \beta$ を⑤につけ加えることにより表される．これは，
$$(x - \alpha)(x - \beta) < 0$$
と同値であり，"α, β が③の解であること"より，さらに，
$$3x^2 - x - a < 0 \quad \cdots\cdots ⑥$$
と同値である．よって，線分の通過範囲は，「④，⑤，⑥をみたす a の値が存在する」ような点 (x, y) の集合として求められる．

各点 (x, y) に対し，この点がある $a \left(> -\dfrac{1}{12} \right)$ の値により定まる線分によって通過される条件は，⑤より得られる a の値
$$a = \frac{3y - x}{4}$$

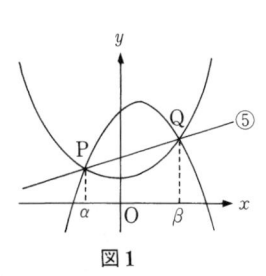

が，⑥ より得られる
$$a > 3x^2 - x$$
をみたしており，かつ，$a > -\dfrac{1}{12}$（④）をみたしていることである．したがって，求める範囲内の点 (x, y) に対する条件は，

$$\dfrac{3y-x}{4} > 3x^2 - x \quad \text{かつ} \quad \dfrac{3y-x}{4} > -\dfrac{1}{12}$$

$$\therefore \quad y > \dfrac{3x-1}{9} \quad \text{かつ} \quad y > 4x^2 - x \quad \cdots\cdots (*)$$

である．

直線 $y = \dfrac{3x-1}{9}$ は，点 $\left(\dfrac{1}{6}, -\dfrac{1}{18}\right)$ において放物線 $y = 4x^2 - x$ と接していることを考えると，

　　　$(*)$
　　　$\iff y > 4x^2 - x = 4\left(x - \dfrac{1}{8}\right)^2 - \dfrac{1}{16}$

したがって，求める範囲は**図2の斜線部**（境界は除く）である．

[コメント] 直線でなく線分の通過範囲を求めるため，いままでの問題に比べて少し解法が難しくなる．解法の方針を見つけるために，具体的な点，たとえば $(1, 2)$ が求める範囲内の点であるか否かはどのようにすれば調べられるか，ということから考えてみるとよい．

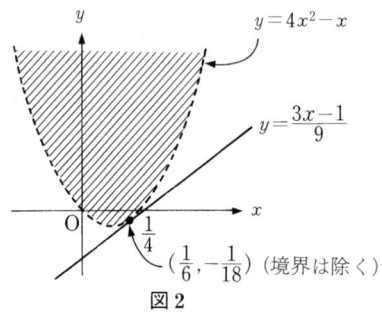

図2

[例題 2・2・3]

a が正の数の範囲を動くとき，2直線
$$(a+2)x - y + 1 = 0$$
$$2(a+3)x + ay - 2 = 0$$
の交点の軌跡を求め，図示せよ．

発想法

交点の各座標は，
$$x = -\frac{a-2}{a^2+4a+6}, \quad y = \frac{2(2a+5)}{a^2+4a+6}$$
と求められるが，これらの式から a を消去するのは簡単ではない．

平面上の点 (x, y) が，ある a の値によって定まる2直線の交点である必要十分条件は，各直線が点 (x, y) を通るときの a の値
$$a = -\frac{2x-y+1}{x}, \quad a = -\frac{6x-2}{2x+y}$$
が，ともに等しく $\left(\text{つまり，} -\dfrac{2x-y+1}{x} = -\dfrac{6x-2}{2x+y} \right)$ ，かつ，この a の値が正の数であることである．ただし，a について解いた上の2つの式において，分母=0 となってしまう $x=0$ または $2x+y=0$ である点 (x, y) については，軌跡上の点である条件を別に求めることになる．

軌跡を求める問題においても，掃過領域を求めるときと同様，具体的な点，たとえば，$(1, 2)$ が軌跡上の点であるか否かは，どのようにすれば調べられるか，ということから考えると，解答の方針を見つけやすい．

解答

求める軌跡は，
$$\begin{cases} a > 0 \\ \text{かつ} \\ (a+2)x - y + 1 = 0 \quad \cdots\cdots(*) \\ \text{かつ} \\ 2(a+3)x + ay - 2 = 0 \end{cases}$$
をみたす a が存在するような点 (x, y) の集合として得られる．すなわち，

(*)をみたす a が存在する

ような点 (x, y) の (必要十分) 条件を表す式として軌跡が求められる．

$$(*) \iff \begin{cases} a > 0 & \cdots\cdots① \\ \text{かつ} \\ ax + (2x-y+1) = 0 & \cdots\cdots② \\ \text{かつ} \\ a(2x+y) + (6x-2) = 0 & \cdots\cdots③ \end{cases}$$

であるから，
　　　　{①, ②, ③} を同時にみたす a が存在する
ような (x, y) の（必要十分）条件を表す式として軌跡を求める．

　まず，②における a の〝係数〟x および③における $2x+y$ のそれぞれが 0 となるような (x, y) について軌跡上の点となるもの（があるとしたら，それ）を見つける．

(i)　$x=0$ である点 $(0, y)$ について，
　②より，$y=1$ であり，$(0, 1)$ が同時に③もみたすためには
　　　　$a-2=0$　∴　$a=2$
　$a=2$ は①もみたしているので，$(0, 1)$ に対しては {①, ②, ③} をみたす a が存在する．したがって，$(0, 1)$ は軌跡上の点である．

(ii)　$2x+y=0$ となる点 (x, y) について，
　③より，$x=\dfrac{1}{3}$　したがって，$y=-\dfrac{2}{3}$ となり，$\left(\dfrac{1}{3}, -\dfrac{2}{3}\right)$ が②もみたすためには
　　　　$\dfrac{1}{3}a+\dfrac{7}{3}=0$　∴　$a=-7$
　$a=-7$ は①をみたさないので，{①, ②, ③} を（同時に）みたす a は存在しない．したがって，$\left(\dfrac{1}{3}, -\dfrac{2}{3}\right)$ は軌跡上の点ではない．

(iii)　$x \neq 0$ かつ $2x+y \neq 0$ なる点 (x, y) について，
　$x \neq 0$ かつ $2x+y \neq 0$ なる条件のもとに

$$\{①, ②, ③\} \iff \begin{cases} a>0 & \cdots\cdots ① \\ かつ \\ a=-\dfrac{2x-y+1}{x} & \cdots\cdots ②' \\ かつ \\ a=-\dfrac{6x-2}{2x+y} & \cdots\cdots ③' \end{cases}$$

　{①, ②, ③} をみたす a が存在するような (x, y) の必要十分条件は
$$\dfrac{2x-y+1}{x}=\dfrac{6x-2}{2x+y} \quad かつ \quad \dfrac{2x-y+1}{x}<0 \qquad (注)$$
すなわち，$(x \neq 0$ かつ $2x+y \neq 0$ のもとに$)$
$$\begin{cases} 2(x-1)^2+\left(y-\dfrac{1}{2}\right)^2=\dfrac{9}{4} & \cdots\cdots ④ \\ かつ \\ x(2x-y+1)<0 & \cdots\cdots ⑤ \end{cases}$$
である．$x \neq 0$ なる条件は⑤に含めることができるので(iii)に該当する範囲の軌跡は，

だ円 $\dfrac{(x-1)^2}{\left(\dfrac{3}{2\sqrt{2}}\right)^2}+\dfrac{\left(y-\dfrac{1}{2}\right)^2}{\left(\dfrac{3}{2}\right)^2}=1$ 上,

$2x+y \neq 0$ かつ $x(2x-y+1)<0$ なる部分である.

(i), (ii), (iii)より, 求める軌跡は,
点 $(0, 1)$ および

だ円 $\dfrac{(x-1)^2}{\left(\dfrac{3}{2\sqrt{2}}\right)^2}+\dfrac{\left(y-\dfrac{1}{2}\right)^2}{\left(\dfrac{3}{2}\right)^2}=1$ 上,

$2x+y \neq 0$ かつ $x(2x-y+1)<0$

これを図示すると図1のようになる. ただし, A は $\left(\dfrac{1}{3}, \dfrac{5}{3}\right)$ である.

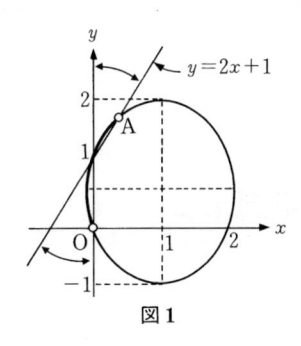

図1

(注) $a>0$ なる条件を, ②′ における a の値を用いて表したが,
$\dfrac{2x-y+1}{x}=\dfrac{6x-2}{2x+y}$ のもとに,

(③′ における a の値)$=-\dfrac{6x-2}{2x+y}>0$

も表されていることになる.

86　第2章　着想の転換のしかた

[例題 2・2・4]

実数 t が $t \geqq -\dfrac{1}{\sqrt{2}}$ なる範囲を動くとき,

$$x = \dfrac{1-2t^2}{1+2t^2} \quad \cdots\cdots ①$$

$$y = \dfrac{-2t}{1+2t^2} \quad \cdots\cdots ②$$

を座標とする点 (x, y) の軌跡を求め,図示せよ.

[発想法]

　t を消去して軌跡の方程式を求めたり,軌跡の限界を求めるためには,t の1次式がほしい.しかし,x を表す t の式も,y を表す t の式もいずれも t の1次式ではない.そこで $\{①, ②\}$ をうまく同値変形することにより,$\{(t \text{の1次方程式}), (\text{もう一つの} t \text{の方程式})\}$ という組となるようにする(変形した後に,その変形が同値変形であることを確かめる).

[解答]　求める軌跡は,

$$\begin{cases} x = \dfrac{1-2t^2}{1+2t^2} & \cdots\cdots ① \\ y = \dfrac{-2t}{1+2t^2} & \cdots\cdots ② \\ t \geqq -\dfrac{1}{\sqrt{2}} & \cdots\cdots ③ \end{cases}$$

となるような t が存在するような点 (x, y) の集合である.

　① より, $2(1+x)t^2 = 1-x$ であるが,$x = -1$ とすると,

　　　左辺 $= 0 \neq$ 右辺

となってしまうので,$(-1, y)$ の形の点は,どれも軌跡上の点ではない.

　$x \neq -1$ のとき,

$$t^2 = \dfrac{1-x}{2(1+x)} \quad \cdots\cdots ①'$$

と書ける.これを ② に代入して整理すると

$$y = -t(1+x) \quad \therefore \quad t = -\dfrac{y}{1+x} \quad \cdots\cdots ②'$$

これより,$\{①, ②, ③\} \Longrightarrow \{①', ②', ③\}$ であるが,逆に

$$\{①', ②', ③\} \Longrightarrow \left\{ x = \dfrac{1-2t^2}{1+2t^2} \text{ かつ } t = -\dfrac{y}{1+x} \text{ かつ } t \geqq -\dfrac{1}{\sqrt{2}} \right\}$$

$$\Longrightarrow \left\{ x = \dfrac{1-2t^2}{1+2t^2} \text{ かつ } t = -\dfrac{y}{1+\dfrac{1-2t^2}{1+2t^2}} \text{ かつ } t \geqq -\dfrac{1}{\sqrt{2}} \right\}$$

§2 視点を変えたり，反対側から裏の世界をのぞきこめ

$$\implies \left\{ x=\frac{1-2t^2}{1+2t^2} \ (①) \ かつ \ y=-\frac{2t}{1+2t^2} \ (②) \ かつ \ t\geqq -\frac{1}{\sqrt{2}} \ (③) \right\}$$

となり，逆も成り立つ．したがって，{①, ②, ③}を考える代わりに，{①′, ②′, ③′}を考えてもよい．

すなわち，$x \neq -1$ のもとで，

$$\begin{cases} t^2=\dfrac{1-x}{2(1+x)} & \cdots\cdots ①′ \\ t=-\dfrac{y}{1+x} & \cdots\cdots ②′ \\ t\geqq -\dfrac{1}{\sqrt{2}} & \cdots\cdots ③′ \end{cases} \quad となる\ t\ が存在する \ \cdots\cdots (*)$$

ような (x, y) の集合を求める．

$$(*) \iff \begin{cases} \left(-\dfrac{y}{1+x}\right)^2=\dfrac{1-x}{2(1+x)} \ (=t^2) \\ かつ \\ -\dfrac{y}{1+x} \geqq -\dfrac{1}{\sqrt{2}} \end{cases}$$

$$\iff x^2+2y^2=1$$
かつ

「"$x+1>0$ かつ $y\leqq \dfrac{1}{\sqrt{2}}(x+1)$"

または "$x+1<0$ かつ $y\geqq \dfrac{1}{\sqrt{2}}(x+1)$"」

$x \neq -1$ のもとであるから，求める軌跡は，図1のようになる．

ただし，$\left(0, \dfrac{1}{\sqrt{2}}\right)$ は含み，$(-1, 0)$ は含まない．

図1

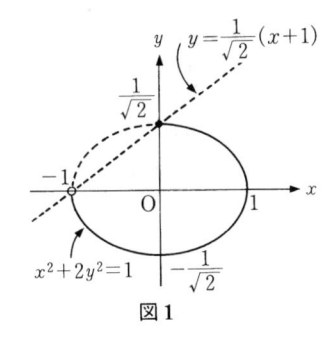

88　第2章　着想の転換のしかた

┌─〈練習 2・2・3〉────────────────────────
│ 2つの放物線
│ 　　　　$y=x^2$,　　$y=2x^2-ax+b$
│ が相異なる2点で交わり，2交点をP, Qとするとき，直線PQは点A(1, 0)
│ を通るという．a, b がこの条件をみたしながら変化するとき，線分PQの中
│ 点Mの軌跡を求め，図示せよ．
└──────────────────────────────────

発想法

　　この問題は，見かけ上は2つのパラメータ a, b を含むが，直線PQが点A(1, 0)を通るという条件から，a と b の関係式が得られ，その結果，一方の文字を他方の文字を使って表すことが可能となるので，パラメータが1つの場合の問題に帰着される．

解答　まず，a, b のみたす条件を求める．
$$\begin{cases} y=x^2 & \cdots\cdots① \\ y=2x^2-ax+b & \cdots\cdots② \end{cases}$$
を連立し，y を消去すると，
　　$x^2-ax+b=0$　　……③
　①，②が2点で交わる条件は，③が相異なる2つの実数解をもつことだから，
　　$D=a^2-4b>0$　　……④
このもとに，①×2−② より得られる
　　$y=ax-b$　　……⑤
は，①，②の2交点を通る直線PQを表す(IIの第4章§6)．
　⑤が点A(1, 0)を通ることから，
　　$b=a$　　……⑥
　したがって，a, b のみたす条件は，④かつ⑥，すなわち，
　　$a^2-4b>0$　かつ　$a=b$　　　　　　　　　　　　　……(＊)
である．この条件(＊)は，さらに次の(＊＊)のようにいい換えることができる．
　　(＊) $\iff$ 　$a^2-4a>0$ かつ $a=b$
　　　　 $\iff$ 　"$a<0$ または $4<a$" かつ $a=b$　　……(＊＊)
　よって，⑤は，
　　$a<0$ または $4<a$　……⑦
の範囲で傾きを変える直線
　　$y=a(x-1)$　　……⑧
である．①，⑧より，y を消去した式
　　$x^2-ax+a=0$　　……⑨
の2つの実数解 a, β が2交点P, Qの x 座標である．

$$P(\alpha,\ \alpha^2),\quad Q(\beta,\ \beta^2)$$
と書けるから，$M(x,\ y)$ とすれば，
$$x=\frac{\alpha+\beta}{2},\quad y=\frac{\alpha^2+\beta^2}{2}=\frac{(\alpha+\beta)^2-2\alpha\beta}{2}$$
⑨において，解と係数の関係より，$\alpha+\beta=a,\ \alpha\beta=a$ であるから，
$$\begin{cases} x=\dfrac{a}{2} & \cdots\cdots ⑩ \\ y=\dfrac{a^2}{2}-a & \cdots\cdots ⑪ \end{cases}$$
したがって，求めるものは，a が⑦の範囲を動くことから，
$$\begin{cases} \text{``}a<0 \text{ または } 4<a\text{''} \\ \text{かつ} \\ x=\dfrac{a}{2} \\ \text{かつ} \\ y=\dfrac{a^2}{2}-a \end{cases} \text{をみたす } a \text{ が存在する} \quad \cdots\cdots(☆)$$
ような点 $(x,\ y)$ の全体である．

$$(☆)\iff \begin{cases} \text{``}a<0 \text{ または } 4<a\text{''} \\ \text{かつ} \\ a=2x \\ \text{かつ} \\ \dfrac{a^2}{2}-a=y \end{cases} \text{をみたす } a \text{ が存在する}$$

$$\iff \begin{cases} \text{``}2x<0 \text{ または } 4<2x\text{''} \\ \text{かつ} \\ \dfrac{(2x)^2}{2}-2x=y \end{cases}$$

したがって，求める軌跡は，
$$y=2x^2-2x \text{ の}$$
"$x<0$ および $2<x$" なる部分
である（図1）．

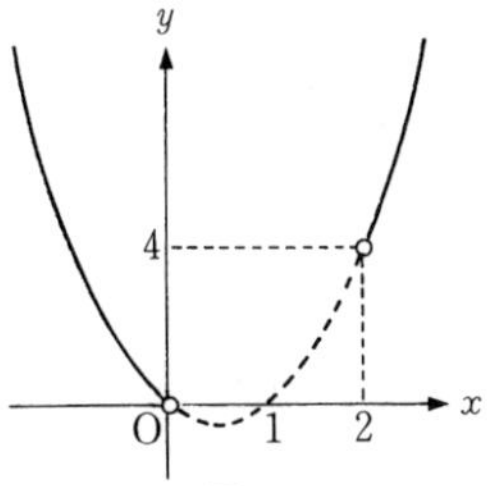

図1

[例題 2・2・5]

放物線 $y=x^2$ 上の相異なる2点 A,B における接線の交点を C とする。A,B がこの放物線上を動くとき,△ABC の重心の存在する範囲を求めよ。

(筑波大)

発想法

△ABC の重心の座標は,A の x 座標 a,B の x 座標 b を用いて表される。a,b は相異なる実数であるが,$a \ne b$ のもとには独立に変化しうるので,重心の座標は,実質的に2つのパラメータ a,b を用いて表される(「解答」の③,④)。したがって,求める範囲内の点 (x,y) に対する条件は,③,④ を a,b に関する連立方程式とみて a,b について解いたとき,これらが相異なる2実数となることである。ここでは ③,④ を実際に a,b について解く代わりに,a,b を2つの解とする2次方程式を意図的につくり,その2次方程式が相異なる2実数解をもつ条件を考える(その2実数解が a,b にほかならない !)。

解答 $y=x^2$ 上の異なる2点 A(a,a^2),B(b,b^2) $(a \ne b)$ における接線の方程式は,それぞれ

$$y-a^2=2a(x-a), \quad y-b^2=2b(x-b)$$

すなわち,
$$\begin{cases} y=2ax-a^2 & \cdots\cdots ① \\ y=2bx-b^2 & \cdots\cdots ② \end{cases}$$

である。①,② を連立することにより,これらの交点 C の座標 $\left(\dfrac{a+b}{2}, ab\right)$ が求まる。

したがって,△ABC の重心の x 座標,y 座標はそれぞれ,

$$x=\dfrac{1}{3}\left\{a+b+\dfrac{1}{2}(a+b)\right\}=\dfrac{1}{2}(a+b) \quad \cdots\cdots ③$$

$$y=\dfrac{1}{3}(a^2+b^2+ab) \quad \cdots\cdots ④$$

である。重心の存在範囲は,

{③かつ④} をみたす相異なる2つの実数 a,b が存在するような点 (x,y) の集合

である。

③ より,$a+b=2x$ $\cdots\cdots$③′

これと,④ より $3y=(a+b)^2-ab$
$$=4x^2-ab$$

∴ $ab=4x^2-3y$ $\cdots\cdots$④′

{③かつ④} ⟺ {③′かつ④′} である(⇐について各自確認せよ)から,結局

{③′ かつ ④′} をみたす相異なる 2 実数 $\overset{..}{a,b}$ が存在する
ような点 (x, y) の全体を求めればよい．

a, b を 2 つの解とする t の 2 次方程式は
$$t^2 - 2xt + (4x^2 - 3y) = 0$$
であるから，a, b が実数であるということは，この方程式が相異なる 2 つの実数解をもつことと同値である．したがって，求める条件は，
$$\frac{D}{4} = x^2 - (4x^2 - 3y) > 0$$
∴ $\boldsymbol{y > x^2}$ ……(答)

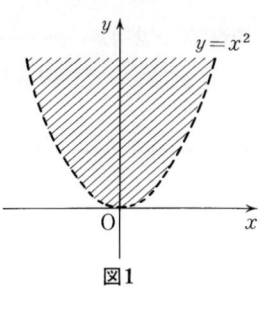

図1

<練習 2・2・4>

点 $P(x, y)$ が円 $x^2+y^2=4$ 上を動くとき，点 $Q(x+y, xy)$ はどのような図形をえがくか．

[発想法]

点 $(X, Y)=(x+y, xy)$ が求める軌跡上の点であるために，
$$X=x+y, \quad Y=xy$$
をそれぞれ x, y について解いたときに $(x=f(X, Y), y=g(X, Y))$，
$$\{f(X, Y)\}^2+\{g(X, Y)\}^2=4$$
をみたしていることが必要である．ここで，与えられた円が xy 平面上の図形であり，したがって $P(x, y)$ は x も y も実数であるから，"$x=f(X, Y), y=g(X, Y)$ がともに実数であり，かつ $\{f(X, Y)\}^2+\{g(X, Y)\}^2=4$ をみたしている"ことが，軌跡上の (X, Y) に対する必要十分条件である．

しかし，実際に $x=f(X, Y), y=g(X, Y)$ と解く代わりに，x, y が実数である条件は前問同様，x, y を2解とする2次方程式：$t^2-Xt+Y=0$ を導入し，これが相異なる2実解をもつ条件として処理でき，また，$x^2+y^2=(x+y)^2-2xy$ であることから，円の方程式が最初から $(x+y)^2-2xy=4$ で与えられていると考えて，$X=x+y, Y=xy$ を代入してしまえばはやい．

[解答] $x+y=X, xy=Y$ とおく．

まず，x, y が実数であるための条件は，
"(x, y を2つの解とする) 2次方程式
$$t^2-Xt+Y=0$$
が2つの実数解(重解の場合も含む)をもつこと"
であり，よって
$$X^2-4Y \geq 0 \quad \cdots\cdots ①$$
である．

さらに，x, y は $x^2+y^2=4$，すなわち
$$(x+y)^2-2xy=4$$
をみたしているから，
$$X^2-2Y=4 \quad \cdots\cdots ②$$
点 $Q(X, Y)$ のえがく図形は，「①かつ②」，すなわち，

放物線 $Y=\dfrac{1}{2}(X^2-4)$ 上，
$-2\sqrt{2} \leq X \leq 2\sqrt{2}$ の部分 ……(答)

である (図1)．

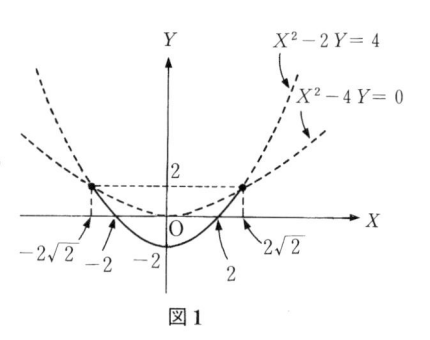

図1

[例題 2・2・6]
　3個のサイコロを同時に振ることを3回繰り返し，各回に出た目の最小値を順に a_1, a_2, a_3 とする．さらに a_1, a_2, a_3 の最大値を M とするとき，次のそれぞれの確率を求め，既約分数で答えよ．
(1)　$a_1 \leqq 4$　である確率 p
(2)　$M \leqq 4$　である確率 q
(3)　$M=3$　または　$M=4$　である確率 r

発想法

　たとえば(1)；$a_1 \leqq 4$ である，とは
　　1回目に振ったときに3個のサイコロのうち，**少なくとも1つは4以下の目が出る**
ことである．
　一般に，
　　「少なくとも1つが……」 ⟶ 「余事象を考えた方が簡単である」
といわれているが，この"定石"が正当化される根拠はどのようなことによるのだろうか．この問題を，余事象（すべての目が5以上）を考えることなく処理しようとしたときにどのような困難があるのか，また余事象を考えることによってこの困難がいかに解消されるのかを調べてみよう．

(i)　余事象を考えないとき，1回目を振ったときの3個のサイコロの目をそれぞれ d_1, d_2, d_3 とし，次の3つの場合に分けておのおのの確率を求め，その和が求める確率となる．

　場合1　$d_1 \leqq 4$　　　　　　：このときは d_2, d_3 はどんな目でもよいから確率は
$$\frac{4}{6} \times 1 \times 1 = \frac{4}{6}$$

　場合2　$d_1 > 4$, $d_2 \leqq 4$　　：このときは d_3 はどんな目でもよいから確率は
$$\frac{2}{6} \times \frac{4}{6} \times 1 = \frac{2}{6} \cdot \frac{4}{6}$$

　場合3　$d_1 > 4$, $d_2 > 4$, $d_3 \leqq 4$：この確率は　$\dfrac{2}{6} \times \dfrac{2}{6} \times \dfrac{4}{6} = \left(\dfrac{2}{6}\right)^2 \cdot \dfrac{4}{6}$

　　　（求める確率）$= \dfrac{4}{6} + \dfrac{2}{6} \cdot \dfrac{4}{6} + \left(\dfrac{2}{6}\right)^2 \cdot \dfrac{4}{6} = \dfrac{18+6+2}{27} = \dfrac{26}{27}$

(ii)　余事象を考えるとき，余事象の起こる確率をまず求め，その確率を1からひいたものが求める確率（解答参照）．よって余事象を求めるためには，**場合分けは全く不要になる**．
　「余事象を考える（余事象の起こる確率を考える）方がずっと楽である」という定石は，場合に分けて論ずる手間が省ける（あるいは余事象を考えた方が，少ない場合分け

94 第2章 着想の転換のしかた

で済む)場合が多いことに基づいているのである.

解答 (1)「$a_1 \leq 4$ である」とは,
　　1回目を振ったときの3個のサイコロの目のうちの少なくとも1つが4以下である

ことを意味している．したがって,「$a_1 \leq 4$ である」ことの余事象は
　　3個のサイコロの目がすべて5または6である　……①

ことであり, ①である確率は $\left(\dfrac{2}{6}\right)^3 = \dfrac{1}{27}$ である．したがって, 求める確率 p は

$$p = 1 - \dfrac{1}{27} = \dfrac{\mathbf{26}}{\mathbf{27}} \qquad\qquad ……(答)$$

(2)「$M \leq 4$ である」とは,
　　$a_1 \leq 4$　かつ　$a_2 \leq 4$　かつ　$a_3 \leq 4$　である

ことを意味している．各回の試行は独立であるから, (1)の結果を用いて, 求める確率 q は

$$q = p \cdot p \cdot p = \left(\dfrac{26}{27}\right)^3 = \dfrac{\mathbf{17576}}{\mathbf{19683}} \qquad\qquad ……(答)$$

(3)「$M=3$　または　$M=4$　である (この事象を E とおく)」……②　とは,
　　$M \leq 4$　であり, かつ　$M \leq 2$　ではない

ことを意味している．$M \leq 2$ ではない確率を求めるためにまず,
　　$M \leq 2$ である　……③

事象 (E' とおく) が起こる確率 t を, $M \leq 4$ である事象 (F' とおく) が起こる確率 q を求めたときと同様の手順で求める.

　　$a_1 \leq 2$ である確率 s は　$s = 1 - \left(\dfrac{4}{6}\right)^3 = \dfrac{19}{27}$　であるから,

$$t = s^3 = \left(\dfrac{19}{27}\right)^3 = \dfrac{6859}{19683}$$

である.

ここで,
　　$M \leq 4$ である　$\iff$　② または ③

であるから, 事象 E の起こる確率を $P(E)$ と表すことなどにより,
　　$P(F') = P(E \cup E') = P(E) + P(E')$　($\because$　E と E' は排反)

すなわち
　　$q = r + t$

したがって, 求める確率 r は

$$r = q - t = \dfrac{17576}{19683} - \dfrac{6859}{19683} = \dfrac{\mathbf{10717}}{\mathbf{19683}} \qquad\qquad ……(答)$$

§2 視点を変えたり，反対側から裏の世界をのぞきこめ　95

─────〈練習 2・2・5〉─────
　コインが n 回投げられるとする．このとき，表と裏の系列の中で，表が 2 回続けて出る確率 P_n はいくらか．
───────────────

発想法

　表が 2 回続けて出る，といっても系列の何個所かで表が 2 回続けて出ていたり，また，表が 3 回以上続けて出てくる系列も考えられるわけであるから，場合分けの条件として極めて多くの要素が考えられる．しかし

　　表が 2 回続けて出る $\iff$ 系列の中の**少なくとも** 1 個所で**少なくとも** 2 回続けて表が出る

と解釈すれば，余事象を考えることによる解法の可能性を見出すことができる．実際，余事象を考えた場合には，2 つだけの場合に分けて，漸化式によって処理することが可能となる．

解答　Q_k をコインを k 回投げたとき，表と裏の系列の中で，表が 2 回続けて現れない確率とする．

　もし，最初に裏が出たとき $\left(\text{この確率は}\dfrac{1}{2}\right)$ は，あと $(n-1)$ 回コインを投げたとき，Q_{n-1} の確率で表は 2 度続けて出ない（図 1）．

```
1(回目)   2    3    4         n
  ●      ○    ○    ○  ……… ○
```

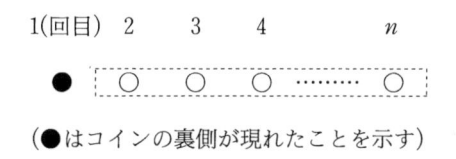

（●はコインの裏側が現れたことを示す）
図 1

　また，もし最初に表が出たならば，連続して表が出ないためには，2 回目に投げたとき裏が出なくてはならない $\left(\text{以上のことが起こる確率は，}\left(\dfrac{1}{2}\right)^2=\dfrac{1}{4}\right)$．そして残りの $n-2$ 回のコイン投げで連続して表が出ない確率は Q_{n-2} である（図 2）．

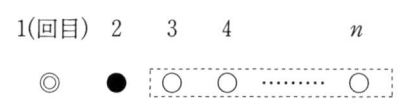

```
1(回目)   2    3    4         n
  ◎      ●    ○    ○  ……… ○
```

（◎，●はそれぞれコインの表，裏が現れたことを示す）
図 2

したがって，漸化式

　　$Q_n = \dfrac{1}{2}Q_{n-1} + \dfrac{1}{4}Q_{n-2}$　$(n \geq 3)$　……(☆)　を得る．

2次方程式：$t^2 - \frac{1}{2}t - \frac{1}{4} = 0$ の2解 $\frac{1 \pm \sqrt{5}}{4}$ を $\alpha, \beta\ (\alpha < \beta)$ とすると，(☆) は次の2つの形で書き換えることができる．

$$Q_n - \alpha Q_{n-1} = \beta(Q_{n-1} - \alpha Q_{n-2}) \quad \cdots\cdots ①$$
$$Q_n - \beta Q_{n-1} = \alpha(Q_{n-1} - \beta Q_{n-2}) \quad \cdots\cdots ②$$

① より

$$\begin{aligned}
Q_n - \alpha Q_{n-1} &= \beta(Q_{n-1} - \alpha Q_{n-2}) \\
&= \beta \cdot \beta(Q_{n-2} - \alpha Q_{n-1}) \\
&= \cdots\cdots \\
&= \beta^{n-2}(Q_2 - \alpha Q_1)
\end{aligned}$$

$Q_1 = 1,\ Q_2 = \frac{3}{4},\ \alpha = \frac{1 - \sqrt{5}}{4}$ より，

$$Q_n - \alpha Q_{n-1} = \frac{2 + \sqrt{5}}{4}\beta^{n-2} \quad \cdots\cdots ①'$$

② より，同様にして，

$$Q_n - \beta Q_{n-1} = \frac{2 - \sqrt{5}}{4}\alpha^{n-2} \quad \cdots\cdots ②'$$

$\beta \times ①' - \alpha \times ②'$ より

$$(\beta - \alpha)Q_n = \frac{2 + \sqrt{5}}{4}\beta^{n-1} - \frac{2 - \sqrt{5}}{4}\alpha^{n-1}$$

$\beta - \alpha = \frac{\sqrt{5}}{2}$ より，

$$Q_n = \frac{5 + 2\sqrt{5}}{10}\left(\frac{1 + \sqrt{5}}{4}\right)^{n-1} + \frac{5 - 2\sqrt{5}}{10}\left(\frac{1 - \sqrt{5}}{4}\right)^{n-1}$$

したがって，求める確率 P_n は，

$$\begin{aligned}
\boldsymbol{P_n} &= 1 - Q_n \\
&= \boldsymbol{1 - \left\{ \frac{5 + 2\sqrt{5}}{10}\left(\frac{1 + \sqrt{5}}{4}\right)^{n-1} + \frac{5 - 2\sqrt{5}}{10}\left(\frac{1 - \sqrt{5}}{4}\right)^{n-1} \right\}} \quad \cdots\cdots(答)
\end{aligned}$$

である．

§2 視点を変えたり，反対側から裏の世界をのぞきこめ　　97

[例題 2・2・7]

正 n 角形の頂点を順次 A_1, A_2, ……, A_n とする．
(1) これらのうちの任意の3点を結んでできる三角形の総数を求めよ．
(2) 上の三角形のうちで鋭角三角形となるものの総数を求めよ．

発想法

(2) たとえば，$n=8$ として考えてみよう．一般に正 n 角形の外接円を C_n と書くことにする．

$\triangle A_1A_iA_j$ $(2\leqq i<j\leqq 8)$ において，まず $\angle A_1$ が鋭角であることが必要．そこで，$\angle A_1$ が鋭角となる $\triangle A_1A_iA_j$ を数える．$A_i=A_2$ としたときは，$\triangle A_1A_2A_j$ において $\angle A_1$ が鋭角となるためには，$A_j=A_3$, A_4, A_5 としなければならない（$A_j=A_6$ としたときには，A_2A_6 は C_n の直径となり，$\angle A_1=90°$ である．$A_j=A_7$, A_8 のときには，$\angle A_j>90°$）．しかし，ここで求めた各三角形においてさらに $\angle A_2$ に着目したとき，$\triangle A_1A_2A_3$, $\triangle A_1A_2A_4$, $\triangle A_1A_2A_5$ のいずれも，$\angle A_2\geqq 90°$ である（図1）から，鋭角三角形とはならない．$A_i=A_3$ としたとき同様に考えることにより，A_j として A_4, A_5, A_6 の3つの候補があがるが，$\triangle A_1A_3A_j$ の $\angle A_3$ が $\angle A_3\geqq 90°$ となってしまう A_4, A_5 は除かれる．そして，さらに残された $\triangle A_1A_3A_6$ において $\angle A_6<90°$ であることまで確認してはじめて，$\triangle A_1A_3A_6$ が鋭角三角形の1つであるといえる．すなわち，着眼している三角形が鋭角三角形であるといえるためには，三角形の3つの角のすべてについて，鋭角であることをチェックしなければならないのであり，極めて手間のかかる作業である．

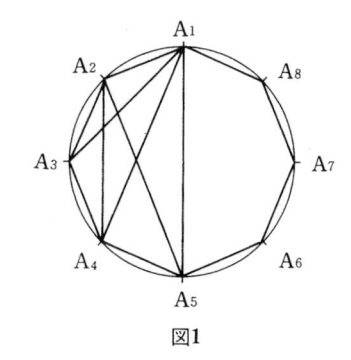

図1

そこで，発想の転換をして，鈍角三角形と直角三角形を数えあげることにしよう．というのは，鈍角三角形や直角三角形は，1つの角が鈍角あるいは直角でありさえすれば，ほかの2角を調べるまでもないからだ．鈍角三角形，および，直角三角形の個数が求まったなら，

(鋭角三角形の個数) = $\begin{pmatrix} 3\text{点を結んでできる三角形の} \\ \text{総数}((1)\text{で求める}) \end{pmatrix}$ − $\begin{pmatrix} \text{鈍角，直角} \\ \text{三角形の個数} \end{pmatrix}$

と計算して，鋭角三角形の個数を求めることができる（図をかいて考えていけば，必然的にわかることだが）．n が偶数か，奇数かで，鈍角，直角三角形の数えあげの事情が変わってくる．n が偶数の場合に限って，3点を結んでできる三角形の中に，直角三角形が含まれてくる（C_n の直径が1辺となる三角形が含まれてくる；図2参照）．そこで，n の偶奇で場合分けして考える必要がある．

解 答 (1) n 個の頂点から,3個選ぶ選び方に等しいから,

$$_nC_3 = \frac{1}{6}n(n-1)(n-2) \text{ (個)} \quad \cdots\cdots\text{(答)}$$

(2) 求める鋭角三角形の個数は,(1)で求めた「3点を結んでできる三角形の総数」$\frac{1}{6}n(n-1)(n-2)$ 個から,鈍角三角形,および,直角三角形になるものの総数を,n の偶奇によって場合分けして求めて除外すればよい.

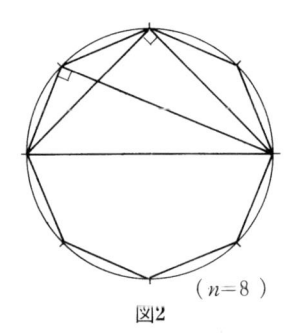

(場合1) n が偶数のとき,$n=2m$ とおく.

$\triangle A_1 A_i A_j$ $(2 \leq i < j \leq 2m)$ において,$\angle A_1$ が鈍角または直角となるような三角形は,

$2 \leq i \leq m$ で,かつ j を $i+m \leq j \leq 2m$ にとったもの ($j=i+m$ のときに限って $A_i A_j$ は C_n の直径となり,$\angle A_1 = 90°$) で,その個数は,

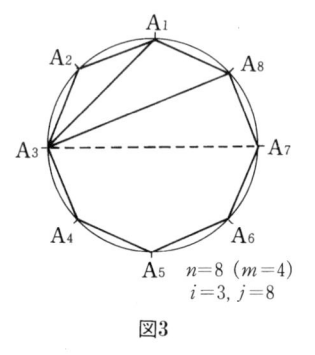

$$\sum_{i=2}^{m} \{2m - (i+m) + 1\}$$
$$= \sum_{i=2}^{m} (m-i+1)$$
$$= (m-1) + (m-2) + \cdots\cdots + 1$$
$$= \frac{m(m-1)}{2}$$

また,$\angle A_2$, $\angle A_3$, $\cdots\cdots$, $\angle A_n$ を鈍角または直角とする三角形も,それぞれ $\frac{m(m-1)}{2}$ 個ずつである.したがって,A_1, A_2, $\cdots\cdots$, A_n のうちから3点を選んでできる鈍角,直角三角形は,

$$\frac{m(m-1)}{2} \times n \text{ (個)}$$

である ($\because$ $\triangle A_i A_j A_k$ において,2つ以上の角が"鈍角または直角"ということはないので,そのまま n 倍しても,重複して数えられる三角形はないので,"裏の世界"を考えたことが,ここで効力を発揮していることに注意せよ).

(場合2) n が奇数のとき $n=2m+1$ とおく.

$\triangle A_1 A_i A_j$ で $\angle A_1$ が鈍角となる三角形 ($\triangle A_1 A_i A_j$ が直角三角形となることはあり得ないので,$\angle A_1 \neq 90°$) は,i, j を

$$2 \leq i \leq m \quad \text{かつ} \quad i+m+1 \leq j \leq 2m+1$$

(図2) ($n=8$)

(図3) $n=8$ $(m=4)$ $i=3, j=8$

にとったもので，その個数は，

$$\sum_{i=2}^{m}\{(2m+1)-(i+m+1)+1\}$$
$$=\sum_{i=2}^{m}(m-i+1)$$
$$=(m-1)+(m-2)+\cdots\cdots+1$$
$$=\frac{m(m-1)}{2}$$

A_2, A_3, ……, A_n を鈍角とする三角形の個数も，それぞれ $\frac{m(m-1)}{2}$ 個ずつあり，**(場合1)** と同様にして，合計

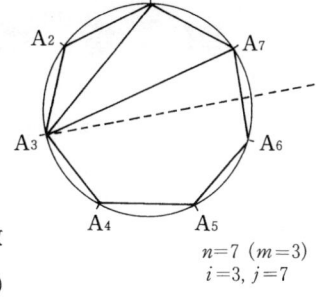

$$\frac{m(m-1)}{2}\times n \text{ (個)}$$

となる．

$$\frac{m(m-1)}{2}=\begin{cases}\dfrac{1}{8}n(n-2) & (n=2m)\\ \dfrac{1}{8}(n-1)(n-3) & (n=2m+1)\end{cases}$$

であるから，正 n 角形の頂点からつくられる三角形で，鋭角三角形の個数は，

n が偶数のとき
$$\frac{1}{6}n(n-1)(n-2)-\frac{1}{8}n^2(n-2)=\frac{1}{24}\boldsymbol{n(n-2)(n-4)}$$
n が奇数のとき
$$\frac{1}{6}n(n-1)(n-2)-\frac{1}{8}n(n-1)(n-3)=\frac{1}{24}\boldsymbol{n(n^2-1)}$$

……(答)

$n=7\ (m=3)$
$i=3, j=7$

図4

第3章 柔軟な発想のしかた

　軽くて薄い，いわゆる軽薄短小な電卓の開発を目指していた多くのメーカーの中で，厚みの減少を妨げる1つの要因となっていたプッシュボタンの存在を，大手メーカーの1つであるカシオはボタンを押す感触を異なる音で示すことによって代用することを思いつき，ボタンレス型の電卓の開発に成功したことは有名な話である．また，高跳びの世界記録は，忍者まがいの立ち跳びに始まり，ベリー・ロール跳びに移り，現在ではかつて想像だにしなかった背面跳びによって更新された．これらの進歩は旧態依然の方法や定着していた観念を捨て，目的達成に焦点を絞ることによって浮かび上がってきた発想により成し遂げられたのである．要は目的達成のためには必ずしも今まで通りの方法や考え方が最適とは限らず，それどころか困難を克服するためには停滞している状態を打破するための画期的なアイデアが必要不可欠なのである．

　数学の問題解決においても，上述の例と同様なことがいえる．すなわち，難問は決して難問のままの状態で解かれるのではなく，困難な状況を打破するためのアイデアによって問題を違う角度からとらえることにより，何らかの意味でやさしい問題にすり換えられて，その結果，難問も解決されるのである．本章ではそのような困難を打破するための具体的な方法として与えられた問題に対しそれと同値なより扱いやすい問題にすり換えること（§1），「$A \to B$」を証明したいとき三段論法「$A \to C$ かつ $C \to B$」を示す問題にすり換えること（§2），問題を解決するための強力な数学的武器を活用するために，与えられた命題より一般的な問題にすり換えること（§3），という3つの手法を学ぶ．

　代数方程式を解くことと微分方程式を解くことを比べると，一般的に後者を解くことのほうがはるかに難しい．18世紀のフランスの数学者ラプラスは微分方程式を解く代わりにそれに対応する代数方程式を解けば，結果的に元の微分方程式が解けることになるという画期的な"すり換え"の方法を確立した．入試問題を解くときには，そこまで高度なすり換えのテクニックは必要とされないが，上述の3つのことにつねに留意していなければいけない．

§1 同値な問題へのすり換えや他分野の概念への移行を図れ

　強靱(きょうじん)な胃袋をもっている人は，与えられた食物があまり料理されていなくとも消化してしまう．それにひきかえ，さほど強靱ではない胃袋をもつ人は，胃に負担をかけないために消化しやすいように料理・加工して食物を体内にとり込む．たとえば，肉の塊にかじりつきペロリと平気でたいらげる元気な若者に対し，年寄りは肉塊をミンチにかけて粉々にくだき，柔らかくして食べるであろう．ニンジンやトマトを食わず嫌いの子供にそのまま食べさせようとしても，なかなか食べさせられないが，リンゴやバナナとミックスしてジューサーにかけてジュースにし，少し砂糖でも混ぜておけば，喜んでみんな飲んでしまう．その結果，子供はカロチンやビタミンを吸収し，血行のよい健康な子供に育つ．

　これらは，摂取しなければならない栄養素を含有する食物を料理したり，加工を施したりして，食べやすい形にすり換えてからそれらの栄養素を体内にとり込む方法の例である．

　問題を解くときにも，食物を料理や加工するのと同様な効果を狙うことがしばしばある．すなわち，問題解法に着手しはじめたとき，それが，なかなか手強(てごわ)く容易には決着がつけられそうもないとき，その問題を同値な，より扱いやすい問題にすり換えてから対処することを考えるべきなのである．すり換えの典型として次に示すものがしばしば行われる：

(1) 最大値・最小値問題を方程式の実数解の存在条件に帰着させたり，値域を求める問題を図形問題として処理するなどのトピック間の移行を図る．

(2) 数えにくいものの個数を数え上げるために，1対1対応の概念を用い，より数えやすい対象を代わりに数える．

(3) 方程式や関数を扱う際，変数変換（置き換え）または座標の平行移動や回転を行い，よりやさしい方程式や関数に直す．

(4) 相似変換や極座標変換によって，直交座標では表現しにくい複雑な式を簡単な式に意図的に直す．

(5) 複雑な式や関数に四則演算を施し，扱いやすい式や関数に直す．たとえば，無理関数のとき，根号（ルート）内の関数だけに注目する．

など．

[例題 3・1・1]

与えられた正の整数 n に対して，$0 \leqq a \leqq b \leqq c \leqq d \leqq n$ であるような 4 つの整数の組 (a, b, c, d) の個数を求めよ．

[発想法]

$n=1$ のときは，題意をみたす 4 つの整数の組は，
$(0, 0, 0, 0)$, $(0, 0, 0, 1)$, $(0, 0, 1, 1)$,
$(0, 1, 1, 1)$, $(1, 1, 1, 1)$

の 5 個であり，また，$n=2$ のとき 15 個であることも，実際に書き出してみればわかる．$n=3$ ともなると，すべて (35 個) を書き出すことはかなりたいへんな作業で，書き出してみても，その規則性を式に表現しにくい．

この問題が 4 つの整数 a, b, c, d に対する条件として，それらの間に等号がない「$0 \leqq a < b < c < d \leqq n$」という形であれば，組合せの定義より容易に ${}_{n+1}C_4$ 個という答が求まる．そこで，与えられた問題をこのタイプの問題に帰着させることを考えよう．そのために，a, b, c, d をそれぞれ $a, b+1, c+2, d+3$ に対応させてみる．すると，$a, b+1, c+2, d+3$ の大小関係は，
$$0 \leqq a < b+1 < c+2 < d+3 \leqq n+3$$
となり，これらは，0 から $n+3$ までの数から 4 つを選んで小さい順に並べたものになっている．したがって，

$(a, b, c, d) \xleftrightarrow{f} (a, b+1, c+2, d+3)$

という対応 f が 1 対 1 であることが示せれば，上の問題は，

> 与えられた正の整数 $n+3$ に対して，$0 \leqq a' < b' < c' < d' \leqq n+3$ であるような 4 つの整数の組 (a', b', c', d') の個数を求めよ．

という同値な簡単な問題にすり換えられるのである．

[解答] $0 \leqq a \leqq b \leqq c \leqq d \leqq n$ である 4 つの整数の各組 (a, b, c, d) に対し，4 つの整数の組 $(a, b+1, c+2, d+3)$ を対応させる．この対応を f とよぶ．このとき，$0 \leqq a < b+1 < c+2 < d+3 \leqq n+3$ であるから，（ ）内の 4 つの数は，0 から $n+3$ までの数から 4 つを選んで小さい順に並べたものになっている．

いま，上の対応 f が 1 対 1 であることを確かめよう．対応が 1 対 1 であることを確かめるためには，集合 A, B を次のように定める：
$A = \{(a, b, c, d) \mid 0 \leqq a \leqq b \leqq c \leqq d \leqq n\}$
$B = \{(a', b', c', d') \mid 0 \leqq a' < b' < c' < d' \leqq n+3\}$

このとき，A の各元に対し，

f によって対応する元が B にただ 1 つ存在すること　　（写像の存在）

§1 同値な問題へのすり換えや他分野の概念への移行を図れ

A の相異なる元は

　f によって B の相異なる元に対応すること　　　　（単射）

　B の各元に対して，その原像が A の中に存在すること（全射）

の3点を確かめればよい（「**コメント**」参照）．

実際に，f は A の各元 (a, b, c, d) に対し，$(a, b+1, c+2, d+3)$ を対応させるのだから，対応する B の元はただ1つ存在する．また，$(a, b, c, d) \ne (a', b', c', d')$ とすると，

$$(a, b+1, c+2, d+3) \ne (a', b'+1, c'+2, d'+3)$$

（上の等号が成り立つと仮定すると，$a=a'$, $b=b'$, $c=c'$, $d=d'$ となって $(a, b, c, d) \ne (a', b', c', d')$ に矛盾）．

さらに，B の元 (a', b', c', d') に対し $(a', b'-1, c'-2, d'-3)$ を対応させれば，$0 \le a' \le b'-1 \le c'-2 \le d'-3 \le n$ だから，$(a', b'-1, c'-2, d'-3)$ は A の元である．

以上により，f は A から B の上への1対1写像であり，A と B の元は1対1に対応することがわかった．

したがって，問題は A の元の個数 $|A|$ を求めることだが，それは B の元の個数 $|B|$ を数えることと同じことである．すなわち，

$$|A|=|B|$$

を利用すればよい．

ここで，$|B|$ は $\{0, 1, \cdots\cdots, n+3\}$ の $n+4$ 個の整数から相異なる4つの整数を選ぶ選び方の数に等しく，それは ${}_{n+4}C_4$ である．したがって，

$$|A|=|B|={}_{n+4}C_4=\frac{(n+4)!}{4!\,n!} \quad \cdots\cdots（答）$$

[**コメント**] 写像についてまとめておく（図1）．

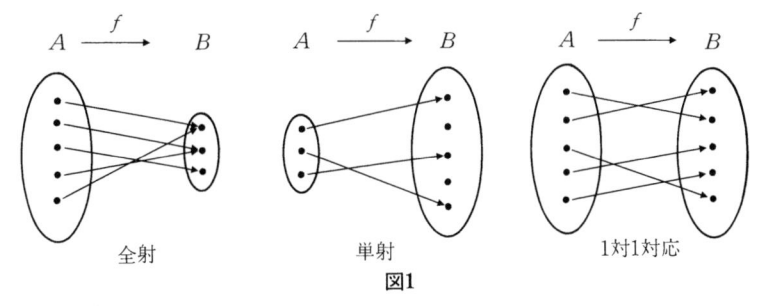

図1

どのような $b \in B$ に対しても，$a \in A$ が存在し，$f(a)=b$ となるとき，f を**全射**（または**上への写像**）という．$a_1, a_2 \in A$, $a_1 \ne a_2$ に対して，$f(a_1) \ne f(a_2)$ が成り立つとき，f を**単射**という．

集合 A から集合 B への全射かつ単射である写像を，**1対1対応**（**全単射，双射**）という．

〈練習 3・1・1〉

集合 X は n 個の要素からなる。X の部分集合の対 (A, B) で，包含関係 $A \subseteq B$ をみたす対は全部でいくつあるか。ただし，要素をひとつも含まない集合(空集合) ϕ は，任意の集合の部分集合とする。また，記号 $A \subseteq B$ は "A のどの元も B の元である" ことを意味する。

発想法

B に属して A に属さない要素の集合(補集合)を，記号 $B-A$ で表す。

題意 $(A \subseteq B \subset X)$ をみたす集合 A, B をベン図にかいてみると次のようになる。

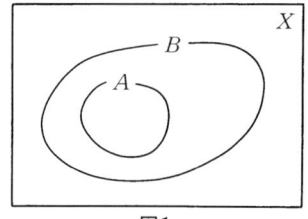

図1

	A	B	X
1	ϕ	$\{1\}$	$\{1,2\}$
2	ϕ	$\{2\}$	$\{1,2\}$
3	ϕ	$\{1,2\}$	$\{1,2\}$
4	ϕ	ϕ	$\{1,2\}$
5	1	$\{1\}$	$\{1,2\}$
6	1	$\{1,2\}$	$\{1,2\}$
7	2	$\{2\}$	$\{1,2\}$
8	2	$\{1,2\}$	$\{1,2\}$
9	$\{1,2\}$	$\{1,2\}$	$\{1,2\}$

このとき，X のどの要素 x も，A または $B-A$ または $X-B$ のいずれか1つにだけ属する。実際，$n=2$ として，題意をみたす対 (A, B) をすべて示すと右表のようになる。x がこれら3つのどれに属するかは3通りだから，x のすべての要素についてこれを決定する方法は，3^n 通りある。

異なる対 (A, B) $(A \subseteq B)$ に対しては，上の 3^n 通りの異なるものが対応する。このことに注意して求める個数を決定せよ。

解答

題意のような対 (A, B) を決めることは，X のおのおのについて，それが，$A, B-A, X-B$ のどれに属するかを決めることと同値であり，これはまた，n 個の要素の1つ1つが三者択一を行うことである。

よって，求める (A, B) の対は

3^n 通り　　……(答)

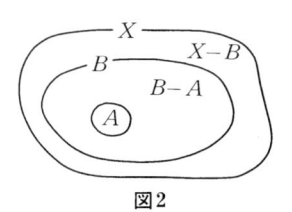

図2

§1 同値な問題へのすり換えや他分野の概念への移行を図れ 105

[例題 3・1・2]
　図のような直方体において，$AB=x$，$AD=y$，$AE=1$ とし，表面積を S とする。また，AG を対角線とする正方形の面積を T とおく．x, y を動かすとき，$r=\dfrac{T}{S}$ のとりうる範囲を求めよ．

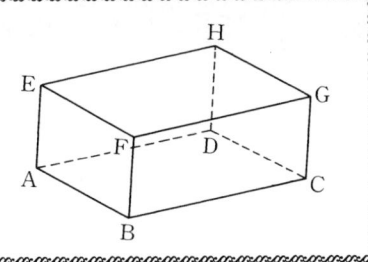

[発想法]
　たとえば，r が 2 になるとするならば，ある S と T が存在して，$2=\dfrac{T}{S}$ となるはずである．すなわち，この分数の分母を払って $T=2S$ となるような S, T が存在する．S, T を定めるのは x, y であり，それらはそれぞれ AB, AD の長さだから正である．よって，$T-2S=0$ をみたす $x, y>0$ が存在することと，$r=2$ という値をとることとは同値である．すなわち，$r=\dfrac{T}{S}$ のとりうる値の範囲を求めることと，$T-rS=0$ をみたす $x, y>0$ が存在するような r の条件を求めることは同値な問題である．そこで，$T-rS=0$ をみたす $x, y>0$ が存在するような r の条件を次の手順で求めればよい．
　(i) $r, y>0$ として，x に関する 2 次方程式 $T-rS=0$ が少なくとも 1 つの正の解 x をもつための r, y の条件を求める．
　(ii) 上で求めた条件式をみたす $y>0$ が存在するための r の条件を求める．

[解答] まず，この直方体の表面積 S を求めると，
$$S=2(xy+x+y) \quad \cdots\cdots ①$$
次に，△ABC に三平方の定理を用いて，
$$AC^2=x^2+y^2$$
さらに △ACG にも三平方の定理を用いて，
$$AG^2=x^2+y^2+1$$
よって，AG を対角線とする正方形の面積 T は，
$$T=\dfrac{AG^2}{2}=\dfrac{x^2+y^2+1}{2} \quad \cdots\cdots ②$$

図1

『$r=\dfrac{T}{S}$ のとりうる値の範囲を求める $\iff$ $T-rS=0$ をみたす $x, y>0$ が存在するような r の条件を求める』なる事実に基づき，この問題を解く．
　①，② より，

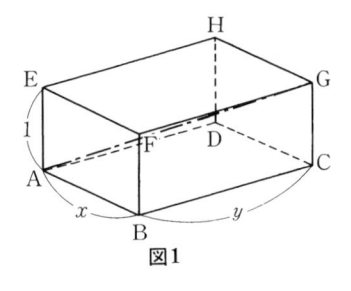

第3章　柔軟な発想のしかた

$$2(T-rS) = x^2+y^2+1-4r(xy+x+y)$$
$$= x^2-4r(y+1)x+y^2-4ry+1$$
$$= \{x-2r(y+1)\}^2+y^2-4ry+1-4r^2(y+1)^2$$
$$\equiv f(x)$$

放物線の軸 $x=2r(y+1)>0$ に注意して，

$\begin{pmatrix} x \text{ の2次方程式 } f(x)=0 \text{ が} \\ \text{少なくとも1つの正の解 } x \text{ をもつ} \end{pmatrix}$

$\iff \dfrac{D}{4} \geqq 0$

$\iff 4r^2(y+1)^2-(y^2-4ry+1) \geqq 0$

$\iff (4r^2-1)y^2+4(2r^2+r)y+4r^2-1 \geqq 0$

$\iff g(y) \equiv (2r-1)y^2+4ry+2r-1 \geqq 0$ ……③

上式をみたす $y>0$ が存在する r の条件を，$g(y)$ のグラフが下に凸か，直線か，または上に凸かで場合分けして調べると，

$g(y)$ が上に凸の放物線のとき，すなわち，$(0<)r<\dfrac{1}{2}$ のときのみ ③ をみたす $y(>0)$ が存在し，そのための条件は

$\dfrac{D'}{4} \geqq 0$，すなわち，$4r^2-(2r-1)^2=4r-1 \geqq 0$ 　　∴ $r \geqq \dfrac{1}{4}$

$r \geqq \dfrac{1}{4}$ 　　……(答)

§1 同値な問題へのすり換えや他分野の概念への移行を図れ 107

┌─ 〈練習 3・1・2〉─────────────────┐
│ x, y が実数で $x^2+(y-1)^2 \leq 1$ のとき，
│ $$z = \frac{x+y+1}{x-y+3}$$
│ の最大値と最小値を求めよ．
└───────────────────────────┘

発想法

z の分母，分子はともに x と y の1次関数である．分母を払えば，
$$x+y+1 = z(x-y+3)$$
$$\therefore (z-1)x - (z+1)y + (3z-1) = 0$$
z を定数とすれば，この式は xy 平面上の直線の式になる．実際は，z がいろいろな値をとるから，この式は直線群を表す．

さて，x, y の変域は $x^2+(y-1)^2 \leq 1$ だから，中心が $(0, 1)$ で半径が 1 の円の周とその内部である．

$x^2+(y-1)^2 \leq 1$ をみたす実数 x, y が存在するような z の範囲を求めればよいが，実数解は2曲線の交点に帰着させることができるので（IVの**第3章§1参照**)，それは，

┌─────────────────────────────────┐
│ 円 $x^2+(y-1)^2=1$ と直線 $(z-1)x-(z+1)y+(3z-1)=0$ が交点をもつ
│ ような z の最大値と最小値を求めよ． ……(☆)
└─────────────────────────────────┘

という問題にすり換えることができる．

抽象的な式を抽象的なまま扱うよりも，具体的な図形に帰着させて扱う方が一般には問題の解法がやさしくなるのである．

解答 「発想法」ですり換えた問題(☆)を解く．

この直線の方程式
$$(z-1)x - (z+1)y + (3z-1) = 0$$
と円が交点をもつ z の条件は，直線と円の中心 $(0, 1)$ との距離が円の半径 1 以下になる z を求めればよい（図1）．ヘッセの公式より，
$$\frac{|-(z+1)+(3z-1)|}{\sqrt{(z-1)^2+(z+1)^2}} \leq 1$$
両辺を2乗して整理すると，
$$z^2 - 4z + 1 \leq 0$$
$$\therefore 2-\sqrt{3} \leq z \leq 2+\sqrt{3}$$
ゆえに，z の最大値は $2+\sqrt{3}$
　　　　最小値は $2-\sqrt{3}$ ……(答)

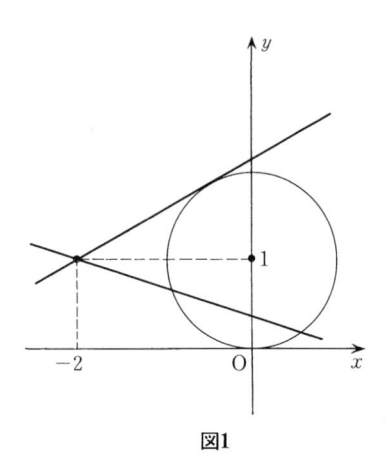

図1

[例題 3・1・3]
$x^7-2x^5+10x^2-1=0$ は，1 より大きい解をもたないことを示せ．

発想法

与えられた方程式が 7 次であることに注意せよ．7 次の方程式は，因数分解できる場合を除いて，容易に解くことはできない．

一般に，「解をもつことを示せ」，「解をもたないことを示せ」というような，"解の存在性"を扱う問題は，関数の連続性や単調性を利用して解く．この場合，問題は微分をする計算問題に帰着されるが，その計算が煩雑になる場合が多い（「**別解**」参照）．

そこで本問では，「1 より大きな解をもたない」という条件を「0 より大きな解をもたない」という条件にすり換えて得られる扱いやすい問題を解くことにしよう．

「0 より大きい解をもたない」ということは，「正の解をもたない」ということと同値である．1 より大きいか小さいかということよりも，正・負の判断をするほうがやりやすいに決まっている．そして，この問題は，$x=t+1$ とおけば，「0 より大きい解をもたない」という問題へ容易にすり換えることができる．$x=t+1$ とおくことは，座標を x 軸方向に $+1$ 平行移動することである（図1）．

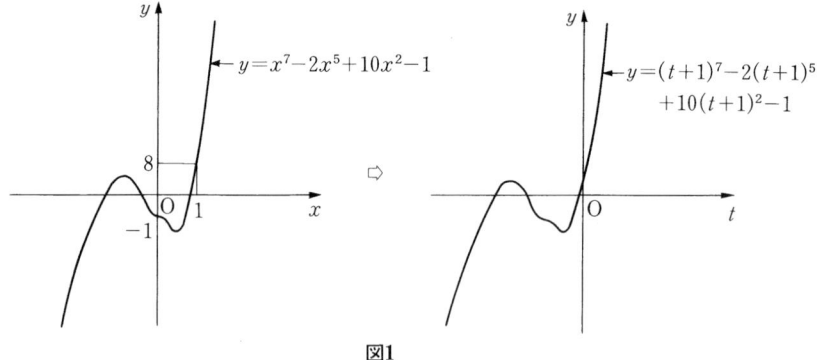

図1

すなわち，上の問題は，

$(t+1)^7-2(t+1)^5+10(t+1)^2-1=0$ が 0 より大きい解をもたないことを示せ．

という問題にすり換えられたことになる．

この t に関する 7 次方程式が正の解をもたないことを示せば，題意が証明されたことになる．

解答 与式において

$x=t+1$

とおく．パスカルの三角形（または二項定理）を利用して（図2），

```
        1
       1 1
      1 2 1
     1 3 3 1
    1 4 6 4 1
   1 5 10 10 5 1
  1 6 15 20 15 6 1
           ⋮
```

図2

$(t+1)^7-2(t+1)^5+10(t+1)^2-1=0$

の左辺を展開すると，

　　(左辺)$=t^7+7t^6+19t^5+25t^4+15t^3+11t^2+17t+8\equiv f(t)$

題意を示すためには，任意の $t>0$ に対して

　　$f(t)=t^7+7t^6+19t^5+25t^4+15t^3+11t^2+17t+8$

がつねに $f(t)>0$ を示せばよい．

いま，t に正の値を入れてみる．すると，$f(t)$ の係数はすべて正だから，$f(t)$ の値は決して 0 にならない．したがって，方程式 $f(t)=0$ は正の解 t をもたない．すなわち，もとの方程式は 1 より大きい解をもたない．

[コメント]　すり換えずに，力ずくで計算していくと，以下の「**別解**」のようになる．すり換えを施した場合と計算の手間や見通しの立てやすさを比較せよ．

【**別解**】（単調性を利用した解法）

　　$x^7-2x^5+10x^2-1\equiv g(x)$

とおく．

　　$g(1)=1-2+10-1=8>0$　……①

　　$g'(x)=7x^6-10x^4+20x=x(7x^5-10x^3+20)$

このままの形では，$g'(x)$ の符号を判断することはできないので，さらに，

　　$7x^5-10x^3+20=h(x)$

とおくと，

　　$h'(x)=35x^4-30x^2$
　　　　　$=5x^2(7x^2-6)$
　　　　　$=5x^2(\sqrt{7}x+\sqrt{6})(\sqrt{7}x-\sqrt{6})$

　$x>1$ のとき，$h'(x)>h'(1)=5(7-6)=5>0$

　かつ　$h(1)=7-10+20=17>0$

　よって　$x>1$ で　$h(x)>0$

　$\therefore$　$x>1$ で　$g'(x)>0$　……②

以上，①，② より，$x>1$ のとき　$g(x)>0$　である．

よって，題意は示された．

┌─── 〈練習 3・1・3〉 ─────────────────────────┐
│ x_i ($i=1, 2, \cdots\cdots, n$) は正の数とする．このとき，
│ $$(x_1 \cdot x_2 \cdot \cdots\cdots \cdot x_n)^{\frac{1}{n}} \leq \frac{x_1+x_2+\cdots\cdots+x_n}{n}$$
│ が成り立つことを示せ．
└─────────────────────────────────────┘

[発想法]

　n 個の整数に関する相加平均・相乗平均の関係である．
　本問を"難しく"している1つの原因は，証明すべき不等式の左辺が n 乗根になっていることにある．したがって，この難点を解消するために変数変換を行うことが必要になる．
　そこで，そのままの形で証明する代わりに $(x_1 \cdot x_2 \cdot \cdots\cdots \cdot x_n)^{\frac{1}{n}} = a$ とおき，
「$(x_1 \cdot x_2 \cdot \cdots\cdots \cdot x_n)^{\frac{1}{n}} = a$ かつ $x_i > 0$ のとき，$x_1+x_2+\cdots\cdots+x_n \geq an$ ……($*$)
を証明せよ」
とすると，与不等式から n 乗根を消去することができる．さらに，
$$\left(\frac{x_1 \cdot x_2 \cdot \cdots\cdots \cdot x_n}{a^n}\right)^{\frac{1}{n}} = 1 \text{ かつ } x_i > 0 \iff \left(\frac{x_1 \cdot x_2 \cdot \cdots\cdots \cdot x_n}{a^n}\right) = 1 \text{ かつ } x_i > 0$$
だから，($*$)を次のようにいい換えることができる：
「$\frac{x_1 \cdot x_2 \cdot \cdots\cdots \cdot x_n}{a^n} = 1$ かつ $x_i > 0$ のとき，$\frac{x_1}{a} + \frac{x_2}{a} + \cdots\cdots + \frac{x_n}{a} \geq n$ ……($**$)
を証明せよ」
とすると，条件 $(x_1 \cdot x_2 \cdot \cdots\cdots \cdot x_n)^{\frac{1}{n}} = a$ からも n 乗根を消去することができる．
　さらに，($**$)において $\frac{x_i}{a} = y_i$ とおけば，

┌─────────────────────────────────────┐
│ $y_1 \cdot y_2 \cdot \cdots\cdots \cdot y_n = 1$, $y_i > 0$ のとき，$y_1 + y_2 + \cdots\cdots + y_n \geq n$ ……($***$)
│ を証明せよ．
└─────────────────────────────────────┘

となる．与不等式と($***$)は同値なので，扱いやすい方の不等式($***$)を証明すればよいことになる．
　そこで，この不等式($***$)を n に関する帰納法で以下に示そう．

[解答]　$y_1 \cdot y_2 \cdot \cdots\cdots \cdot y_n = 1$, $y_i > 0$ のとき，$y_1 + y_2 + \cdots\cdots + y_n \geq n$ ……($***$)
であることを示す．
　（i）$n=1$ のときは明らか．
　（ii）$n=k-1$ ($k \geq 2$) のとき，($***$)が成り立つと仮定する．
いま，$y_1 \cdot y_2 \cdot \cdots\cdots \cdot y_k = 1$, $y_i > 0$ なる $y_1, y_2, \cdots\cdots, y_k$ を考えるとき，これらの文字の順序を適当に並べ換えれば，$y_1 \geq 1$, $y_2 \leq 1$ とすることができる．このとき，

$(y_1-1)(y_2-1) \leq 0$

すなわち,

$y_1 \cdot y_2 + 1 \leq y_1 + y_2$

ゆえに,

$(y_1+y_2)+y_3+\cdots\cdots+y_{k-1}+y_k \geq (1+y_1 \cdot y_2)+y_3+\cdots\cdots+y_{k-1}+y_k$ ……①

帰納法の仮定により,

$(y_1 \cdot y_2)y_3\cdots\cdots y_k = 1$

ならば

$(y_1 \cdot y_2)+y_3+\cdots\cdots+y_k \geq k-1$ ……②

$((y_1 \cdot y_2)$ を1つの文字とみなすことにより, n(文字の個数) を $k-1$ とすることができるので, 帰納法の仮定を使うことができたことに注意せよ)

①,② により,

$y_1+y_2+y_3+\cdots\cdots+y_k \underset{\underset{①}{\uparrow}}{\geq} 1+(y_1 \cdot y_2)+y_3+\cdots+y_{k-1}+y_k \underset{\underset{②}{\uparrow}}{\geq} 1+(k-1)=k$

よって, $(***)$ はすべての正の整数 n に対して成り立つ.

[例題 3・1・4]

実数 a, b, c, d が条件
$$a^2+c^2=1, \quad b^2+d^2=1, \quad ad-bc=-1 \quad \cdots\cdots(*)$$
をみたす．次の値を求めよ．
(1) $b-c$ (2) $a+d$ (3) a^2+b^2 (4) c^2+d^2
(5) $ab+cd$ (6) $ac+bd$

発想法

a^2+c^2, b^2+d^2, $ad-bc$ の値が与えられているときに，他の式((1)～(6))の値を求める解法には，次の4種類がある．

「**解答1**」 数学Iの範囲内で式の変形により解く．

「**解答2**」 ベクトルを使って解く．
$$\vec{u}=(a, c), \quad \vec{v}=(d, -b)$$
とおく．このとき，条件(*)により，$\vec{u}$ と $\vec{v}$ は $180°$ の角度をなす2つの単位ベクトル(図1)であることがわかる(「**解答**」で証明する)．

この事実を利用する．

図1

「**解答3**」 $\begin{cases} a=\cos x \\ c=\sin x \end{cases} \begin{cases} b=\cos y \\ d=\sin y \end{cases}$

と置き換えて解く．

$$ad-bc=-1 \iff \sin y \cos x - \cos y \sin x = -1$$
$$\iff \sin(y-x)=-1=\sin\left(-\frac{\pi}{2}\right)$$
$$\iff y-x=-\frac{\pi}{2}+2n\pi \quad (n: 整数)$$
$$\iff x=y+\frac{\pi}{2}+2m\pi \quad (m=-n: 整数)$$

最後の式より，実際には $x=y+\frac{\pi}{2}$ $(m=0)$ としてさしつかえないことがわかる．

「**解答4**」 各値が"定まる"べきことから，なんでもいいから(*)をみたす実数 a, b, c, d を見つけてしまう．たとえば，条件をみたす実数 a, b, c, d の1組は，
$$a=b=c=\frac{1}{\sqrt{2}}, \quad d=-\frac{1}{\sqrt{2}}$$
このとき，
$$b-c=0, \quad a+d=0, \quad a^2+b^2=c^2+d^2=1, \quad ab+cd=ac+bd=0$$
と求められる．

実際には，上の解のうち，「**解答1**」か「**解答2**」を選ぶべきである．

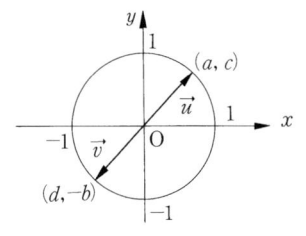

§1 同値な問題へのすり換えや他分野の概念への移行を図れ   113

解答 1 $\begin{cases} a^2+c^2=1 & \cdots\cdots① \\ b^2+d^2=1 & \cdots\cdots② \\ ad-bc=-1 & \cdots\cdots③ \end{cases}$

とする.

(1) 値を求める式が, b と c のみを含んでいることから, ①〜③ から b と c のみを含む関係式をつくることを考える.

③より, $bc-1=ad$

∴ $(bc-1)^2=a^2d^2=(1-c^2)(1-b^2)$ (∵ ①, ②)

上式を整理して

$(b-c)^2=0$ ∴ $\boldsymbol{b-c=0}$ ……(答)

(2) (1)と同様に考える.

③より, $ad+1=bc$

∴ $(ad+1)^2=b^2c^2=(1-d^2)(1-a^2)$

上式を整理して

$(a+d)^2=0$ ∴ $\boldsymbol{a+d=0}$ ……(答)

(3), (4) (1)より $b^2=c^2$ だから,

$\left.\begin{array}{l} \boldsymbol{a^2+b^2}=a^2+c^2=\boldsymbol{1} \\ \boldsymbol{c^2+d^2}=b^2+d^2=\boldsymbol{1} \end{array}\right\}$ ……(答)

(5), (6) (1)より $b=c$, (2)より $a=-d$ だから,

$\left.\begin{array}{l} \boldsymbol{ab+cd}=(-d)c+cd=\boldsymbol{0} \\ \boldsymbol{ac+bd}=(-d)c+cd=\boldsymbol{0} \end{array}\right\}$ ……(答)

解答 2 $\vec{u}=(a,\ c),\ \vec{v}=(d,\ -b)$ とすると, 仮定で与えられた条件より,

$|\vec{u}|=1,\ |\vec{v}|=1$

$\vec{u}$ と $\vec{v}$ のなす角を θ とすると,

$\cos\theta=\dfrac{\vec{u}\cdot\vec{v}}{|\vec{u}|\cdot|\vec{v}|}$

$\qquad =\vec{u}\cdot\vec{v}$

$\qquad =ad-bc=-1$

よって, $\theta=\pi$ を得る.

したがって, $\vec{u}$ と $\vec{v}$ の位置関係は, 図2のようになっている. これより,

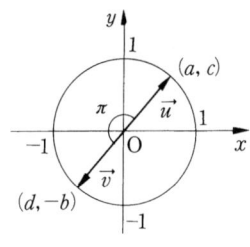

$\begin{cases} d=-a \\ -b=-c \end{cases}$ ∴ $\begin{cases} a=-d \\ c=b \end{cases}$ ……(☆)

図2

(1) (☆)より, $\boldsymbol{b-c=0}$ ……(答)

(2) (☆)より, $\boldsymbol{a+d=0}$ ……(答)

(3) $a^2+b^2=a^2+c^2=1$ ……(答)
(4) $c^2+d^2=b^2+d^2=1$ ……(答)
(5) $ab+cd=-db+bd=0$ $(\because\ c=b,\ a=-d)$ ……(答)
(6) $ac+bd=-db+bd=0$ $(\because\ c=b,\ a=-d)$ ……(答)

【解答】3 $\begin{cases} a=\cos x \\ c=\sin x \end{cases}$, $\begin{cases} b=\cos y \\ d=\sin y \end{cases}$ とおくと,

「発想法」に示した考え方より, $x=y+\dfrac{\pi}{2}$

(1) $b-c=\cos y-\sin x=\cos y-\sin\left(y+\dfrac{\pi}{2}\right)=\cos y-\cos y=0$ ……(答)

(2) $a+d=\cos x+\sin y=\cos\left(y+\dfrac{\pi}{2}\right)+\sin y=-\sin y+\sin y=0$ ……(答)

(3) $a^2+b^2=\cos^2 x+\cos^2 y=\cos^2\left(y+\dfrac{\pi}{2}\right)+\cos^2 y=\sin^2 y+\cos^2 y=1$ ……(答)

(4) $c^2+d^2=\sin^2 x+\sin^2 y=\sin^2\left(y+\dfrac{\pi}{2}\right)+\sin^2 y=\cos^2 y+\sin^2 y=1$ ……(答)

(5) $ab+cd=\cos x\cos y+\sin x\sin y$
$=\cos(x-y)=\cos\left(y+\dfrac{\pi}{2}-y\right)=\cos\dfrac{\pi}{2}=0$ ……(答)

(6) $ac+bd=\cos x\sin x+\cos y\sin y$
$=\cos\left(y+\dfrac{\pi}{2}\right)\cdot\sin\left(y+\dfrac{\pi}{2}\right)+\cos y\cdot\sin y$
$=-\sin y\cdot\cos y+\cos y\cdot\sin y$
$=0$ ……(答)

【解答】4 略.

§1 同値な問題へのすり換えや他分野の概念への移行を図れ

──〈練習 3・1・4〉──
m, n を正の整数とし，$m > n$ とする．このとき $m!$ が $(m-n)!n!$ の倍数であることを証明せよ．

発想法

$m!$ が $(m-n)!n!$ の倍数であることを証明するためには，
$$m! = k(m-n)!n!$$
をみたす整数 k が存在することを示せばよい．

m や n といった整数の文字を含む問題に対する有力な解法として，数学的帰納法による証明が考えられるが，この問題の場合は簡単にはいかない．m, n が小さい値のときの例を試しても，規則性は簡単にはつかめない．そこで，何とかほかの分野の概念へ移行することを考えよう．$m!$ と $(m-n)!n!$ という形から，組合せ記号の定義

$$_mC_n = \frac{m!}{(m-n)!n!}$$

という公式があったことに気づけば，しめたものである．

本問は，

$$\boxed{(k = {}_mC_n =) \frac{m!}{(m-n)!n!} \text{ が整数であることを示せ．}}$$

という問題にすり換えることができる．

解答 $\dfrac{m!}{(m-n)!n!}$

が整数であることをいえばよい．

記号 $_mC_n$ は，m 個のものから相異なる n 個のものを選ぶ選び方の数であり，それは
$$\frac{m!}{(m-n)!n!} = {}_mC_n$$
$_mC_n$ の定義より，$_mC_n$ は必ず（正の）整数となる．

したがって，$m!$ は $(m-n)!n!$ の倍数である．

[例題 3・1・5]

だ円 $\dfrac{x^2}{4}+y^2=1$ と定点 A$(a, 0)$ $(0<a<2)$ がある．点 A を通る直線 l とこのだ円との交点を P，Q とし，線分 PQ の中点を M とする．

直線 l を動かすとき，点 M の描く曲線の方程式を求めよ．

発想法

軌跡の問題である．2次曲線（だ円）上の点をパラメータで表した後に，点 M の座標を表せば，計算のみで点 M の軌跡を求めることができる．そのとき，解と係数の関係を使うと少々，計算の手数を減らせる（「解答2」）．しかし，かなりの計算量となり計算ミスを犯すことなく正解にたどりつくことは大変だ．

そこで，だ円の特別な形，すなわち，円を利用することを考える．だ円 $\dfrac{x^2}{4}+y^2=1$ を y 軸方向に2倍し，円 $x^2+y^2=4$ に変換することは，$\begin{pmatrix} 1 & 0 \\ 0 & 2 \end{pmatrix}$ という1次変換 f を施すことと同値である．1次変換において，線分比は保存されるので，円に関して求めた点 M の軌跡に再び1次変換 f^{-1} を施せば，求める軌跡を得ることができる（「解答1」）．

解答 1

与えられただ円 $\dfrac{x^2}{4}+y^2=1$ を C とする．

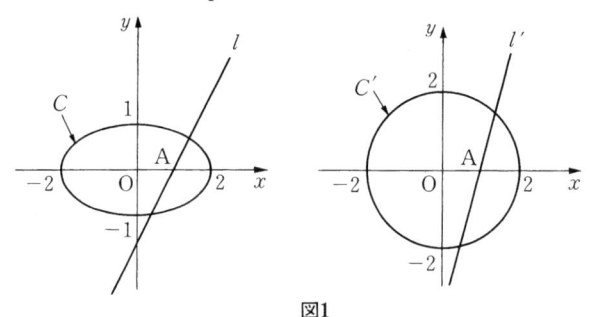

図1

だ円 C と直線 l を，ともに，y 軸方向に2倍に拡大する．このとき，だ円 C は原点 O を中心とする半径2の円（この円を C' とする）に，直線 l は点 A$(a, 0)$ を通る直線（この直線を l' とする）にうつされる（図1）．

点 P，Q，M がそれぞれ点 P′，Q′，M′ にうつされるとする．拡大（または縮小）変換を行っても，線分の比は不変なので，点 M′ は線分 P′Q′ の中点である．一般に，円の弦に円の中心から下ろした

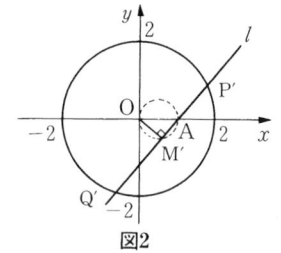

図2

垂線は，その弦を二等分する．
　ゆえに
　　　OM′⊥P′Q′
が成り立つ．したがって，点 M′ は線分 OA を直径とする円周上のすべての点を動く（図 2）．
　よって，点 M′ の軌跡は，
$$\left(x-\frac{a}{2}\right)^2+y^2=\frac{a^2}{4}$$
である．点 M′ の軌跡を y 軸方向に $\frac{1}{2}$ 倍した図形が点 M の軌跡であるから，求める点 M の軌跡は，
$$\left(x-\frac{a}{2}\right)^2+4y^2=\frac{a^2}{4} \quad \cdots\cdots(答)(図 3 参照)$$

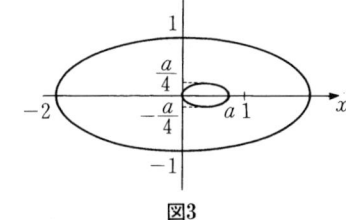

図3

解答 2　(i)　直線 l が y 軸に平行なとき
　　　$l: x=a$
とおくことができる．
　　だ円 $\frac{x^2}{4}+y^2=1$ は x 軸に関して対称なので，
　　　M(a, 0)
である．
(ii)　直線 l が y 軸に平行でないとき
　　　$l: y=m(x-a)$ 　　　　　　　　　　……①
とおくことができる．①とだ円の方程式を連立して y を消去すると，
　　　$x^2+4m^2(x-a)^2-4=0$
　　　　　$\iff (1+4m^2)x^2-8m^2ax+4m^2a^2-4=0$ 　……②
となる．
　　ここで，点 P，Q，M の座標をそれぞれ
　　　P(x_1, y_1)，　Q(x_2, y_2)，　M(X, Y)
とおく．x_1，x_2 は方程式②の 2 つの実数解であるから，解と係数の関係により，
$$x_1+x_2=\frac{8m^2a}{1+4m^2} \quad \cdots\cdots③$$
が成り立つ．
　　一方，点 M は点 P，Q の中点であり，また，直線①上の点だから，
$$X=\frac{x_1+x_2}{2}$$
$$Y=m(X-a)$$
が成り立つ．この式に③の値を代入すると，

$$X = \frac{4m^2 a}{1+4m^2}$$
$$Y = m(X-a) \qquad \cdots\cdots ④$$

となる．点 M の軌跡は ④ の 2 つの式からパラメータ m を消去することにより求めることができる．

$$④ \iff \begin{cases} m^2 = \dfrac{X}{4(a-X)} \\ m = \dfrac{Y}{(X-a)} \\ X \neq a \end{cases}$$

$$\iff \begin{cases} \dfrac{Y^2}{(X-a)^2} = \dfrac{X}{4(a-X)} \\ X \neq a \end{cases}$$

$$\iff \begin{cases} 4Y^2 = -X(X-a) \\ X \neq a \end{cases}$$

$$\iff \begin{cases} X^2 - aX + 4Y^2 = 0 \\ X \neq a \end{cases}$$

$$\iff \begin{cases} \left(X - \dfrac{a}{2}\right)^2 + 4Y^2 = \dfrac{a^2}{4} \\ X \neq a \end{cases}$$

$$\iff \dfrac{\left(X - \dfrac{a}{2}\right)^2}{\dfrac{a^2}{4}} + \dfrac{Y^2}{\dfrac{a^2}{16}} = 1, \quad X \neq a$$

ゆえに点 M は，点 $\left(\dfrac{a}{2}, 0\right)$ を中心とする長軸が a，短軸が $\dfrac{a}{2}$ のだ円上の，点 $(a, 0)$ を除く部分を描く．

以上 (i), (ii) より，点 M はだ円の周上すべてを動く．よって，点 M の描く曲線の方程式は，

$$\dfrac{\left(x - \dfrac{a}{2}\right)^2}{\dfrac{a^2}{4}} + \dfrac{y^2}{\dfrac{a^2}{16}} = 1 \qquad \cdots\cdots (答)$$

〈練習 3・1・5〉

だ円 $\dfrac{x^2}{a^2}+\dfrac{y^2}{b^2}=1$ 上の点 $P(x_1, y_1)$ における接線に平行な，原点 O を通る直線がだ円と交わる点を Q, R とする．このとき，△PQR の面積は点 P の位置にかかわらず一定であることを証明せよ． （大阪府大）

発想法

円を一定方向に拡大・縮小するとだ円になる．また，その逆も真である．この性質を用いることによって，"だ円と直線に関する問題"を"円と直線に関する問題"にすり換えてから解くべきである．

解答 図形全体を y 軸方向に $\dfrac{a}{b}$ 倍する．このとき，だ円は原点 O を中心とする半径 a の円に，点 P における接線とそれに平行な直線 QR は平行な 2 直線に変換される．この変換によって，点 P, Q, R はそれぞれ点 P′, Q′, R′ にうつされるとする（図1）．

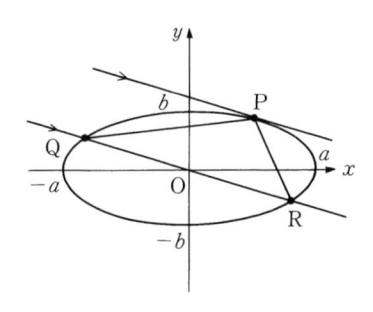

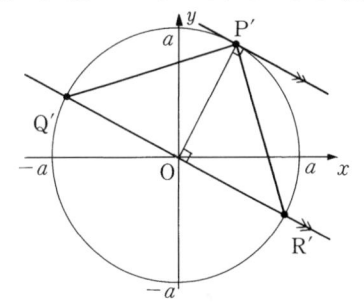

図1

この変換を施すとき，△PQR の面積と △P′Q′R′ の面積の間には，次の関係が成り立つ．

$$\triangle PQR = \dfrac{b}{a} \triangle P'Q'R'$$

したがって，△P′Q′R′ の面積が点 P′ の位置にかかわらず一定であることを示せばよい．一方，

$$\triangle P'Q'R' = \dfrac{1}{2} \times (底辺) \times (高さ)$$
$$= \dfrac{1}{2} \cdot 2a \cdot a = a^2 \quad (一定)$$

なので，それは明らかである．

[例題 3・1・6]

三角形の内部の1点をPとする。点Pは各辺を直径とする3つの円のうち，少なくとも2つに含まれていることを示せ。　　　　（阪大）

発想法

この問題には，次のような2つの方法が考えられる。まず1つは，"点Pが三角形の辺を直径とする円の内部に含まれる"という条件をうまく角度の概念に"すり換え"て解く方法，もう1つは，図を用いて解く方法である。

「**解答1**」　まず，一度に3つの円について考察するのは大変なので，1つの円について考察する。点Pが線分ABを直径とする円の内部に含まれる，ということはどういうことかを考えてみよう。これは，次のようにいい換えることができる（図1）。

　　"点PがABを直径とする円の内部に含まれる"
　　　$\iff$　$\angle APB > 90°$

この事実に目をつけると，問題文は次のような同値な問題にすり換えることができる。

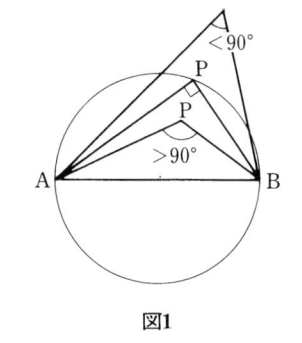

図1

> △ABCの内部の1点をPとする。このとき，$\angle APB$, $\angle BPC$, $\angle APC$ のうち，少なくとも2つは90°より大きくなることを示せ。　……(*)

「**解答2**」　まず，勝手に三角形ABCおよび各辺を直径とする円をかいてみて，題意が成り立つか否かを調べよう。

△ABCの内部で，2つの円が重なっている部分に斜線，3つの円が重なっている部分に網目を施こす。図2より，△ABCの内部の各点は，各辺を直径とする3つの円うち，少なくとも2つに含まれていることがわかる。図2に示す△ABCは鋭角三角形であるが，この事実がどんな三角形についても成り立つことを，鋭角三角形，直角三角形，鈍角三角形に場合分けして示せばよい。

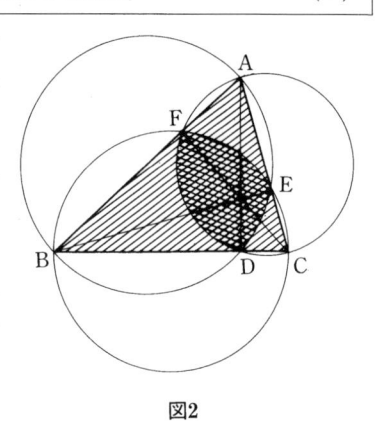

図2

解答 1　『"点PがABを直径とする円の内部に含まれる"
　　　　　　　　　　　　$\iff$ $\angle APB > 90°$』　……(☆)

であることに注意して(*)を示そう。証明は背理法による。

いま，$\angle APB$, $\angle BPC$, $\angle APC$ のうち90°より大きい角は1つ以下しかないと仮

定する．90°より大きい角がまったくないとすると，明らかに
　　$360° = \angle APB + \angle BPC + \angle APC \leqq 270°$
となり，矛盾する．
　90°より大きい角が1個であるとする．このとき，一般性を失うことなく，$90° < \angle APB < 180°$，$\angle BPC \leqq 90°$，$\angle APC \leqq 90°$ としてよい．よって，
　　$360° = \angle APB + \angle BPC + \angle APC$
　　　　　$< 180° + 90° + 90° = 360°$
となり，矛盾する．
　よって，$\angle APB$，$\angle BPC$，$\angle APC$ のうち 90°より大きい角は少なくとも2つ以上なければならない．すなわち，冒頭の注意（☆）により，点Pは各辺を直径とする3つの円のうち，少なくとも2つに含まれることがわかる．

[解答] 2　△ABCが鋭角三角形のとき，点A, B, Cから対辺へ下ろした垂線の足をそれぞれD, E, Fとする（図3）．

　このとき，直径に対する円周角は直角となるから，辺ABを直径とする円は点D, Eを通り，辺BCを直径とする円は点E, Fを通り，辺ACを直径とする円は点F, Dを通る．すなわち，図2の斜線部分は2つの円に含まれ，網目部分は3つの円に含まれる．よって，△ABCの内部の点Pは2つ以上の円に含まれる．

　△ABCが直角三角形および鈍角三角形のとき，∠Aを直角または鈍角としても一般性を失わない．

　このとき，△ABCは辺BCを直径とする円に含まれ，辺ABを直径とする円および辺ACを直径とする円は，ともに点A, Dを通るので，図4の斜線部分は2つの円に含まれ，網目部分は3つの円に含まれる．よって，△ABCの内部の点Pは2つ以上の円に含まれる．

　以上から，どのような三角形においても，その三角形の内部の点Pは各辺を直径とする3つの円のうち，少なくとも2つに含まれている．

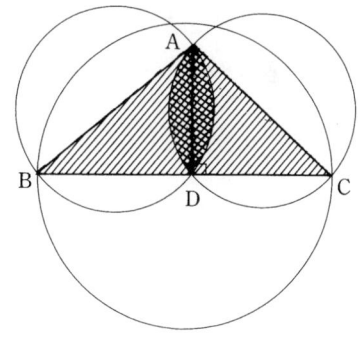

図3

図4

―――〈練習 3・1・6〉―――
△ABC で AB=x, BC=3, CA=4 とする.
(1) x の範囲を求めよ.
(2) △ABC が鈍角三角形となるような x の範囲を求めよ.

発想法

(1) は三角形の成立条件から求める.(2) は三角形の内角の大小と,内角に対する辺の長さの大小が一致することに注目し,角の概念を辺の長さの概念にすり換える.

解答 (1) x の変域は"3 辺の長さが 3, 4, x の三角形が実際に存在する"ための必要十分条件,すなわち,三角形の成立条件より求められる.

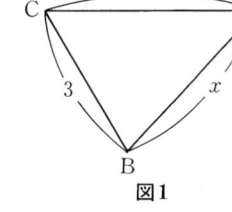

$$\left.\begin{array}{l}\text{CA}+\text{BC}>\text{AB}\\ \text{かつ}\\ \text{CA}+\text{AB}>\text{BC}\\ \text{かつ}\\ \text{AB}+\text{BC}>\text{CA}\end{array}\right\} \iff \left\{\begin{array}{l}4+3>x\\ \text{かつ}\\ 4+x>3\\ \text{かつ}\\ x+3>4\end{array}\right.$$

図1

これより, **1<x<7** ……(答)

(2) "△ABC が鈍角三角形である" $\iff$ "△ABC の内角のうち最大のものが 90° より大きい" ……(☆)

また,

"△XYZ の内角のうち∠X が最大" $\iff$ "∠X の対辺 YZ が △XYZ の 3 辺のうち最長である" ……(☆☆)

以上,(☆),(☆☆) および,(3=)BC<CA(=4) より BC が最長辺になることはないので,次の 2 つの場合に分けて考えればよい.

場合 1:AB が最長辺となるとき(すなわち, $x>4$ のとき)

(☆☆) より, "AB が最長辺" $\iff$ "∠C が最大"

これと (☆) より, "∠C>90°" ……①

△ABC に関する余弦定理により, $\cos C = \dfrac{3^2+4^2-x^2}{2\times 3\times 4} = \dfrac{25-x^2}{24}$ ……②

また,① および ∠C は三角形の内角であることより,90°<C<180° である.
よって, $\cos C < 0$ ……①′

①′ かつ ② より,

$\dfrac{25-x^2}{24}<0 \iff x<-5$ または $5<x$ ……③

③ かつ,(1) で得た x の変域より,$5<x<7$ ……④

場合2：CA が最長辺となるとき（すなわち，$x \leq 4$ のとき）

　　"CA が最長辺" $\iff$ "∠B が最大"

　　　$\cos B = \dfrac{x^2+3^2-4^2}{2\times 3\times x} < 0$ 　　　($\because$ 　$90°<B<180°$)

　　$\iff (x^2+9-16)\cdot(6x)<0$

　　$\iff \begin{cases} \llbracket x<0 \text{ かつ } "x<-\sqrt{7} \text{ または } \sqrt{7}<x" \rrbracket \\ \llbracket x>0 \text{ かつ } -\sqrt{7}<x<\sqrt{7} \rrbracket \end{cases}$

　　$\iff x<-\sqrt{7}$ または $0<x<\sqrt{7}$

これと (1) で得た x の変域より　　$1<x<\sqrt{7}$　……⑤

④ または ⑤ が求める x の範囲である．

よって，　**$1<x<\sqrt{7}$　または　$5<x<7$**　　　……(答)

[例題 3・1・7]

△ABC が与えられている．P を △ABC の内部の点とし，D, E, F をそれぞれ点 P から辺 BC, CA, AB に下ろした垂線の足とする．このとき，

$$w = \frac{BC}{PD} + \frac{CA}{PE} + \frac{AB}{PF}$$

を最小にする点 P の位置を決定せよ．

発想法

簡単のため，辺 BC, CA, AB の長さをそれぞれ a, b, c とし，辺 PD, PE, PF の長さをそれぞれ p, q, r とする (図1)．これらの記号を用いると，w は

$$w = \frac{a}{p} + \frac{b}{q} + \frac{c}{r}$$

と書ける．w を最小にする点 P の位置を求めればよい．

w の式は，3つの定数 (a, b, c) と3つの変数 (p, q, r) を含んでいる．しかし，6つの数 a, b, c, p, q, r は，おのおのが勝手な値をとれる数ではない．まず，6つの数 a, b, c, p, q, r の間に成り立つ関係式を求めよう．

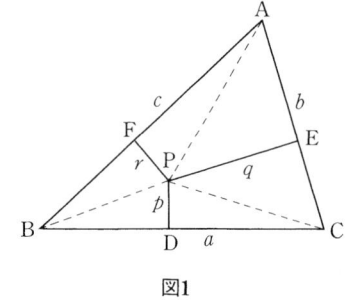

図1

本問では，△ABC は与えられており，その面積は一定である．また，△ABC は点 P を頂点とする3つの三角形に分割される．この事実に注目すると，

$$S \equiv (\triangle ABC \text{の面積}) = (\triangle BCP \text{の面積}) + (\triangle CAP \text{の面積}) + (\triangle ABP \text{の面積})$$

$$= \frac{1}{2}ap + \frac{1}{2}bq + \frac{1}{2}cr$$

$$= \frac{ap + bq + cr}{2} \quad (\text{一定}) \quad \cdots\cdots (*)$$

よって，$ap + bq + cr$ は，点 P の位置にかかわらず一定である．

次に，w の最小値を $(*)$ のもとに示すことを考える．多変数関数を扱うときは，原則として，条件式を用いて文字を消去し，1変数に帰着させる方法をとる．しかし，本問の場合，3変数関数 w に対し条件式が1本しかないので，1変数関数の最小値問題に帰着させることはできない．

このようなときは，まず，絶対不等式 (相加平均・相乗平均の関係やコーシー・シュワルツの不等式) の利用の可能性を調べてみるとよい．実際，w と $(*)$ の積 $2Sw$ に対して相加平均・相乗平均の関係を用いることにより，以下のように容易にその最小値や最小にする点 P の位置を示すことができる．

§1 同値な問題へのすり換えや他分野の概念への移行を図れ

すなわち，$w = \dfrac{a}{p} + \dfrac{b}{q} + \dfrac{c}{r}$ を最小にする点 P の位置を決定する代わりに

$$2Sw = (ap+bq+cr)\left(\dfrac{a}{p} + \dfrac{b}{q} + \dfrac{c}{r}\right)$$
を最小にする点 P の位置を求めよ．……(＊＊)

という問題にすり換えるのである．

$S = \dfrac{ap+bq+cr}{2}$ が定数であることから w の最小値を与える点 P と $2Sw$ の最小値を与える点 P は一致する．このようにして，本問はそれと同値な問題 (＊＊) にいい換えられる．

[解答] $(ap+bq+cr)\left(\dfrac{a}{p} + \dfrac{b}{q} + \dfrac{c}{r}\right)$

$= a^2 + b^2 + c^2 + ab\left(\dfrac{p}{q} + \dfrac{q}{p}\right) + bc\left(\dfrac{q}{r} + \dfrac{r}{q}\right) + ac\left(\dfrac{p}{r} + \dfrac{r}{p}\right)$ ……①

$p,\ q,\ r > 0$ より，$\dfrac{p}{q},\ \dfrac{q}{r},\ \cdots\cdots$ は正の数なので，相加平均・相乗平均の関係が使えて，

$\dfrac{p}{q} + \dfrac{q}{p} \geq 2\sqrt{\dfrac{p}{q} \cdot \dfrac{q}{p}} = 2,\quad \dfrac{q}{r} + \dfrac{r}{q} \geq 2,\quad \dfrac{p}{r} + \dfrac{r}{p} \geq 2$ ……②

等号が成り立つのは

$\dfrac{p}{q} = \dfrac{q}{p}$ かつ $\dfrac{q}{r} = \dfrac{r}{q}$ かつ $\dfrac{p}{r} = \dfrac{r}{p}$ $\iff p = q = r$

のときである．

②を①に代入して，

①$\geq a^2 + b^2 + c^2 + 2ab + 2bc + 2ca$

$= (a+b+c)^2$ （定数）

最終項が定数なので，$(ap+bq+cr)\left(\dfrac{a}{p} + \dfrac{b}{q} + \dfrac{c}{r}\right)$ は，相加平均・相乗平均の関係において等号が成り立つとき，すなわち，$p = q = r$ のとき最小値 $(a+b+c)^2$ をとる．これより，$\dfrac{a}{p} + \dfrac{b}{q} + \dfrac{c}{r}$ が最小となる点 P の位置は

　　△ABC の内心　　……(答)

┌─ ⟨練習 3・1・7⟩ ─────────────────────────────┐
│ 4次方程式　$x^4+x^3+x^2+x+1=0$　の解をすべて求めよ．│
└─────────────────────────────────────┘

発想法

　このままの形では因数分解も簡単にはできそうもないし，また，4次方程式の解の公式も知らないので解を求めることはできない．そこで，両辺を x^2 で割り $x+\dfrac{1}{x}=y$ とおき，y に関する2次方程式に帰着させる．その後，この2次方程式の解 y を解の公式を利用して求めてから，x を決定すればよい．

解答　明らかに $x=0$ は解ではないので，この方程式の両辺を x^2 で割り，$y=x+\dfrac{1}{x}$ とおく．すなわち，

$$x^2+\frac{1}{x^2}+x+\frac{1}{x}+1=0$$

$$\left(x^2+2+\frac{1}{x^2}\right)+\left(x+\frac{1}{x}\right)+(1-2)=0$$

$$\left(x+\frac{1}{x}\right)^2+\left(x+\frac{1}{x}\right)-1=0$$

$$y^2+y-1=0 \quad \cdots\cdots(*)$$

2次方程式の解の公式を用いて，(*)の2解は，$y_1=\dfrac{-1+\sqrt{5}}{2},\ y_2=\dfrac{-1-\sqrt{5}}{2}$ である．

　次の2つの方程式を解けば，x が決定する．

$$x+\frac{1}{x}=y_1, \quad x+\frac{1}{x}=y_2$$

これらの方程式はそれぞれ次の方程式と同値である．

$$x^2-y_1 x+1=0, \quad x^2-y_2 x+1=0$$

これらを解いて，次の4つの解を得る．

$$\left.\begin{array}{l} x_1=\dfrac{-1+\sqrt{5}}{4}+i\dfrac{\sqrt{10+2\sqrt{5}}}{4} \\[4pt] x_2=\dfrac{-1+\sqrt{5}}{4}-i\dfrac{\sqrt{10+2\sqrt{5}}}{4} \\[4pt] x_3=\dfrac{-1-\sqrt{5}}{4}+i\dfrac{\sqrt{10-2\sqrt{5}}}{4} \\[4pt] x_4=\dfrac{-1-\sqrt{5}}{4}-i\dfrac{\sqrt{10-2\sqrt{5}}}{4} \end{array}\right\} \quad \cdots\cdots(答)$$

§2　三段論法を活用せよ

　私たちが普段何げなく使っている道具は，どれをとってもびっくりするほどの英知が集結されている．はさみでも，クリップでも，カン切りでも，やかんでも，みんなすばらしい創意工夫が込められている．

　この節では，日常生活における"ジョウゴ"の意義や価値と相通ずる効果をもつ数学の考え方を解説する．

　ところで，諸君は"ジョウゴ"が何をするための道具かを御存知だろうか．"ジョウゴ"とは，口の小さい容器に液体を入れるときに使う道具で，その形は，円すい状で，その先端が筒口になっているラッパみたいなものである（図A）．きっと諸君も，一升ビンからとっくりに酒を注ぐときに，ジョウゴを使ったことがあるに違いない．ジョウゴを用いなければ，とっくりの小さな口に酒を1滴もこぼさずに注ぐのは至難の技である．しかし，ジョウゴを使えば，とっくりの口の近傍に注ぐだけで，酒は自然ととっくりの中に吸い込まれていく．

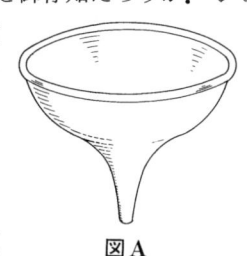

図A

　「$A \rightarrow B$」という命題を証明することを考えよう．いうまでもなく，仮定Aから出発して結論Bに容易にたどりつけるときには，何のくふうも必要としないので，そうでないときを想定しよう．CからBに行くルートを見出すことが簡単ならば，AからBに直接行くルートを困難の中に探し出す代わりに，AからCに行ければ，Cを中継して，結果的にはAからBにたどりつける（いわゆる三段論法）のである．たったこれだけのあたりまえのことなのだが，この考え方に習熟している人は意外と少ない．なぜかというと，人は問題を解くとき，目的地の方向のみを見つめ，ひたすら直進しようとする習性が少なからずあり，ちょっと余裕をもって，四方八方を見回し，より容易なルートを発見しようという努力をしないからである．だから，自分が進もうと思っている道行きに困難な山々がそびえ立つとき，少し遠回りしそうでも，結果的には早く，かつ楽な方法を探索すべきなのである．昔の人はこの考えを，"急がば回れ"という諺で表現したのである．

　さらに，もう一言つけ加えるのならば，前面にそびえる山に向かってとりうるべき方位をいかに探しだすか，という方法は，"目的地を起点として考え，そこに至るにはどこにたどりつけばよいのか"についてを考えるという，**第4章§2**に示す考え方（逆戻り論法）を用いることが多い．

[例題 3・2・1]

a, b, c, d は $c^2+d^2=(a^2+b^2)^3$ をみたす正の数である．不等式

$$\frac{a^3}{c}+\frac{b^3}{d} \geq 1$$

が成り立つことを示し，かつ，等号が成り立つのは $ad=bc$ のとき，また，そのときに限ることを示せ．

発想法

与えられた不等式は4つも文字を含むので，その証明はやさしくない．条件

$$c^2+d^2=(a^2+b^2)^3 \quad \cdots\cdots(*)$$

をうまく利用する方法を考えなければならない．また条件式の中の c^2+d^2, a^2+b^2 という〝かたまり〟をできる限りくずさないように処理していきたい．そのためには，2乗の和の形をした〝かたまり〟が現れる不等式「コーシー・シュワルツの不等式」(注1)を用いることを思いつかなければならない．

コーシー・シュワルツの不等式を，なす角が θ の2つの平面ベクトル $\vec{x}=(p, q)$, $\vec{y}=(r, s)$ の内積を用いて表現すると次のようになる．

$$\vec{x}\cdot\vec{y}=pr+qs=|\vec{x}|\cdot|\vec{y}|\cos\theta \leq \underline{|\vec{x}|\cdot|\vec{y}|}$$

～～～ 部分より，

$$pr+qs \leq \sqrt{p^2+q^2}\cdot\sqrt{r^2+s^2} \quad \text{(等号成立は } ps=qr \text{ のとき)}$$

解答

コーシー・シュワルツの不等式より，

$$ac+bd \leq \sqrt{a^2+b^2}\sqrt{c^2+d^2} \quad \text{(等号は } ad=bc \text{ のときのみ成立)}$$
$$= \sqrt{a^2+b^2}\sqrt{(a^2+b^2)^3} \quad (\because \ (*) \text{より})$$
$$= (a^2+b^2)^2$$

$$\therefore \quad \frac{(a^2+b^2)^2}{ac+bd} \geq 1 \qquad \cdots\cdots①$$

よって，①を考慮すれば

$$\frac{a^3}{c}+\frac{b^3}{d} \geq \frac{(a^2+b^2)^2}{ac+bd}(\geq 1) \qquad \cdots\cdots(☆)$$

を示せば十分である．そこで，以下に不等式(☆)が成り立つことを示そう．

$$\frac{a^3}{c}+\frac{b^3}{d} \geq \frac{(a^2+b^2)^2}{ac+bd}$$

$$\iff \left(\frac{a^3}{c}+\frac{b^3}{d}\right)(ac+bd) \geq (a^2+b^2)^2 \quad \cdots\cdots②$$

ここで，

$$(p, q)=\left(\sqrt{\frac{a^3}{c}}, \sqrt{\frac{b^3}{d}}\right)$$

$$(r, s)=(\sqrt{ac}, \sqrt{bd})$$

とおく．

② $\iff (p^2+q^2)(r^2+s^2) \geqq (pr+qs)^2$

となり，これはコーシー・シュワルツの不等式にほかならないから，②は成り立つ．

したがって，不等式(☆)も成り立つ．

不等式(☆)，すなわち，②の等号の成立条件は，

$$ps = qr \iff \frac{a^3 bd}{c} = \frac{ab^3 c}{d}$$

$$\iff ad = bc$$

これは，不等式①の等号成立条件に一致している（注2）．

以上より，与式はつねに成り立ち，等号成立は $ad = bc$ に限ることが示された．

(注1) コーシー・シュワルツの不等式の一般形

「$(x_1 y_1 + x_2 y_2 + \cdots + x_n y_n)^2 \leqq (x_1^2 + x_2^2 + \cdots + x_n^2)(y_1^2 + y_2^2 + \cdots + y_n^2)$

等号成立は $\dfrac{y_1}{x_1} = \dfrac{y_2}{x_2} = \cdots = \dfrac{y_n}{x_n}$ （ただし分母が 0 なら分子も 0 と定める）」

本問では，$n=2$ のときのコーシー・シュワルツの不等式を 2 回用いた．

(注2) この証明の前半では，

$A : \dfrac{(a^2+b^2)^2}{ac+bd} \geqq 1$ （等号は $ad = bc$ のときのみ）

が成り立つことを示し，後半では

$B : \dfrac{a^3}{c} + \dfrac{b^3}{d} \geqq \dfrac{(a^2+b^2)^2}{ac+bd}$ （等号は $ad = bc$ のときのみ）

が成り立つことを示した．よって，A, B の事実より推移律を用いて

$$\frac{a^3}{c} + \frac{b^3}{d} \underset{B}{\geqq} \frac{(a^2+b^2)^2}{ac+bd} \underset{A}{\geqq} 1$$

よって，$\dfrac{a^3}{c} + \dfrac{b^3}{d} \geqq 1$

┌─〈練習 3・2・1〉─────────────────
│ $a,\ b,\ c>0$ のとき,
│ $\quad a\cos^2\theta+b\sin^2\theta<c$ ならば $\sqrt{a}\cos^2\theta+\sqrt{b}\sin^2\theta<\sqrt{c}$
│ が成り立つことを示せ.
└──────────────────────────────

発想法

仮定から直接,結論を導き出そうとすると難しい.しかし,仮定の不等式の両辺のルートをとって
$$\sqrt{a\cos^2\theta+b\sin^2\theta}<\sqrt{c} \quad\cdots\cdots(*)$$
が成り立つので,この不等式 $(*)$ を手がかりにして解くことを考えよう.すなわち,
$$A:\sqrt{a}\cos^2\theta+\sqrt{b}\sin^2\theta<\sqrt{a\cos^2\theta+b\sin^2\theta}\quad\cdots\cdots(**)$$
が示せれば,$(*)$ と $(**)$ より
$$B:\sqrt{a}\cos^2\theta+\sqrt{b}\sin^2\theta<\sqrt{c}$$
となり,題意が示せることがわかる.

つまり,与えられた条件の下で不等式 A,B の関係は,
$$\boxed{\text{不等式 }A\text{ が成り立つ}}\iff\boxed{\text{不等式 }B\text{ が成り立つ}}$$
であり,証明すべき不等式 B が成り立つための十分条件であるところの不等式 A が成り立つことを示すことにより,不等式 B の成立を証明するのである.

$(**)$ を示すには,次の3通りの方法が考えられる.
「解答1」 コーシー・シュワルツの不等式を用いる.
「解答2」 相加平均・相乗平均の関係を用いる.ただし,この証明は相加平均・相乗平均の関係を変形して,
$$2\sqrt{a}\sqrt{b}\le a+b$$
として用いるので,少々気がつきにくい.
「解答3」 $y=\sqrt{x}$ のグラフを用いて,幾何学的に解決する.
それでは,おのおのの解法を以下に示そう.

解答 1 コーシー・シュワルツの不等式より,
$$\sqrt{a}\cos^2\theta+\sqrt{b}\sin^2\theta=(\sqrt{a}\cos\theta)\cos\theta+(\sqrt{b}\sin\theta)\sin\theta$$
$$\le\sqrt{(\sqrt{a}\cos\theta)^2+(\sqrt{b}\sin\theta)^2}\cdot\sqrt{\cos^2\theta+\sin^2\theta}$$
$$=\sqrt{a\cos^2\theta+b\sin^2\theta}$$
$$<\sqrt{c}\quad(\because\ (*))$$

解答 2 $a>0$,$b>0$ より相加平均・相乗平均の関係
$$\frac{a+b}{2}\ge\sqrt{ab}\iff 2\sqrt{a}\sqrt{b}\le a+b \quad\cdots\cdots(\star)$$
が成り立つ.

§2 三段論法を活用せよ　131

$$(\sqrt{a}\cos^2\theta+\sqrt{b}\sin^2\theta)^2 = a\cos^4\theta+2\underline{\sqrt{a}\sqrt{b}}\cos^2\theta\sin^2\theta+b\sin^4\theta$$
$$\leq a\cos^4\theta+\underline{(a+b)}\cos^2\theta\sin^2\theta+b\sin^4\theta$$
$$(\because\ (\text{☆})\ \text{かつ}\ \cos^2\theta\sin^2\theta\geq 0)$$
$$=(a\cos^2\theta+b\sin^2\theta)(\cos^2\theta+\sin^2\theta)$$
$$< c\ \ (\because\ (*))$$

解答 3　$y=\sqrt{x}$　のグラフを利用する．

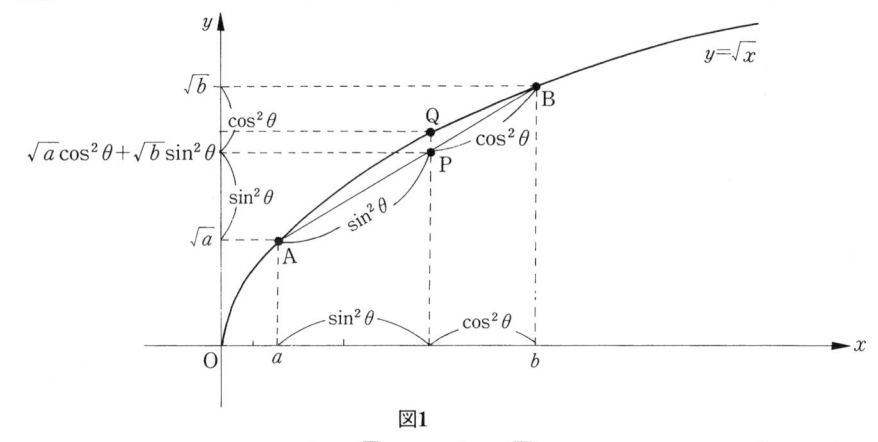

図1

曲線上の 2 点 A, B を点 $A(a,\sqrt{a})$, 点 $B(b,\sqrt{b})$ とする．弦 AB を $\sin^2\theta:\cos^2\theta$ に内分する点 P の座標は，

$$P(a\cos^2\theta+b\sin^2\theta,\ \sqrt{a}\cos^2\theta+\sqrt{b}\sin^2\theta)\ \cdots\cdots\text{①}$$

である．

また　$x=a\cos^2\theta+b\sin^2\theta$　なる　$y=\sqrt{x}$　上の点 Q の座標は，

$$Q(a\cos^2\theta+b\sin^2\theta,\ \sqrt{a\cos^2\theta+b\sin^2\theta})\ \cdots\cdots\text{②}$$

と表せる．

ここで $y=\sqrt{x}$ は上に凸な関数だから，弧 AB がつねに弦 AB の上方に存在する．すなわち，弦 AB 上の点 P と，弧 AB 上の点 Q の x 座標が同じであれば，

(P の y 座標) $\leq$ (Q の y 座標)

となる．

この事実と ①, ② を用いて，

$$\sqrt{a}\cos^2\theta+\sqrt{b}\sin^2\theta \leq \sqrt{a\cos^2\theta+b\sin^2\theta}$$

がいえる．

仮定より　$\sqrt{a\cos^2\theta+b\sin^2\theta}<\sqrt{c}$　だから

$$\sqrt{a}\cos^2\theta+\sqrt{b}\sin^2\theta<\sqrt{c}$$

[例題 3・2・2]

正の数 a, b, c, d に対して，次の不等式が成り立つことを証明せよ．
$$\frac{a^3+b^3+c^3}{a+b+c}+\frac{b^3+c^3+d^3}{b+c+d}+\frac{c^3+d^3+a^3}{c+d+a}+\frac{d^3+a^3+b^3}{d+a+b}\geq a^2+b^2+c^2+d^2$$

発想法

何のくふうもせずに，単に左辺を通分して右辺と比べようとすれば，莫大な時間を要する．この不等式をよく観察すると，両辺とも a, b, c, d の対称式になっており，さらに左辺は $\dfrac{x^3+y^3+z^3}{x+y+z}$ という形の4つの"かたまり"に分けられている．この2点に注目しよう．

この問題の対称性より，任意の正の数 x, y, z に対して，
$$\frac{x^3+y^3+z^3}{x+y+z}\geq\frac{x^2+y^2+z^2}{3}\quad\cdots\cdots(*)$$
が成り立つことを示せば十分であるということがわかる．というのは，もしこの不等式が示せたとすると，
$$(左辺)\geq\frac{a^2+b^2+c^2}{3}+\frac{b^2+c^2+d^2}{3}+\frac{c^2+d^2+a^2}{3}+\frac{d^2+a^2+b^2}{3}$$
$$=a^2+b^2+c^2+d^2$$
となるからである．

そこで，$(*)$の不等式が成り立つことを証明しよう．ここで，$x+y+z=1$ と仮定しても一般性を失わない．なぜなら，$x+y+z=k$ $(k\neq 1)$ のときは，$(*)$の両辺を $(x+y+z)^2$ で割ると，
$$\frac{x^3+y^3+z^3}{(x+y+z)^3}\geq\frac{x^2+y^2+z^2}{3(x+y+z)^2}$$
$$\therefore\quad\left(\frac{x}{x+y+z}\right)^3+\left(\frac{y}{x+y+z}\right)^3+\left(\frac{z}{x+y+z}\right)^3$$
$$\geq\frac{1}{3}\left\{\left(\frac{x}{x+y+z}\right)^2+\left(\frac{y}{x+y+z}\right)^2+\left(\frac{z}{x+y+z}\right)^2\right\}$$

さらに，$\dfrac{x}{x+y+z}=X$, $\dfrac{y}{x+y+z}=Y$, $\dfrac{z}{x+y+z}=Z$ と置き換えることにより，
$$X^3+Y^3+Z^3\geq\frac{X^2+Y^2+Z^2}{3}$$
であり，
$$X+Y+Z=\frac{x+y+z}{x+y+z}=\frac{k}{k}=1$$
となるからである．

かくして，もとの問題を修正し，より簡単な次の問題を解くことに帰着される．

> $x+y+z=1$ であるような与えられた正の数 x, y, z に対して,
> $$x^3+y^3+z^3 \geq \frac{x^2+y^2+z^2}{3}$$
> が成立することを証明せよ.

解答 $x+y+z=1$ かつ x, y, $z>0$ の条件のもとで,
$$x^3+y^3+z^3 \geq \frac{x^2+y^2+z^2}{3} \quad \cdots\cdots ①$$
を示したいが,それには条件 $x+y+z=1$ を変形して $z=1-x-y$ とし,これを②に代入して不等式を示す方法と,コーシー・シュワルツの不等式を用いる方法の 2 通りが考えられる.前者はたんに計算上の問題で解決できるので,ここではコーシー・シュワルツの不等式を用いる方法を考えてみよう.このとき,コーシー・シュワルツの不等式を 2 回用いることにより,以下のようにして示すことができる.

コーシー・シュワルツの不等式
$$(x_1^2+x_2^2+x_3^2)(y_1^2+y_2^2+y_3^2) \geq (x_1y_1+x_2y_2+x_3y_3)^2$$
において,x, y, $z>0$ より
$$x_1=x^{\frac{3}{2}},\ y_1=x^{\frac{1}{2}};\ x_2=y^{\frac{3}{2}},\ y_2=y^{\frac{1}{2}};\ x_3=z^{\frac{3}{2}},\ y_3=z^{\frac{1}{2}}$$
とおけば,
$$(x^3+y^3+z^3)(x+y+z) \geq (x^2+y^2+z^2)^2$$
$x+y+z=1$ より,
$$x^3+y^3+z^3 \geq (x^2+y^2+z^2)^2 \quad \cdots\cdots ②$$
(等号は,$x=y=z$ のとき成立)

さらに,コーシー・シュワルツの不等式において,
$$x_1=x,\ x_2=y,\ x_3=z;\ y_1=y_2=y_3=1$$
とおけば,
$$(x^2+y^2+z^2)(1^2+1^2+1^2) \geq (x\cdot 1+y\cdot 1+z\cdot 1)^2$$
より,
$$x^2+y^2+z^2 \geq \frac{1}{3} \quad \cdots\cdots ③$$
(等号は,$x=y=z$ のとき成立)

であるから,②,③ より
$$\begin{aligned}
x^3+y^3+z^3 &\geq (x^2+y^2+z^2)^2 \\
&= (x^2+y^2+z^2)(x^2+y^2+z^2) \\
&\geq \frac{x^2+y^2+z^2}{3} \quad (\text{一方の因子に ③ を適用})
\end{aligned}$$
ただし,等号は $x=y=z$ のときに成立する.

〈練習 3・2・2〉

次の方程式をみたすような正の整数 x, y, z が存在しないことを示せ.
$$x^2+y^2+z^2=2xyz$$

発想法

与えられた等式をみたす正の整数 x, y, z が存在したとして矛盾を導びこう. すなわち, x, y, z を $x^2+y^2+z^2=2xyz$ をみたす正の整数とする. 右辺が偶数だから左辺 $(x^2+y^2+z^2)$ は偶数であるので, x^2, y^2, z^2 は「3 つとも偶数」であるか,「2 つが奇数で 1 つが偶数である」かのいずれかである. すなわち, x, y, z の 3 つとも偶数であるか, 2 つが奇数で 1 つが偶数であるかのいずれかである.

x, y, z がすべて偶数だとすると, $x=2x_1$, $y=2y_1$, $z=2z_1$ となるような正の整数 x_1, y_1, z_1 が存在する. このことから, 与式は,
$$(2x_1)^2+(2y_1)^2+(2z_1)^2=2(2x_1)(2y_1)(2z_1)$$
すなわち,
$$2^2x_1^2+2^2y_1^2+2^2z_1^2=2^4x_1y_1z_1$$
となり, したがって x_1, y_1, z_1 は,
$$x_1^2+y_1^2+z_1^2=2^2x_1y_1z_1$$
をみたす. 再びこの式から, もし x_1, y_1, z_1 がすべて偶数ならば, 上と同じ議論により, $x_2^2+y_2^2+z_2^2=2^3x_2y_2z_2$ をみたす正の整数 x_2, y_2, z_2 が存在することになる.

この操作を続けていけば, x, y, z はそれぞれ小さくなっていくが, いくらでも小さくなるというわけではない.「x, y, z がともに偶数である」うちだけ 2 で割っていくのだから, 最終的にはいずれかが 1 となって操作はストップする. 一般には, どれかが奇数 (それが必ずしも 1 とは限らない) になったらストップするのである. その段階で方程式は
$$a^2+b^2+c^2=2^n abc \quad (n \geqq 1)$$
という形の方程式に到達し, a, b, c のうち 2 つが奇数で他の 1 つが偶数となる.

また, 最初の段階で, 2 つが奇数で 1 つが偶数というときには, その段階ですでにこの状態に到達している, ということになる (すなわち, $n=1$ の場合である.).

このようにして, 問題は次の制御しやすい修正問題に帰着する.

> $x^2+y^2+z^2=2^n xyz$ ……(☆) をみたす正の整数 x, y, z, n で, x, y が奇数で z が偶数であるものが存在しないことを示せ.

なお, この修正された問題では, "一般性を失うことなく"
「x, y が奇数で z が偶数であるもの」
としている. x, z が奇数で y が偶数としたからといって, 対称性より本質的なところ

は何も変わらない．

さて，修正された問題の証明は背理法を用いれば次のように簡単である．

解答 $x=2k-1$, $y=2l-1$, $z=2m$ （ただし，k, l, m は正の整数）とおく．

$$((☆)の左辺)=4(k^2-k+l^2-l+m^2)+2$$
$$=(4の倍数)+2$$
$$((☆)の右辺)=2^n(2k-1)(2l-1)2m$$
$$=2^{n+1}(2k-1)(2l-1)m$$

$n≧1$ より $n+1≧2$ だから，(☆) の左辺は 4 の倍数でなく，(☆) の右辺は 4 の倍数である．

したがって，矛盾が導けた．

[例題 3・2・3]

原点 O を中心とする半径 a の円に，この円の外部にある点 P から 2 つの接線をひき，その接点を A, B とする．また，点 P からこの円と 2 点で交わるように直線をひき，円との交点を Q, R, 直線 AB との交点を S とする．3 つの線分 PQ, PR, PS の長さをそれぞれ r_1, r_2, r とするとき，次の等式が成り立つことを証明せよ．

$$\frac{1}{r_1}+\frac{1}{r_2}=\frac{2}{r}$$

発想法

点 $P(x, y)$ とおいて，r_1, r_2, r の長さを x, y を用いて表して与式を示すのは大変である．いま，示すべき等式

$$\frac{1}{r_1}+\frac{1}{r_2}=\frac{2}{r} \quad \cdots\cdots(*)$$

に出てくる長さ r_1, r_2, もしくは r に関する情報が何か得られないかを考えてみよ．

方べきの定理： $PQ \cdot PR = PA^2 (= PB^2)$
$\iff r_1 \cdot r_2 = PA^2$

図1

を思い出せばしめたものである．そこで，(*) の両辺に PA^2 を乗じてみよう (そうすれば，(*) の左辺が少しは扱いやすそうな形になる)．すると，

$$(*) \iff r_1 \cdot r_2 \left(\frac{1}{r_1}+\frac{1}{r_2}\right)=\frac{2 \cdot r_1 r_2}{r} \iff r_2+r_1=\frac{2 \cdot PA^2}{r} \quad \cdots\cdots(*)'$$

ここで，さらに，$r_2+r_1 (=PR+PQ)$ に関する次の事実に注意せよ．

円の中心 O から直線 PR に下ろした垂線の足を H とすると，

$r_2 + r_1 = PR + PQ$
$= (PH + HR) + (PH - HQ)$
$= 2PH + (HR - HQ)$
$= 2PH$
 $(\because HR = HQ) \quad \cdots\cdots(☆)$

図2

よって，(*)' に (☆) を代入して整理した式 $PH \cdot PS = PA^2 \quad \cdots\cdots(**)$ を示せば題意は示されたことになる．では，(**) を示すにはどうしたらよいだろうか．

点 H の座標を求めて (**) を示すこともできる

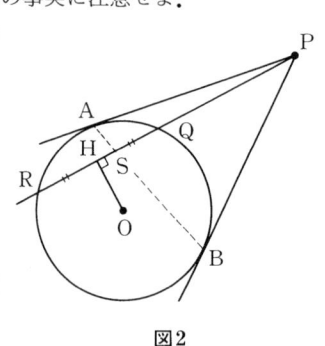

が，大変な計算になることが予知できる．何か他によい方法がないだろうか．

そこで，〝直接(＊＊)を示そう〟という考えを改め，示すべき等式(＊＊)の形から『 A を示せば(＊＊)は簡単に示せてしまう』という A に該当する命題が連想できないかどうかを考えてみる．

いまの場合に， A として何をあげればよいかというと，(＊＊)の形から，方べきの定理，すなわち，図3のような3点A，H，Sを通り，点Pを外部の点としPAが接線であるような円が存在する（すなわち，△AHSの外接円が，点Aで直線PAと接する）ことが示せれば，方べきの定理より，
PH・PS＝PA² ……(＊＊)　も示せる．

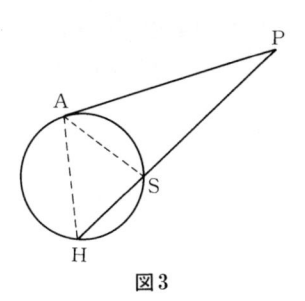

よって， A として，『△AHSの外接円が点Aで直線PAと接する』という命題を示すことを試みよう．

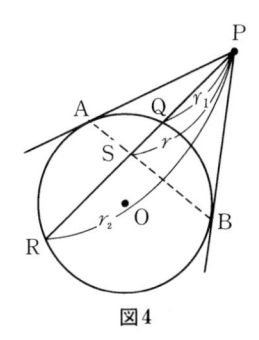

解答　方べきの定理より，
$$PQ \cdot PR = PA^2 \iff r_1 \cdot r_2 = PA^2 \quad \cdots\cdots(a)$$

与式：$\dfrac{1}{r_1}+\dfrac{1}{r_2}=\dfrac{2}{r}$ ……(＊)　に(a)を掛けて，
$$r_1 r_2 \left(\dfrac{1}{r_1}+\dfrac{1}{r_2}\right)=\dfrac{2\cdot PA^2}{r}$$
$$\iff r_2+r_1=\dfrac{2\cdot PA^2}{PS} \quad \cdots\cdots(\ast)'$$

また，円の中心Oから直線PRに下ろした垂線の足をHとすると(図5)，
$$r_2+r_1 = PR+PQ = (PH+HR)+(PH-HQ)$$
$$= 2PH \quad (\because \text{ HR=HQ}) \quad \cdots\cdots(b)$$

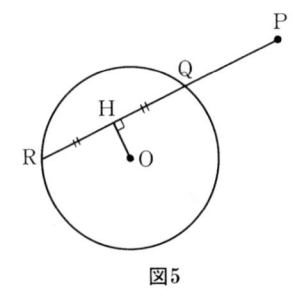

(＊)′に(b)を代入して整理すると，
$$PH \cdot PS = PA^2 \quad \cdots\cdots(\ast\ast)$$

(＊＊)を示すには，
　『△AHSの外接円が点Aで直線PAと接する』……(c)

ことを示せば十分である．(c)を示すには，円と接弦の関係
$$\angle PAS = \angle AHS \quad \cdots\cdots(d)$$

が示されればよい（図6）．

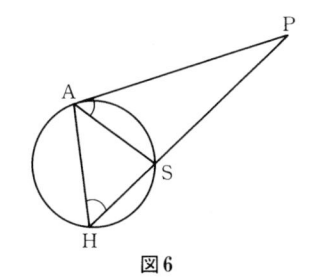

四辺形 PAOB を考えると，
$$\angle \mathrm{PAO} = \angle \mathrm{PBO} = 90°$$
であるから，四辺形 PAOB は，PO を直径とする円に内接し，また，$\angle \mathrm{PHO} = \dfrac{\pi}{2}$ (図5) より，点 H も PO を直径とする同一円周上にある (図7).

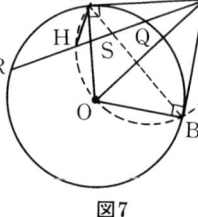

よって，$\angle \mathrm{AHS} = \angle \mathrm{AHP} = \angle \mathrm{PBA}$ ……①
　　　　　　　　　(∵ 円周角の定理)

また，PA=PB (図4) より，
$$\angle \mathrm{PBA} = \angle \mathrm{PAB} = \angle \mathrm{PAS} \quad \cdots\cdots ②$$

以上，①，② より，$\angle \mathrm{PAS} = \angle \mathrm{AHS}$

よって，

(d) $\iff$ (c) $\implies$ (**) $\implies$ (*)' $\implies$ (*)
　　接弦定理　　方べきの定理　　　(b)を用いる　　(a)を用いる

題意は示された．

§3 問題を一般化し，微積分や帰納法などの武器を利用せよ

　農作物を荒す害虫に〝アメリカしろひとり〟や〝うんか〟や〝ずい虫〟，〝イナゴ〟などがいる．これらの害虫は繁殖力が強く，数年に1度大量発生し，農作物に多大な被害を及ぼすことがしばしば報じられている．

　ある村の農家 A の田畑で害虫が発生したとしよう．A は地主のところへ報告に行った．地主は，この村のほとんどの田畑を所有している．しかし，ほかの田畑から報告はなかったので，ほかの田畑のことなど考えず A の田畑にだけ農薬を散布してその狭い領域でのみ処理すれば問題は解決されると思った．2, 3日たってみると，たしかに A の田畑に害虫はいなくなったのだが，隣りの農家から地主のところに害虫が出たという報告が来た．A の田畑にいた害虫は，A の田畑を逃れほかの田畑へと移っていたのだ．1軒の家に農薬を散布するだけでも，それにかかる費用や労力は相当なものである．地主は，また，報告のあった田畑にのみ農薬を散布した．しかし，2, 3日たってみると，……．その繰り返しであった．結局，その村では害虫を完全に駆除することができず，その年の収獲高は例年になく低いものとなった．

　翌年，またある1軒の農家から，害虫発生の報告が届いた．地主は昨年の苦い経験に基づき，次のことを考えた：

　　〝できるだけ低いコストで，この村を害虫から完全に守るための最善の方法は何だろうか？〟

　昨年の状況から考えると，害虫を村から完全に駆除するには，現在害虫が発生している田畑に農薬を散布しただけではダメだ．それでは，発生した田畑に隣接している田畑にまくことにしたらどうだろうか？　しかし，果してそれだけで十分だろうか？　そうだ，すべての田畑に農薬をまいてしまえばいいじゃないか．そうすれば，ヘリコプターをチャーターして一気に農薬をまいてしまうことができ，かえって効率よく害虫を完全に駆除できてしまうではないか．

　上述の例は，一見，1軒の田畑という狭い範囲で考えたほうが考えやすそうに思えるが，考える範囲を広くしてみると新しい立場から問題をとらえることができ，その結果かえって問題解決が楽になることを示唆している．このことは，数学の問題解決においてもしばしば見かけられる．たとえば，定数を変数とみなすことにより，対象を関数化して考えることが可能になり微積分という強力な道具を用いることができるようになるのはその典型である．

[例題 3・3・1]

定数 a, b が異なる正の数のとき，
$$\frac{a+b}{2} > \frac{a-b}{\log a - \log b} > \sqrt{ab}$$
であることを証明せよ．

発想法

題意では，文字 a, b が定数であると書いてある．たとえば，$a=2, b=1$ のとき，

> 不等式
> $$\frac{2+1}{2} > \frac{2-1}{\log 2 - \log 1} > \sqrt{2\cdot 1}$$
> であることを証明せよ．

という問題となる．定数 a, b がこのように具体的な数値ならば，実際に計算することにより，与えられた不等式の成立を示せる．しかし，定数 a, b はどんな正の数かは不明なのである．そこで，本節のテーマである"一般化する"という考え方が必要になる．

本問を一般化するとは，定数 a, b は a, b が異なる限り，どんな正の数でもよいのだから，それらを変数とみなすことができるということである．普通，変数を表す文字として x, y が使われることが多いので，それらを用いて本問を書き直してみると，

> x, y $(x, y > 0, x \neq y)$ に関する不等式
> $$\frac{x+y}{2} > \frac{x-y}{\log x - \log y} > \sqrt{xy} \quad \cdots\cdots(☆)$$
> を証明せよ．

このように定数を変数に置き換えるだけで"問題を一般化した"感じがしてくる．

問題をやさしくするために，さらにくふうをしよう．一般に，変数は多いよりも少ないほうが，問題のとり扱いが容易である．2変数の不等式(☆)を1変数の不等式に帰着することを考えよう．(☆)は見かけ上は2変数の不等式であるが，その2変数を以下に示すようにうまく組合わせれば，1変数として扱うことができる．

まず，与不等式の真中の式の分母にある対数を1つにまとめてみる．

$$\frac{a+b}{2} > \frac{b-a}{\log \frac{b}{a}} > \sqrt{ab} \quad (a \neq b, \ a > 0, \ b > 0)$$

すると，与不等式の真中の式の分母の対数の真数部分に $\frac{b}{a}$ があるので，与不等式を $\frac{b}{a}$ で表そうと考える．各辺を a で割ると，

$$\frac{\frac{b}{a}+1}{2} > \frac{\frac{b}{a}-1}{\log\frac{b}{a}} > \sqrt{\frac{b}{a}}$$

を得る．ここで，$x=\dfrac{b}{a}$ とおけば，

$$\boxed{\frac{x+1}{2} > \frac{x-1}{\log x} > \sqrt{x} \quad (x>0,\ x\neq 1)}$$

となり，与えられた問題は1変数を含む不等式の問題，すなわち，関数の大小関係を示す問題に帰着された．関数の大小関係を比較するためには，微分が威力を発揮する．a, b という定数を変数 x に置き換えた結果，同じ問題が微分という強力な数学的武器の適用を可能ならしめたという事実が"一般化"という考え方の最大の御利益なのである．

解答 $\dfrac{a+b}{2} > \dfrac{a-b}{\log a - \log b} > \sqrt{ab} \quad (a\neq b,\ a>0,\ b>0)$

の各辺を a で割ると，$a>0$ だから不等式の向きは変わらず，

$$\frac{\frac{b}{a}+1}{2} > \frac{\frac{b}{a}-1}{\log\frac{b}{a}} > \sqrt{\frac{b}{a}}$$

ここで，$x=\dfrac{b}{a}$ と置き換えれば，

$$\frac{x+1}{2} > \frac{x-1}{\log x} > \sqrt{x} \quad (x>0,\ x\neq 1)$$

となる．したがって，この不等式を証明すれば十分である．まず，左側の

$$\frac{x+1}{2} > \frac{x-1}{\log x}$$

を示す．

$$f(x) = \log x - \frac{2(x-1)}{x+1}$$

とおく．$f(x)$ と 0 との大小関係を調べる．$f(x)$ を微分すると，

$$f'(x) = \frac{1}{x} - \frac{4}{(x+1)^2} = \frac{(x-1)^2}{x(x+1)^2} \geq 0 \quad (\because\ x>0)$$

したがって，$f(x)$ は $x>0$ で単調増加関数であり，

$f(1) = 0$

右の増減表より，

$0 < x < 1$ のとき，$f(x) < 0$

$x > 1$ のとき，$f(x) > 0$

これより，$0 < x < 1$ のとき $\log x < 0$ だから，

x	0	$\cdots$	1	$\cdots$
$f'(x)$		+	0	+
$f(x)$		↗	0	↗

$$f(x)=\log x-\frac{2(x-1)}{x+1}<0 \iff \log x<\frac{2(x-1)}{x+1} \quad \therefore \quad \frac{x+1}{2}>\frac{x-1}{\log x}$$

$x>1$ のとき，$\log x>0$ だから，

$$f(x)=\log x-\frac{2(x-1)}{x+1}>0 \iff \log x>\frac{2(x-1)}{x+1} \quad \therefore \quad \frac{x+1}{2}>\frac{x-1}{\log x}$$

したがって，いずれの場合も左側の不等式は成り立つ．

次に，右側の不等式を示そう．

$$g(x)=\frac{x-1}{\sqrt{x}}-\log x \quad (x>0,\ x\neq 1)$$

とおいて，$g(x)$ と 0 との大小関係を調べる．

$$g'(x)=\frac{1}{2\sqrt{x}}+\frac{1}{2x\sqrt{x}}-\frac{1}{x}=\frac{(\sqrt{x}-1)^2}{2x\sqrt{x}}\geqq 0$$

より，$g(x)$ は単調増加関数であり，また，$g(1)=0$ である．

よって，右の増減表より，

$0<x<1$ のとき，$g(x)<0$

$x>1$ のとき，$g(x)>0$

x	0	$\cdots$	1	$\cdots$
$g'(x)$		+	0	+
$g(x)$		↗	0	↗

これより，$0<x<1$ のとき $\log x<0$ だから，

$$g(x)=\frac{x-1}{\sqrt{x}}-\log x<0 \iff \frac{x-1}{\sqrt{x}}<\log x$$

$$\therefore \quad \frac{x-1}{\log x}>\sqrt{x}$$

$x>1$ のとき，$\log x>0$ だから，

$$g(x)=\frac{x-1}{\sqrt{x}}-\log x>0 \iff \frac{x-1}{\sqrt{x}}>\log x \quad \therefore \quad \frac{x-1}{\log x}>\sqrt{x}$$

したがって，右側の不等式も成り立つ．

[コメント] 与不等式の最右辺，最左辺は a, b について対称であることは容易にわかる．さらに，真ん中の式も

$$\frac{b-a}{\log b-\log a}=\frac{-(a-b)}{-(\log a-\log b)}=\frac{a-b}{\log a-\log b}$$

をみたすので，a, b について対称である．したがって，題意より，$a\neq b$ であることに注意して $a<b$ としても一般性を失わない．

このように，a, b の大小関係を定めることにより，変数 x の変域を

$$x=\frac{b}{a}>1$$

とすることができるので，$0<x<1$ の場合の考察をする手間を省くことができ，上述の解法において計算の手数を半減することができる．

§3 問題を一般化し，微積分や帰納法などの武器を利用せよ

〈練習 3・3・1〉

p, q, r は $2p=q+r$, $q \neq r$ をみたす正の定数とする．
このとき，次の不等式が成り立つことを示せ．
$$\frac{p^{q+r}}{q^q r^r} < 1$$

発想法

この問題を見て，条件 $2p=q+r$ を用いて，定数 p, q, r のうちの1文字を消去することを思いつくだろう．与不等式は，定数 q, r に関して対称だから，1文字消去した後の式が対称式となるために，定数 p を消去するとよい．これを実行すると，与式は次のように変形される．

$$\begin{aligned}
(与式) &\iff p^{q+r} < q^q r^r \\
&\iff \left(\frac{q+r}{2}\right)^{q+r} < q^q r^r \\
&\iff \left(\frac{1}{2}\right)^{q+r} < \left(\frac{q}{q+r}\right)^q \left(\frac{r}{q+r}\right)^r \\
&\iff \frac{1}{2} < \left(\frac{q}{q+r}\right)^{q/(q+r)} \left(\frac{r}{q+r}\right)^{r/(q+r)}
\end{aligned}$$

さらに，$x=\dfrac{q}{q+r}$, $y=\dfrac{r}{q+r}$ とおくと，問題は，

$$\boxed{x^x y^y > \frac{1}{2} \quad (x+y=1 \text{ かつ } x \neq y \text{ かつ } 0<x, y<1) \text{ を示せ．}}$$

という問題にすり換えられる．これは，$x+y=1$ という条件により，さらに y を消去することができ，結局，はじめの問題は次の不等式を示すのと同値である．

$$\boxed{\begin{array}{l} F(x) \equiv x^x(1-x)^{1-x} > \dfrac{1}{2} \\ \left(0<x<1, \ x \neq \dfrac{1}{2}\right) \\ \text{が成り立つ．} \end{array}}$$

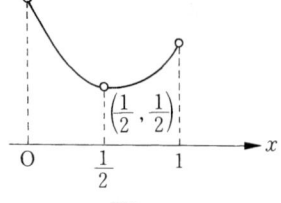

図1

こうして，関数の導入によって解析（微分）の技法が使えるようになったことに注目しよう．すなわち，区間 $(0, 1)$ における $F(x)$ の最小値を求めることに帰着された．

なお，定義域から $x=\dfrac{1}{2}$ は除かれるが，$x=\dfrac{1}{2}$ のときに $F\left(\dfrac{1}{2}\right)=\dfrac{1}{2}$ をとり，これが $F(x)$ の最小値だろうと予想をつけることが大切である（図1）．

解答 区間 $(0, 1)$ における $F(x)$ の最小値を求め，最小値が $\frac{1}{2}$ 以上であることを示せばよい．関数の値が最小となる点を求めるために微分を行う．微分をやさしくするために，$F(x)$ の (e を底とする) 対数をとって

$$G(x) = \log F(x)$$
$$= x \log x + (1-x) \log (1-x)$$

を考える．$G(x)$ を微分すると，

$$G'(x) = \frac{d}{dx}[x \log x + (1-x) \log (1-x)]$$
$$= (\log x + 1) - 1 - \log (1-x)$$
$$= \log \frac{x}{1-x}$$

$G'(x) = 0$，すなわち，$\frac{x}{1-x} = 1$ より

$$x = \frac{1}{2}, \quad F\left(\frac{1}{2}\right) = \left(\frac{1}{2}\right)^{\frac{1}{2}} \cdot \left(\frac{1}{2}\right)^{\frac{1}{2}} = \frac{1}{2}$$

x	0		$\frac{1}{2}$		1
$G'(x)$		$-$	0	$+$	
$G(x)$		↘	$\log \frac{1}{2}$	↗	
$F(x)$		↘	$\frac{1}{2}$	↗	

また，$F(x)$ と $G(x)$ の増減は一致するので，上の増減表を得る．

増減表より，$\frac{1}{2}$ でない $(0, 1)$ のすべての x について $F(x) > \frac{1}{2}$ である．

よって，証明は完結した．

[例題 3・3・2]

次の和 s を求めよ.
$$s = \sum_{k=1}^{n} \frac{k^2}{2^k}$$

発想法

記号 $\sum$ には情報が密集しているから，もっと考えやすくなるように，k に具体的な数を代入してみよう．すると，
$$s = \frac{1^2}{2^1} + \frac{2^2}{2^2} + \frac{3^2}{2^3} + \cdots\cdots + \frac{n^2}{2^n}$$
となる．このとき，分母のほうは 2, 4, 8, …… となっていて，どの数も直前の項の数に対して，2倍，2倍，…… となっており，分子のほうは $1^2, 2^2, \cdots\cdots, n^2$ になっている．このように，分母と分子を分けて考えれば，おのおのの規則性を探し出せるが，その対応する項の比をとって加えたものを求める公式，あるいはテクニックはどうやらありそうもない．

高校で習う主要な数列は基本的には等比数列と等差数列の2種類であるが，この問題に登場する数列はそのどちらでもない．階差をとってみても，すんなりといきそうにない (なお，この方針に従い，技巧的な計算で押し進める「**別解**」も参考のために示しておくので，計算の手間数，解答の見通しの立ちやすさなどについて「**解答**」と比較してみよ).

このようなとき，どうするかというと，この数列の和 s を直接求めるという方針はやめて，より一般的な命題，すなわち，以下のような関数の和を求めることにする．

$$S(x) = \sum_{k=1}^{n} k^2 x^k$$

$S(x)$ が求められれば，これに $x = \frac{1}{2}$ を代入することにより，その特別な1つの例として
$$S\left(\frac{1}{2}\right) = \sum_{k=1}^{n} \frac{k^2}{2^k} = s$$
を求めることができる．

数学の問題を解く際には，自分が使い方に精通している武器を使おうという心がけで，解答を作成していくことが大切である．この問題では，x という変数を作意的に導入して $S(x) = \sum_{k=1}^{n} k^2 x^k$ を求めるようにした．このように "問題を一般化する" ことの意図は，当然そのようにすれば微分という武器が使えるようになるからである．

一見，わけのわからない難しい問題に遭遇しても，たじろぐことなく，その問題を自分のテリトリー (得意な領域) にもち込んだり (§1参照)，自分で制御できる数学的

武器が使用可能となる問題に帰着させてからじっくり解くという姿勢を修得せよ．

s の代わりに $S(x)=\sum_{k=1}^{n}k^2x^k$ を最初に求める方針にしたが，これでも，まだ $S(x)$ を直接求めようとしても一筋縄ではいかない．そこで，以下の解答において式の変形のための目的意識を（　）内に明示しておくことにしよう．

解答 $S(x)$ の右辺に含まれる式 $\sum_{k=0}^{n}x^k$ について調べる．

$\sum_{k=0}^{n}x^k$ は，初項が 1, 等比が x の等比数列の 0 項目から n 項目までの和だから，等比数列の和の公式より，

$$\sum_{k=0}^{n}x^k=\frac{1-x^{n+1}}{1-x} \qquad \cdots\cdots ①$$

である（ここで $x\neq 1$ でなければならないが，最終的に求めたいのは $x=\dfrac{1}{2}$ のときだからこの条件を気にする必要はない）．

（次に $\sum_{k=0}^{n}x^k$ から $\sum_{k=1}^{n}k^2x^k$ を導きたい）いま，$\sum_{k=0}^{n}x^k$ は微分可能な関数なので，①の両辺を x で微分すると，

$$\sum_{k=1}^{n}kx^{k-1}=\frac{(1-x)\{-(n+1)x^n\}+(1-x^{n+1})}{(1-x)^2}$$

$$=\frac{1-(n+1)x^n+nx^{n+1}}{(1-x)^2} \qquad \cdots\cdots ②$$

（ここで，引き続き②の両辺を微分すると $\sum$ の中の x の係数が $k(k-1)=k^2-k$ のように，k^2 と異なる形となり不都合が生ずるので）②の両辺に x をかけてから，両辺を微分する．すなわち，②の両辺に x をかけて

$$\sum_{k=1}^{n}kx^k=\frac{x-(n+1)x^{n+1}+nx^{n+2}}{(1-x)^2}$$

上式の両辺を微分して

$$\sum_{k=1}^{n}k^2x^{k-1}=\frac{(1+x)-x^n(nx-n-1)^2-x^{n+1}}{(1-x)^3} \qquad \cdots\cdots ③$$

（左辺において，係数 k^2 をもつ x の次数が $k-1$ だから，$S(x)$ の係数 k^2 をもつ x の次数とを一致させるために）③の両辺に x をかける．

$$S(x)=\sum_{k=1}^{n}k^2x^k=\frac{x(1+x)-x^{n+1}(nx-n-1)^2-x^{n+2}}{(1-x)^3} \qquad \cdots\cdots ④$$

となり，$S(x)$ が求められた．

ここで，$x=\dfrac{1}{2}$ を④に代入すれば，

$$s=S\left(\frac{1}{2}\right)=\sum_{k=1}^{n}\frac{k^2}{2^k}=6-\frac{1}{2^{n-2}}\left(\frac{1}{2}n-n-1\right)^2-\frac{1}{2^{n-1}}$$

$$=6-\frac{n^2+4n+6}{2^n} \qquad \cdots\cdots\text{(答)}$$

【別解】 $s=\sum_{k=1}^{n}\dfrac{k^2}{2^k}$ とおく．

$$s=\dfrac{1^2}{2^1}+\dfrac{2^2}{2^2}+\dfrac{3^2}{2^3}+\cdots\cdots+\dfrac{n^2}{2^n}$$

から，

$$\dfrac{1}{2}s=\qquad\dfrac{1^2}{2^2}+\dfrac{2^2}{2^3}+\cdots\cdots+\dfrac{(n-1)^2}{2^n}+\dfrac{n^2}{2^{n+1}}$$

をひくと，

$$\dfrac{1}{2}s=\dfrac{1^2}{2^1}+\dfrac{3}{2^2}+\dfrac{5}{2^3}+\cdots\cdots+\dfrac{2n-1}{2^n}-\dfrac{n^2}{2^{n+1}} \quad\cdots\cdots ①$$

さらに，①を2倍して，①をひくと，

$$s=1+\dfrac{3}{2}+\dfrac{5}{2^2}+\cdots\cdots+\dfrac{2n-1}{2^{n-1}}-\dfrac{n^2}{2^n}$$

$$-)\quad \dfrac{1}{2}s=\quad\dfrac{1}{2}+\dfrac{3}{2^2}+\cdots\cdots+\dfrac{2n-3}{2^{n-1}}+\dfrac{2n-1}{2^n}\qquad -\dfrac{n^2}{2^{n+1}}$$

$$\overline{\dfrac{1}{2}s=1+\dfrac{2}{2}+\dfrac{2}{2^2}+\cdots\cdots+\dfrac{2}{2^{n-1}}-\dfrac{n^2+2n-1}{2^n}\quad +\dfrac{n^2}{2^{n+1}}}$$

$$\dfrac{1}{2}s=1+\left(1+\dfrac{1}{2}+\cdots\cdots+\dfrac{1}{2^{n-2}}\right)-\dfrac{n^2+2n-1}{2^n}+\dfrac{n^2}{2^{n+1}}$$

$$=1+\dfrac{1-\left(\dfrac{1}{2}\right)^{n-1}}{1-\dfrac{1}{2}}-\dfrac{n^2+2n-1}{2^n}+\dfrac{n^2}{2^{n+1}}$$

$$=1+2-\dfrac{1}{2^{n-2}}-\dfrac{n^2+2n-1}{2^n}+\dfrac{n^2}{2^{n+1}}$$

$$=3-\dfrac{8+2(n^2+2n-1)-n^2}{2^{n+1}}$$

$$=3-\dfrac{n^2+4n+6}{2^{n+1}}$$

よって， $s=6-\dfrac{n^2+4n+6}{2^n}$ ……(答)

（注）「**別解**」では，一見意味のない変形に見える ①×2−① という式変形に気づくかどうかがポイントとなっている．

〈練習 3・3・2〉

$\sqrt[3]{212}(=\sqrt[3]{4(27+26)})$ と $3+\sqrt[3]{26}(=\sqrt[3]{27}+\sqrt[3]{26})$ の大小を比較せよ.

発想法

この節のテーマは，"より一般化して考える"ことだった．このテーマに沿って，上の問題中の2つの定数 27, 26 の代わりに変数 x, y を考える．このようにして，問題をより一般化しよう．

$\sqrt[3]{4(27+26)}$ と $\sqrt[3]{27}+\sqrt[3]{26}$ の大小を比較するよりも，

$$\boxed{\sqrt[3]{4(x+y)} \text{ と } \sqrt[3]{x}+\sqrt[3]{y} \text{ の大小を比較する}.}$$

ほうが，一般常識からいうと，難しいはずである．なぜなら，前者は後者に具体的な値を代入したもの，すなわち，後者の特別な場合 ($x=27, y=26$ のとき) であるから，考察すべき集合の要素が少ない (26 と 27 の 2 つ)．一方，後者は"一般的な形"であるから，考察すべき集合の要素が多い (無数にある) からだ．

ところが，実は後者のほうがやさしいのである．この奇妙な現象が生じる理由は次の通りである．具体的に値を入れた特別な場合の式

$$\sqrt[3]{4(27+26)} \text{ と } \sqrt[3]{27}+\sqrt[3]{26}$$

の大小を調べる際，おのおのの式を 3 乗するなどの計算をするが，26 と 27 の対称性をくずさないように計算しないと，いつまでも $\sqrt[3]{}$ の項をひきずり，$\sqrt[3]{212}$ と $3+\sqrt[3]{26}$ の大小を比較することができない．しかし，一般形の方は，$x=26$ と $y=27$ の値が明確に区別されているので，うまい置き換えや因数分解に気づくことができるからである．

解答 $\sqrt[3]{4(x+y)}$ と $\sqrt[3]{x}+\sqrt[3]{y}$ の大小を比較する．最終的に示したいのは，$x=27, y=26$ の場合だから，$x>0, y>0$ と仮定して，2 つの式の値の大小を比較すれば十分である．

$\sqrt[3]{4(x+y)}$ と $\sqrt[3]{x}+\sqrt[3]{y}$ の比較をするためには，各項を 3 乗した式，

$$4(x+y) \text{ と } x+y+3(x^{\frac{2}{3}}y^{\frac{1}{3}}+x^{\frac{1}{3}}y^{\frac{2}{3}})$$

を比較すればよい．

ここで，最初の項から次の項をひいて 3 で割る．

$$(x+y)-\{\sqrt[3]{xy}(\sqrt[3]{x}+\sqrt[3]{y})\} \quad \cdots\cdots(*)$$

さらに，$\sqrt[3]{x}=a, \sqrt[3]{y}=b$ ($a, b \geq 0$) と置き換えれば，式 ($*$) は，

$$(*) \iff a^3+b^3-ab(a+b)$$
$$\iff (a+b)(a-b)^2$$

$(a+b)(a-b)^2 \geq 0$ （ただし，等号成立は $a=b$ のときに限る）

であるから，

$$\sqrt[3]{4(x+y)} \geq \sqrt[3]{x}+\sqrt[3]{y} \quad (\text{等号成立は } x=y \text{ のときに限る}) \quad \cdots\cdots(**)$$

が示せた．

(∗∗)において，$x=27$，$y=26$ を代入すれば，$x \neq y$ より等号は成立せず，
$$\sqrt[3]{4(27+26)} > \sqrt[3]{27} + \sqrt[3]{26}$$
が成り立つ．すなわち，
$$\sqrt[3]{212} > 3 + \sqrt[3]{26} \quad \cdots\cdots (答)$$

(注) 上の証明から確認できるように，x, y にいろいろな値を入れて，種々の不等式をつくることができる．

[例題 3・3・3]

a, b, c, d を1より小さい正の定数とするとき,次の各不等式が成り立つことを証明せよ.
(1) $a+b+c-abc<2$
(2) $a+b+c+d-abcd<3$

発想法

式変形によって,上の不等式を示そうとしても容易ではない.ここでは,定数を変数とみなして,問題を一般化する手法を用いて解くことを考えよう.

そこで,定数 a, b, c, d を変数 x, y, z, w $(0<x, y, z, w<1)$ に置き換えて一般化した不等式

$$x+y+z+w-xyzw<3 \quad \cdots\cdots(☆)$$

を示すのは,(☆) の左辺の関数は4変数関数であるので,一般には難しい.

(☆) の左辺の関数は,どの変数についても1次なので,3変数(たとえば,y, z, w) を固定し,残りの1変数 (x) だけを動かすことにすれば,1次関数とみなすことができる.すなわち,この問題では,4つの定数をすべて変数で置き換えるのではなく,(1)では定数 a, b, c のうちの a だけを変数 x で置き換え,(2)では定数 a, b, c, d のうちの a を変数 x で置き換え,1次関数の問題に帰着させて解くのがよい.

解答 (1) b, c を $0<b, c<1$ なる定数とみて,a を $0<a<1$ の範囲で動く変数 x で置き換える.このとき,

$$x+b+c-xbc=(1-bc)x+(b+c)$$
$$=mx+n\equiv f(x)$$

  (ただし,$1-bc=m$, $b+c=n$ とおく)

$f(x)$ は x の1次関数なので,$y=f(x)$ は直線を表す.直線 $y=f(x)$ の傾き m は,$0<b, c<1$ より,

$$m=1-bc>0$$

よって,直線 $y=f(x)$ は右上がりの直線である.また,y 切片 $f(0)$ は,

$$f(0)=n=b+c>0$$

だから正である.ゆえに,$y=f(x)$ のグラフは図1のようになる.

a が $0<a<1$ のとき,グラフから,

$$a+b+c-abc=f(a)<f(1)$$

である.よって,

$$f(1)=1-bc+b+c\leqq 2 \quad \cdots\cdots(*)$$

を示せば十分である.

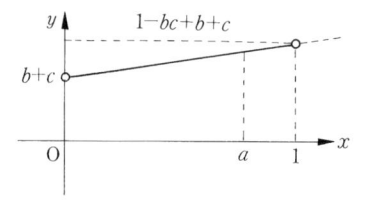

図1

(∗)を変形すると
$$(*) \iff (1-b)(1-c) \geqq 0$$
であるが，$1-b>0$，$1-c>0$ より，これは真である．

(2) (1)と同様に，b, c, d を $0<b$, c, $d<1$ なる定数とみて，a を $0<a<1$ の範囲で動く変数 x で置き換える．このとき，
$$x+b+c+d-xbcd = (1-bcd)x+(b+c+d)$$
$$= Mx+N \equiv g(x)$$
（ただし，$M=1-bcd$，$N=b+c+d$ とおく）

直線 $y=g(x)$ の傾き M は，$0<b$, c, $d<1$ より $M=1-bcd>0$．よって，直線 $y=g(x)$ は右上がりの直線である．また，y 切片 $g(0)$ は，
$$g(0)=N=b+c+d>0$$
ゆえに，$y=g(x)$ のグラフは図2のようになる．

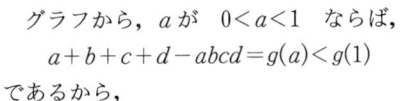

グラフから，a が $0<a<1$ ならば，
$$a+b+c+d-abcd=g(a)<g(1)$$
であるから，
$$g(1)=1-bcd+b+c+d<3 \quad \cdots\cdots(**)$$
を示せば十分である．

(∗∗)を変形すると，
$$(**) \iff b+c+d-bcd<2$$
となる．

しかし，右の不等式は(1)で示したものである．よって，題意は示された．

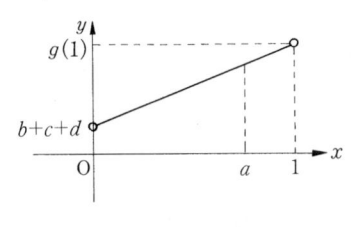

図2

〈練習 3・3・3〉

右図のように，線分 AB 上に点 C があり，線分 AB, AC, CB をそれぞれ直径とする半円が同じ側に描かれている．AB を直径とする半円の周上に点 D を，CD が AB に垂直になるようにとり，また E, F は AC, CB をそれぞれ直径とする半円上の点であり，かつ EF は両半円の共通接線であるとする． 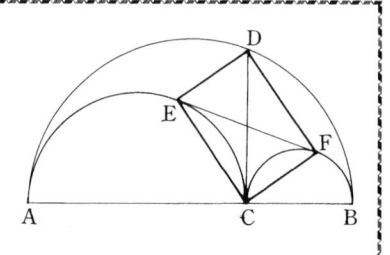
このとき，四角形 ECFD は長方形であることを示せ．

発想法

"四角形 ECFD が長方形である"ことを示すには，"3点 A, E, D が同一直線上にある"ことを示せば十分である(同じ方法で3点 B, F, D も同一直線上にあることが示せる)ことに注意しよう．なぜなら，このとき，∠AEC は直径 AC の円周角だから 90°，∠ADB は直径 AB の円周角だから 90°，3点 A, E, D が一直線上にあることから ∠DEC＝180°−∠AEC＝90° となり，同様に ∠DFC＝90° を示せるので，四角形 ECFD が長方形である．

しかし，ここでは，3点 A, E, D が同一直線上にあることを直接的に証明しないで，点 D を線分 AB を直径とする半円周上で動かしたとき，4直線 AD, BD, CG, CH (2点 G, H は図に示す点とする) によって囲まれる四角形の一般的な特徴を分析しておき，その特別な場合 (すなわち，CD⊥AB のとき) に，EF が両半円の共通接線になっていることを示すという方針に従う．

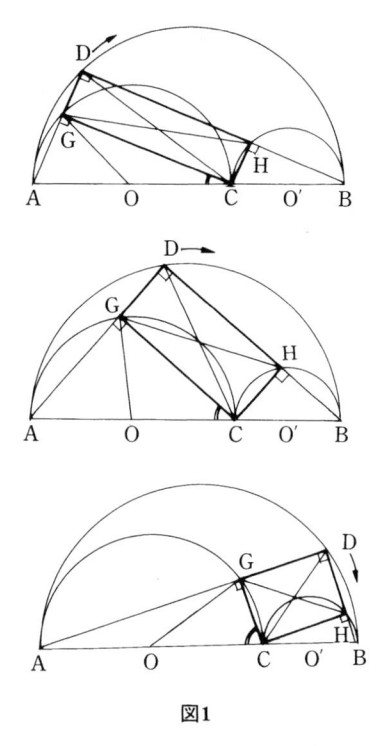

解答 G と H をそれぞれ，直径を AC, CB とする半円周と線分 AD, BD との交点とする．また，直径を AC, CB とする円の中心をそれぞれ O, O′ とする(図1)．

線分 AB が直径だから，　　　　つねに　　$\angle ADB = \dfrac{\pi}{2}$

図1

線分 AC が円 O の直径だから，　つねに　$\angle \text{AGC} = \dfrac{\pi}{2}$

線分 CB が円 O′ の直径だから，　つねに　$\angle \text{CHB} = \dfrac{\pi}{2}$

上述の事実より，
点 D が半円周上のどのような位置にあっても，つねに「四角形 GDHC は長方形」となる．

さらに，△OGC は二等辺三角形であるから $\angle \text{OGC} = \angle \text{OCG}$（図2の●印），かつ，GH と CD はともに長方形の対角線であるから，$\angle \text{CGH} = \angle \text{GCD}$（図2の×印）である．よって，点 D の位置にかかわらず，$\angle \text{OGH} = \angle \text{OCD}$ をみたす．

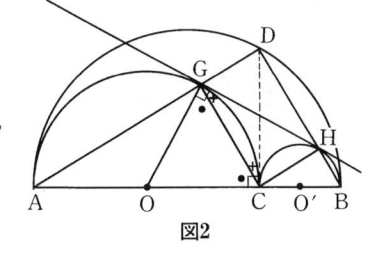

さて，点 D を動かし CD と AB が垂直になるところで固定すると，$\angle \text{OGH}$ も 90° になる（図2）．よって，GH は円 O の接線となり，かつ，点 G は点 E と一致する．同様な議論で，GH が円 O′ の接線であることが示せる (注)．

それゆえ H＝F となる．

これで証明は完結した.

(注)　"同様な議論で"とか"同様に"という用語を，解答中，適宜用いることは，類似な議論の繰り返しを避け，解答を簡潔にするために大切である．

[例題 3・3・4]

$A_1+A_2+\cdots+A_n=\pi$, $0<A_i\leq\pi$ $(i=1,\cdots,n)$ に対して,
$$\sin A_1+\sin A_2+\cdots+\sin A_n\leq n\sin\frac{\pi}{n}$$
が成り立つことを証明せよ.

発想法

n は何でもよいのだから,たとえば極端な例を考えてみると,
$$A_1=\frac{1}{100}\pi,\ A_2=\frac{1}{92}\pi,\ \cdots,\ A_{100}=\frac{1}{653}\pi,\ \sum_{i=1}^{100}A_i=\pi \quad \text{のとき,}$$
$$\sin\frac{1}{100}\pi+\sin\frac{1}{92}\pi+\cdots+\sin\frac{1}{653}\pi\leq 100\sin\frac{\pi}{100}$$

などという雲をつかむような不等式を証明せよ,といっているのである.示したい不等式は任意の自然数 n に対して成立しているのだから,無数に多くの命題を含んでいることになる.「無数に多くの命題があるときの証明のしかたは帰納法である」(Ⅰの第2章参照) と相場がきまっている.だからこの問題も,帰納法で証明しよう.

いま,便宜上,題意の命題を $P(n)$ とする.すなわち,

$P(n)$:「$A_1+A_2+\cdots+A_n=\pi$, $0<A_i\leq\pi$ $(i=1, 2, \cdots, n)$
に対して,
$$\sin A_1+\sin A_2+\cdots+\sin A_n\leq n\sin\frac{\pi}{n}$$
が成り立つ」

(i) $n=1$ のとき,すなわち $A_1=\pi$ のとき
 (左辺)$=\sin A_1=\sin\pi$
 (右辺)$=\sin\pi$
 よって,(左辺)=(右辺) なので $P(1)$ は成り立っている.

(ii) $n=k-1$ のとき,$P(k-1)$ が真だと仮定する.この仮定のもとに,$P(k)$ が真,すなわち,
「$A_1+A_2+\cdots+A_{k-1}+A_k=\pi$ のとき,
$$\sum_{i=1}^{k}\sin A_i\leq k\sin\frac{\pi}{k}\text{」}$$
を示したい.

ここで,誤解する人が多いのでコメントしておくが,$P(k-1)$ が真すなわち,

「$A_1+A_2+\cdots+A_{k-1}=\pi$ のとき,$\sum_{i=1}^{k-1}\sin A_i\leq (k-1)\sin\frac{\pi}{k-1}$ が成り立つ」

という帰納法の仮定における $A_1+A_2+\cdots+A_{k-1}=\pi$ をみたす角 A_i と,$P(k)$ で考える $A_1+A_2+\cdots+A_k=\pi$ をみたす角 A_i とが1対1対応しているわけでは

ない．

さて，話をもとに戻すと，$P(k-1)$ が真であるということは，条件をみたす勝手な $k-1$ 個の角について不等式が成り立つという意味だから，

$$A_1+A_2+\cdots\cdots+A_k$$

という k 個の角のうちの最後の2つの角 A_{k-1}, A_k を1つの角とみなし，

$$A_1+A_2+\cdots\cdots+A_{k-2}+(A_{k-1}+A_k)$$

として，$(k-1)$ 個の角の和とみなす．すると，帰納法の仮定により，

「$A_1+A_2+\cdots\cdots+(A_{k-1}+A_k)=\pi$ のとき，

$$\sin A_1+\sin A_2+\cdots\cdots+\sin(A_{k-1}+A_k)\leq(k-1)\sin\frac{\pi}{k-1}」$$

が成り立つことになる．しかし，この不等式は，示したい命題 $P(k)$ の不等式

$$\sin A_1+\sin A_2+\cdots\cdots+\sin A_{k-1}+\sin A_k\leq k\sin\frac{\pi}{k}$$

とはかけ離れていて，$P(k)$ が真であるということを導くことはできそうもない．

さて，どうするべきか？ 帰納法で示すという方針自体は崩さないことにしよう．いま試みた方針が行き詰まった原因は何だろうか．それは，実は，角 A_i に関する条件がきつすぎたことにある．すなわち，A_i の和が π であるという条件がきつすぎるのである．

そこで，この条件を弱めて，命題 $P(n)$ をより一般的に拡張した次の命題 $Q(n)$ を考えよう．

> $Q(n):$ $0<A_i\leq\pi\,(i=1,2,\cdots\cdots,n)$ なる n 個の角に対し，
> $$\sin A_1+\sin A_2+\cdots\cdots+\sin A_n\leq n\sin\frac{A_1+A_2+\cdots\cdots+A_n}{n}$$
> が成り立つ．

命題 $Q(n)$ の不等式，

$$\sin A_1+\sin A_2+\cdots\cdots+\sin A_n\leq n\sin\frac{A_1+A_2+\cdots\cdots+A_n}{n}$$

に，命題 $P(n)$ の角 A_i に関する条件 $A_1+A_2+\cdots\cdots+A_n=\pi$ を代入してみると，右辺は $n\sin\dfrac{\pi}{n}$ となる．

よって，$Q(n)$ の特別な場合として，所望の不等式 $P(n)$ が得られる．すなわち，

"$Q(n)$ が真ならば，当然 $P(n)$ も真である"

が成り立つことがわかる．

よって，$Q(n)$ が真であることを証明すれば十分である．

そして，実際に，$Q(n)$ が真であることの証明は，次の解答に示すように比較的容易である．このように問題をある程度一般化してみると，数学的帰納法が有効に使えることが難しい問題ではしばしばある．

解 答 命題 $Q(n)$ を n に関する数学的帰納法により証明する.

(i) $n=1$ のとき,

(左辺)$=\sin A_1$

(右辺)$=\sin A_1$

よって,(左辺)$=$(右辺)なので,$Q(1)$ は真である.

(II) $Q(k-1)$ が成り立つと仮定する $(k \geqq 2)$. すなわち,帰納法の仮定として,

「$0 < A_i \leqq \pi$ $(i=1, 2, \cdots\cdots, k-1)$ なる $(k-1)$ 個の角に対し,

$$\sin A_1 + \sin A_2 + \cdots\cdots + \sin A_{k-1} \leqq (k-1)\sin\frac{A_1+A_2+\cdots\cdots+A_{k-1}}{k-1}$$

が成り立つ」

この仮定のもとに $Q(k)$,すなわち,

「$0 < A_i \leqq \pi$ $(i=1, 2, \cdots\cdots, k)$ なる k 個の角に対し,

$$\sin A_1 + \sin A_2 + \cdots\cdots + \sin A_k \leqq k\sin\frac{A_1+A_2+\cdots\cdots+A_k}{k}$$

が成立する」

ことを示せばよい.

$Q(k-1)$ が成立するという仮定より,

$\sin A_1+\sin A_2+\cdots\cdots+\sin A_{k-1}+\sin A_k$

$=(\sin A_1+\sin A_2+\cdots\cdots+\sin A_{k-1})+\sin A_k$

$\leqq (k-1)\sin\left(\dfrac{A_1+A_2+\cdots\cdots+A_{k-1}}{k-1}\right)+\sin A_k$ ……①

である.

この不等式の右辺よりも

$$k\sin\frac{A_1+A_2+\cdots\cdots+A_k}{k}$$

のほうが大きいことが示せればよい.

この事実を示すために,$0<B, C<\pi$,$m, n>0$ に対して

$$\frac{m}{m+n}\sin B + \frac{n}{m+n}\sin C \leqq \sin\left(\frac{m}{m+n}B + \frac{n}{m+n}C\right) \quad \cdots\cdots(*)$$

なる不等式が成り立つことを示す.

$0 \leqq x \leqq \pi$ で,$y=\sin x$ のグラフは上に凸である(図1).

不等式(*)の左辺は図1の点 D の y 座標 β,すなわち,y 軸方向でみて,$\sin B$ と $\sin C$ を結ぶ線分を $n:m$ に内分する点の y 座標を表している.

右辺は図1の点 E の y 座標 α,すなわち,線分 BC を $n:m$ に内分する点を x としたときの $\sin x$ の値 α を表している.よって,この曲線が上に凸であるということから,$\beta \leqq \alpha$ となり,不等式(*)が成り立つ.

ところで,いま示した不等式(*)を利用することにより,

§3 問題を一般化し，微積分や帰納法などの武器を利用せよ　157

$$\frac{k-1}{k}\sin\left(\frac{A_1+A_2+\cdots\cdots+A_{k-1}}{k-1}\right)+\frac{1}{k}\sin A_k$$
$$\leq \sin\left(\frac{k-1}{k}\cdot\frac{A_1+A_2+\cdots\cdots+A_{k-1}}{k-1}+\frac{1}{k}A_k\right)$$

よって，
$$\frac{k-1}{k}\sin\left(\frac{A_1+A_2+\cdots\cdots+A_{k-1}}{k-1}\right)+\frac{1}{k}\sin A_k \leq \sin\left(\frac{A_1+A_2+\cdots\cdots+A_k}{k}\right)$$

この両辺を k 倍して，
$$(k-1)\sin\left(\frac{A_1+A_2+\cdots\cdots+A_{k-1}}{k-1}\right)+\sin A_k \leq k\sin\left(\frac{A_1+A_2+\cdots\cdots+A_k}{k}\right)$$
$$\cdots\cdots ②$$

が成り立つ.

したがって，①，②から
$$\sin A_1+\sin A_2+\cdots\cdots+\sin A_k \leq k\sin\left(\frac{A_1+A_2+\cdots\cdots+A_k}{k}\right)$$

が示せたことになる.

よって，数学的帰納法により，一般の n について $Q(n)$ が真であることがわかったので，$Q(n)$ の特別な場合である $P(n)$ についても真であることがわかる.

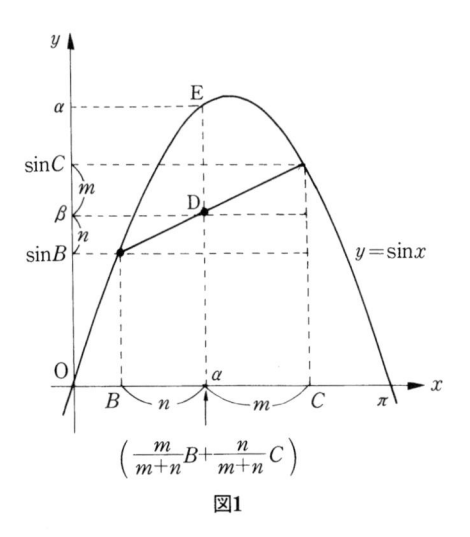

図1

―〈練習 3・3・4〉―

$0 \leq t \leq 1$ において,$f(t)$ は連続な導関数 $f'(t)$ をもち,
$$0 < f'(t) \leq 1,\ f(0)=0$$
である.このとき,次の不等式が成り立つことを示せ.
$$\left[\int_0^1 f(t)dt\right]^2 \geq \int_0^1 [f(t)]^3 dt \quad \cdots\cdots(*)$$

発想法

　$f(t)$ という関数に関して与えられている情報は,$0 \leq t \leq 1$ において,その導関数 $f'(t)$ が連続でかつ $f(t)$ が単調増加,しかも,どの $t(0 < t \leq 1)$ に対しても傾きが1を超えないということだけである.

　たとえば,図1(a)のような曲線を表す関数は $f(0)=0$ かつ任意の $t(0 < t \leq 1)$ に対して傾きが1を超えていないので題意をみたす関数の1つの例であるが,図1(b)のような曲線を表す関数は $f(0)=0$ であるが,ある $t(0 < t \leq 1)$ に対して傾きが1を超えているので題意をみたす関数ではない.

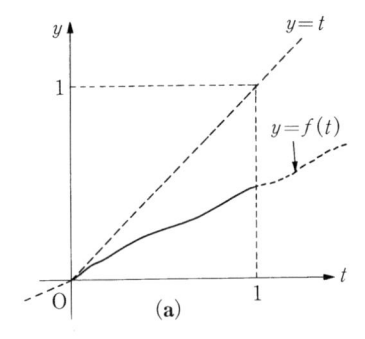

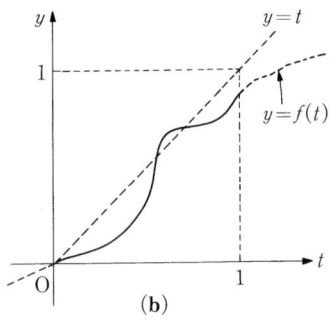

図1

　この問題の難しさは,関数 $f(t)$ が具体的に与えられていないことにある.示すべき不等式($*$)は両辺ともに定積分なので定数であるが,$f(t)$ が既知ならば,定積分を実行することにより具体的な値(定数)を求め,不等式($*$)が成り立つことを示せばよい.しかし,$f(t)$ が既知でないので,定積分を実行することはできない.

　そこで,微積分の基本定理 $\left(\dfrac{d}{dx}\displaystyle\int_a^x f(t)dt = f(x)\right)$ が使えるようにくふうしよう.この定理が使えれば,積分記号をはずし関数 $f(t)$ をとり出すことができ,題意には関数 $f(t)$ の条件が与えられているので,突破口を開くことができる.しかし,微積分の基本定理を使うためには1つネックがある.それは,($*$)の両辺は,ともに定数だから微分しても有用でないということだ.微積分の基本定理が意味をもつようにするために,($*$)の両辺を,定数から関数に直さなければならない.そのために,積分区間の

上限を変数 x に置き換えると，(∗) は次のような関数不等式になる．

$$\left[\int_0^x f(t)dt\right]^2 \geq \int_0^x [f(t)]^3 dt \quad \cdots\cdots(**)$$

かくして，この問題は関数不等式を証明する問題に一般化されたことになる．

[解答] (∗∗) の (左辺)−(右辺) を，

$$F(x) \equiv \left[\int_0^x f(t)dt\right]^2 - \int_0^x [f(t)]^3 dt \quad (0 \leq x \leq 1)$$

とおく．

$F(0)=0$

$$F'(x) = 2\left[\int_0^x f(t)dt\right]f(x) - [f(x)]^3$$
$$= f(x)\left\{2\int_0^x f(t)dt - [f(x)]^2\right\} \quad \cdots\cdots①$$

題意より，$f(x)$ は $0<x\leq 1$ で $f(x)>0$ $\cdots\cdots②$ である．

さらにここで①の右辺の { } 中の関数を，

$$G(x) \equiv 2\int_0^x f(t)dt - [f(x)]^2 \quad (0 \leq x \leq 1)$$

とおく．

$G(0)=0$

$G'(x) = 2f(x) - 2f(x)f'(x)$
$\qquad = 2f(x)[1-f'(x)]$

$0\leq x\leq 1$ のすべての x について $f'(x)\leq 1$ だから，$G'(x)\geq 0$．よって，

$G(x)\geq 0$ $\cdots\cdots③$

である．

したがって，①〜③ より，$0\leq x\leq 1$ なるすべての x について，$F'(x)\geq 0$ であり，$F(0)=0$ より，$F(x)\geq 0$ が成り立つ．

いま証明された不等式の特別な場合として $F(1)\geq 0$，すなわち，不等式 (∗) が示された．

(注) 不等式 (∗) において，積分区間の上限は 1 に限らず，任意の a ($0\leq a\leq 1$) に対して，不等式 (∗) が成り立つことがわかった．よって，$f(t)$ について問題文と同じ条件があれば，たとえば不等式

$$\left[\int_0^{\frac{2}{3}} f(t)dt\right]^2 \geq \int_0^{\frac{2}{3}} [f(t)]dt$$

も成り立つ．

第4章　使うべき道具(定理や公式)の検出法とそれらの活かした使い方

　本巻の最後の章である本章では，前の3つの章で学んだ以外の4つの難問攻略法について学ぶ．それらは与えられた問題を解決するために最も適した定理や公式等を割り出す方法(§1)，証明問題を解決するために結論から出発してその証明を完結するために必要な定理や知識を探し出す方法(§2)，問題を解決するため不可欠な式への変形のしかた(§3)，設問間の関係を分析し出題者の誘導にのった手際のよい解法のつくり方(§4)，である．

　これらの方法を大雑把に表現するのならば，問題解決のために要する道具の割り出し方や問題解決というゴールにゆきつくまでの舵取りのしかたといえるだろう．

　全重量8トンの小さな帆船をたった1人ぽっちで操り，太平洋横断に初めて成功した堀江青年は，その日その日の風向きに合わせて帆の角を定め，雨の日も風の日も少しずつ少しずつ花の都サンフランシスコへ向けて帆を進め，ついには目的地の美しい港にゴール・インしたことを思い出してほしい．

§1 問題文を読んだ後，使うべき定理を連想せよ

　大工さんが家を建てているのを眺めていると何時間も時を過ごしてしまうことがある．細い角材をはめ込むために太い角材の内部を上手にくり抜いて，釘や楔などを一切使わず，重力がかかればかかるほど強固に角材どうしがはまり込む仕掛けが，みるみるうちにでき上がっていく．床の間の柱に使うと思われる丸太の銘木の表面に図Aのような道具（すみ壺）を使って最短線をひき，それに沿って切り込みを入れていく．

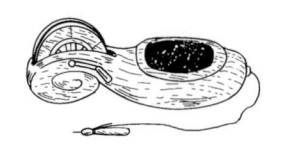

図A

　目的に応じて道具箱に詰め込まれている何十種類もの道具，たとえば，カンナ，ノミ，キリ，ノコギリ……を適宜使い分け，もののみごとに造作していく様を見ているのは楽しいものである．上述のことからもわかるように，1軒の家を建てるには，力学，材料学，電気，化学，数学，美学などの多くの学問的知識が必要になることはいうまでもないが，それらの知識を有するだけではなく，さらに，目的に一番適した道具を使いこなすという熟練さをも要求されるのである．まして，地震に耐える大きなビルや何千年も残る建築物を構築するともなれば，すべての文明の利器が結集して，やっと成し遂げられるのである．

　つくりたい工作物に応じて，適切な道具を選定するためには訓練を要する．それは，その工作物をつくるために使用する材木の種類，材質，大きさ，形状，およびその使用目的などを総合的に判断したうえで，一番適した大工道具を選ぶのだからである．大工の新米は，材木に切り込みを入れる順序や使うべき道具を間違えて，永遠に開かない扉や締まらない木戸鍵，水の流れない流しなどをつくって親方に叱られる．

　熟練した大工は，一見，勘だけに頼り，上述の事柄を判断しているように見受けられるが，実は，それらの判断は長年の経験によって培われた知識や知恵によって裏付けられたものなのである．

　問題解法においても，問題文や設問形式から必要な定理や公式などの道具を適切に割り出し，それらを首尾よく用いることが大切なのである．

　$\lim_{n\to\infty}\dfrac{1}{n}\sum_{k=1}^{n}$……が問題文中に出てきたときに，積分に帰着させないで微分を始めるのは，板を削るときにノミを用いるような愚行なのである．

[例題 4・1・1]

(1) n 個の正の数 $a_1, a_2, \cdots\cdots, a_n$ がある。ただし，$n \geq 2$ とする。
$$A = a_1 + a_2 + \cdots\cdots + a_n, \quad B = \frac{1}{a_1} + \frac{1}{a_2} + \cdots\cdots + \frac{1}{a_n}$$
とおくとき，A, B のうち少なくとも一方は n よりも小さくないことを証明せよ。

(2) 3つの正の数 x, y, z が $x+y+z=1$ をみたすとき，不等式
$$\left(2+\frac{1}{x}\right)\left(2+\frac{1}{y}\right)\left(2+\frac{1}{z}\right) \geq 125$$
が成り立つことを示せ。

(3) $x>0$ のとき，$f(x) = -x^3 + 9x + \dfrac{9}{x} - \dfrac{1}{x^3}$ の最大値を求めよ。

発想法

(1) 背理法を用いて説明する。すなわち，

「$n(\geq 2)$ 個の正の数 $a_1, a_2, \cdots\cdots, a_n$ に関して，
$$A = a_1 + a_2 + \cdots\cdots + a_n, \quad B = \frac{1}{a_1} + \frac{1}{a_2} + \cdots\cdots + \frac{1}{a_n}$$
であるにもかかわらず，A, B はともに n 未満である」

として矛盾を導けばよい。$A<n$ かつ $B<n$ のとき，その和は不等式
$$A + B = (a_1 + a_2 + \cdots\cdots + a_n) + \left(\frac{1}{a_1} + \frac{1}{a_2} + \cdots\cdots + \frac{1}{a_n}\right)$$
$$< 2n$$
をみたす。

整数と分数を含む関数において，整数と分母に同じ形の式，すなわち，$a, \dfrac{1}{a}(a>0)$ なる形を見たら "相加平均・相乗平均の関係" を連想せよ。各 $a_k, \dfrac{1}{a_k}(a_k>0)$ において，
$$a_k + \frac{1}{a_k} \geq 2\sqrt{a_k \cdot \frac{1}{a_k}} = 2$$
が成り立つ。$k=1, 2, \cdots\cdots, n$ として得られる n 個の不等式を辺々加え合わせれば（問題文の記号を用いると）左辺が $A+B$ になり，右辺が $2n$ になる。すなわち，
$$A + B \geq 2n$$

(2) 連想を働かせる前に，少し計算をしてみよう。
$$\left(2+\frac{1}{x}\right)\left(2+\frac{1}{y}\right)\left(2+\frac{1}{z}\right)$$

$$=8+4\underbrace{\left(\frac{1}{x}+\frac{1}{y}+\frac{1}{z}\right)}_{(\alpha)}+2\underbrace{\left(\frac{1}{xy}+\frac{1}{yz}+\frac{1}{zx}\right)}_{(\beta)}+\underbrace{\frac{1}{xyz}}_{(\gamma)}\geqq 125$$

を証明したい．ここで目標は，(α), (β), (γ) の各式を "$x+y+z=1$" を利用して下から押え込みたい．そのためには，3つの正の数 x, y, z の和や，積や，2数の積の和が扱われているのだから，"相加平均・相乗平均の関係" が思い浮かぶはずである．

(3) $f(x)$ の最大値を求めるための手段として，$f(x)$ をそのまま微分するという解法を連想する人は多いだろう．しかし，"計算量" も考慮すればそれが最良の方法ではない．本問では $f\left(\dfrac{1}{x}\right)=f(x)$ という，ある種の対称性があることに注意せよ．このような式は，$t=x+\dfrac{1}{x}$ と置き換えて，t のみの式とすることが可能である（証明は省略）．分数関数を含む $f(x)$ を微分するよりも，整関数 $g(t)$ を微分する方が容易である．連想は1つのことだけにとらわれず，いろいろと思いめぐらすとエレガントな解答が見つかるものである．

解答 (1)
$$A+B=(a_1+a_2+\cdots\cdots+a_n)+\left(\frac{1}{a_1}+\frac{1}{a_2}+\cdots\cdots+\frac{1}{a_n}\right)$$
$$=\left(a_1+\frac{1}{a_1}\right)+\left(a_2+\frac{1}{a_2}\right)+\cdots\cdots+\left(a_n+\frac{1}{a_n}\right)$$
$$\geqq 2\sqrt{a_1\cdot\frac{1}{a_1}}+2\sqrt{a_2\cdot\frac{1}{a_2}}+\cdots\cdots+2\sqrt{a_n\cdot\frac{1}{a_n}}$$
$$=2n \quad\cdots\cdots\text{①}$$

ここで，A も B も n 未満であるとすれば，
$$A+B<2n$$
となり，①に反するので，A または B のうち少なくとも一方は n よりも小さくない．

(2)
$$\left(2+\frac{1}{x}\right)\left(2+\frac{1}{y}\right)\left(2+\frac{1}{z}\right)$$
$$=8+4\left(\frac{1}{x}+\frac{1}{y}+\frac{1}{z}\right)+2\left(\frac{1}{xy}+\frac{1}{yz}+\frac{1}{zx}\right)+\frac{1}{xyz}$$

ここで，相加平均・相乗平均の関係より
$$x+y+z=1\geqq 3\sqrt[3]{xyz}$$
$$\therefore\quad \frac{1}{xyz}\geqq 27$$

これより
$$\frac{1}{x}+\frac{1}{y}+\frac{1}{z}\geqq 3\sqrt[3]{\frac{1}{xyz}}\geqq 9$$
$$\frac{1}{xy}+\frac{1}{yz}+\frac{1}{zx}=\frac{x+y+z}{xyz}=\frac{1}{xyz}\geqq 27$$

よって，$\left(2+\dfrac{1}{x}\right)\left(2+\dfrac{1}{y}\right)\left(2+\dfrac{1}{z}\right)\geqq 8+4\cdot 9+2\cdot 27+27=125$

(3) $x+\dfrac{1}{x}=t$ とおくと，$x>0$ より

$$t \geqq 2 \quad \cdots\cdots ②$$

であり，また

$$\begin{aligned}
f(x) &= -\left(x^3+\dfrac{1}{x^3}\right)+9\left(x+\dfrac{1}{x}\right) \\
&= -\left\{\left(x+\dfrac{1}{x}\right)^3-3\left(x+\dfrac{1}{x}\right)\right\}+9\left(x+\dfrac{1}{x}\right) \\
&= -t^3+12t \\
&\equiv g(t)
\end{aligned}$$

$f(x)\,(x>0)$ と $g(t)\,(t\geqq 2)$ の最大値は一致するので，$g(t)\,(t\geqq 2)$ の最大値を微分により調べる．

$$\begin{aligned}
g'(t) &= -3t^2+12 \\
&= -3(t+2)(t-2)
\end{aligned}$$

これより，$g(t)$ の増減表を②の範囲で書くと，次のようになる．

t	2	$t>2$
$g'(t)$		$-$
$g(t)$	16	↘

よって，

($f(x)$ の最大値)$=(g(t)$ の最大値$)=\mathbf{16}$ $\quad$ ……(答)

最大値をとる $x(>0)$ は $t=x+\dfrac{1}{x}=2$ より $x=1$ である．

§1 問題文を読んだ後，使うべき定理を連想せよ　　165

〈練習 4・1・1〉
$a+b+c+d+e=8, \quad a^2+b^2+c^2+d^2+e^2=16$
をみたす実数 a, b, c, d, e に対して，e の最大値を求めよ．

発想法

与式の "$a+b+c+d+e$ と $a^2+b^2+c^2+d^2+e^2$" を見て，何を連想するか？と問われたとき，「5つの数の(1乗の)和と2乗の和だから，"コーシー・シュワルツの不等式 $(a_1b_1+a_2b_2+\cdots+a_nb_n)^2 \leq (a_1^2+a_2^2+\cdots+a_n^2)\cdot(b_1^2+b_2^2+\cdots+b_n^2)$"」と答える人は正解！ ここまではいい．ところが，この方針を実行する際，
$$64=8^2=(a+b+c+d+e)^2 \leq (a^2+b^2+c^2+d^2+e^2)(1+1+1+1+1)$$
$$=16\times 5=80$$
としてしまう人が多いであろう．しかし，これでは $64 \leq 80$ という自明な不等式を得るだけで，e の最大値を求めるための手掛りを得ることはできない．目的は，"e の最大値を求める"ことである．だから，e を上から押さえこむ不等式がほしいのである．どのようにくふうすればそれが達成できるのかを考えると，e を $a\sim d$ とは異なる扱いをして，文字 e に関する不等式を導かなければいけないことに気づくはずである．

解答　与えられた条件式は，次のように変形できる．
$$8-e=a+b+c+d \quad \cdots\cdots ①$$
$$16-e^2=a^2+b^2+c^2+d^2 \quad \cdots\cdots ②$$
$\left(\begin{array}{l}e \text{ だけに関する不等式をつくりたい．そこで，} a+b+c+d \text{ と } a^2+b^2+c^2+d^2\\ \text{を使って式をつくり，その式に } 8-e,\ 16-e^2 \text{ を代入する．}\end{array}\right)$

コーシー・シュワルツの不等式を使って，
$$1\cdot a+1\cdot b+1\cdot c+1\cdot d \leq \sqrt{1^2+1^2+1^2+1^2}\sqrt{a^2+b^2+c^2+d^2}$$
$$\iff a+b+c+d \leq 2\sqrt{a^2+b^2+c^2+d^2} \quad \cdots\cdots ③$$
を得る．③に①，②を代入すると，
$$8-e \leq 2\sqrt{16-e^2} \quad \cdots\cdots ④$$
一方，②より，$16-e^2 \geq 0$，よって，$-4 \leq e \leq 4$ をみたす．これより，$8-e>0$ だから，④の両辺を2乗して，
$$(8-e)^2 \leq 4(16-e^2) \iff e(5e-16) \leq 0$$
$$\therefore \quad 0 \leq e \leq \frac{16}{5}$$

$a=b=c=d=\frac{6}{5}$ のとき，$e=\frac{16}{5}$ を実際に達成できる．

よって，e の最大値は $\frac{16}{5}$ 　　……(答)

[例題 4・1・2]

1辺の長さが70cmの正方形の形をした射撃の的がある．このとき，次の命題を証明せよ．
(1) 50発の弾丸が的に当たったとする．このとき，弾丸が当たったある2点が存在し，それら2点間の距離が15cm未満である．
(2) 99発の弾丸が的に当たったとする．このとき，弾丸が当たったある3点が存在し，それら3点を頂点とする三角形の面積が50cm²以下である．
ただし，弾丸の当たった所は点と見なし，2個の弾丸が同一の場所に当たった場合は，それら2点の距離は0とする．

発想法

(1) まず，1辺の長さが70cmの正方形を1辺の長さが10cmの49個の小正方形に分割してみよう．「49個の小正方形と50発の弾丸」という条件から君は何を連想するか．50は49より1だけ大きい．すなわち，49個の小正方形に50発の弾丸を当てると，少なくとも2発の弾丸が同じ小正方形に当たっている．つまり，"鳩の巣原理"だ．鳩の巣原理とは，一般に

"$(kn+1)$羽の鳩をn個の巣箱に割り当てると，少なくとも1つの巣箱には，$(k+1)$羽の鳩が同居している"

という原理である．
　この"鳩の巣原理"は，有限個の対象の中からある性質をみたすものの存在を示すための強力な武器なのである．
(2) (1)と同様に考えよ．

解答

ある2個の弾丸が同一の点に当たったときは，(1), (2)とも命題は成り立つので，どの2発も異なる点に当たっている場合について考えればよい．正方形の2辺をそれぞれ7等分して，10cm×10cmサイズの49個の小正方形に等分する．
(1) "鳩の巣原理"により，2発以上の弾丸が当たった小正方形が存在する．それが図1に示してある．
この小正方形の中の任意の2点間の距離は，小正方形の対角線の長さ以下である．
　(対角線の長さ)=$\sqrt{10^2+10^2}=10\sqrt{2}=14.14$……$<15$
よって，弾丸の当たったある2点が存在し，それらの距離は15cm未満である．
(2) 99個の弾丸が的に当たったので，3個以上の弾丸が当たった小正方形が少なくとも1つ存在する．その小正方形の中の任意の3点がつくる三角形の面積は，その小正方形の面積の半分，すなわち，$\frac{1}{2}\times 10^2=50\,(\text{cm}^2)$　以下である．

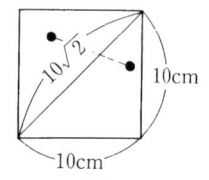

図1

§1 問題文を読んだ後，使うべき定理を連想せよ 167

――〈練習 4・1・2〉――
次の式をみたす整数 a, b, c で，どれか1つは0ではなく，かつどの絶対値も100万を超えないものが存在することを示せ．
$$|a+b\sqrt{2}+c\sqrt{3}|<10^{-11}$$

[発想法]
100万といえども有限の数である．有限個の対象の中から，ある性質をみたすもの（この場合は3つの整数）の存在を示すには，鳩の巣原理を利用すればよい．本問を解くために，この原理をどのようにすれば使えるかを考えるのが解法のポイント．

[解答] r, s, t をそれぞれ集合 $M\{0, 1, 2, \cdots\cdots, 10^6-1\}$ の要素とし，S を $r+s\sqrt{2}+t\sqrt{3}$ なる形の 10^{18} 個の実数からなる集合とする（r, s, t はそれぞれ 10^6 個の値をとりうるので，S の要素の個数は $(10^6)^3=10^{18}$ 個となる）．また，$d=(1+\sqrt{2}+\sqrt{3})10^6$ と定める．このとき，S の要素 x は，$0 \leq x < d$ をみたす．この区間を $(10^{18}-1)$ 個の小区間に等分すると（10^{18} より1小さい数に分割することが，鳩の巣原理を利用するためのポイントである），各小区間の長さ e は，$e = \dfrac{d}{(10^{18}-1)}$ となる．鳩の巣原理により，S に属する 10^{18} 個の数のうちある2つの数は同じ小区間内に存在するはずである．それら2数を x, y とすると
$$x = a_1 + b_1\sqrt{2} + c_1\sqrt{3}, \quad a_1, b_1, c_1 \in M$$
$$y = a_2 + b_2\sqrt{2} + c_2\sqrt{3}, \quad a_2, b_2, c_2 \in M$$
よって，x と y の差 $x-y$ は
$$x - y = (a_1-a_2) + (b_1-b_2)\sqrt{2} + (c_1-c_2)\sqrt{3}$$
となる．ここで，$a_1-a_2, b_1-b_2, c_1-c_2$ はいずれも整数で，これらのうちのどれか1つは0でなく（そうでないとすると $x=y$ となってしまう），かつどの絶対値も100万（$=10^6$）を超えない．そこで，3整数 a, b, c を
$$a_1 - a_2 = a, \quad b_1 - b_2 = b, \quad c_1 - c_2 = c$$
と定めるとき，
$$x - y = a + b\sqrt{2} + c\sqrt{3}$$
と表せる．
また
$$|x-y| = |a+b\sqrt{2}+c\sqrt{3}| < e = \frac{d}{10^{18}-1}$$
$$= \frac{(1+\sqrt{2}+\sqrt{3})10^6}{10^{18}-1}$$
$$< \frac{10^7}{10^{18}} = 10^{-11} \quad (\because \quad 1+\sqrt{2}+\sqrt{3} < 10)$$

[例題 4・1・3]

n を正の整数，$a_1, a_2, \ldots, a_n$ を実数とし，
$$f(x) = a_1 \sin x + a_2 \sin 2x + \cdots + a_n \sin nx$$
とする．すべての実数 x に対して $|f(x)| \leq |\sin x|$ であるならば，
$$|a_1 + 2a_2 + \cdots + na_n| \leq 1 \quad \cdots\cdots (*)$$
であることを示せ．

[発想法]

まず，結論の $(*)$ の式を見て，何かを連想してみよう．その手掛りは，各項 a_k の係数と a の添字 k とが一致していることだ．さらに，$f(x)$ の各項 $a_k \sin kx$ $(k=1, 2, \ldots, n)$ において，a_k の k と $\sin kx$ の k が一致しているので $f(x)$ を微分すると，$(a_k \sin kx)' = \underline{ka_k} \cos kx$ より，$(*)$ の式と同様の関係を得る．

このことを連想できれば，この問題はもう解けたも同じである．

[解答] $f(x)$ を微分して
$$f'(x) = a_1 \cos x + 2a_2 \cos 2x + \cdots + na_n \cos nx$$
さらに，$x = 0$ として
$$f'(0) = a_1 + 2a_2 + \cdots + na_n$$
微分の定義に従って
$$((*)\text{ の左辺}) = |f'(0)|$$
$$= \lim_{x \to 0} \left| \frac{f(x) - f(0)}{x - 0} \right|$$
$$= \lim_{x \to 0} \left| \frac{f(x)}{x} \right|$$
条件 $|f(x)| \leq |\sin x|$ を用いて
$$\leq \lim_{x \to 0} \left| \frac{\sin x}{x} \right| = 1$$

[コメント]　上述のように，微分の定義に持ち込む解法を思いつかないと証明は大変になる．そのときは帰納法で証明することになるが，一筋縄ではいかない．以下に参考のため，帰納法による証明を示そう．

本問をより一般化した次の問題を考えてみよう．

$a_1(x), a_2(x), \ldots, a_n(x)$ を x について微分可能な関数とし
$$f(x) = a_1(x) \sin x + a_2(x) \sin 2x + \cdots + a_n(x) \sin nx$$
とする．また，すべての実数 x に対して，$|f(x)| \leq |\sin x|$ であるとき
$$|a_1(0) + 2a_2(0) + \cdots + na_n(0)| \leq 1$$
を証明せよ．

（注）この命題が示せれば，すべての実数 x に対して $a_i(x) \equiv a_i$ (定数)，$i = 1, 2, \cdots, n$

とおくことにより，[例題 4・1・3]も証明されたことになる．

【証明】 n に関する帰納法で証明しよう．

$|a_1(x)\sin x| \leq |\sin x|$ が与えられている．x が 0 に近づくとき，$\sin x \neq 0$ なので，0 に近い数 x に対して $|a_1(x)| \leq 1$ を得る．

$a_1(x)$ は $x=0$ で連続だから $|a_1(0)| \leq 1$ を得る．よって，$n=1$ のとき命題が正しいことがわかる．

さて，ここで $n=k$ のとき命題が正しいと仮定し，次の関数を考えよう．
$$f(x)=a_1(x)\sin x+a_2(x)\sin 2x+\cdots\cdots+a_{k+1}(x)\sin(k+1)x$$
ここに，$|f(x)| \leq |\sin x|$，かつ $a_i(x)$ は微分可能とする．上式は加法定理を用いることにより，次のように書き直せる．
$$f(x)=[a_1(x)+a_{k+1}(x)\cos kx]\sin x+a_2(x)\sin 2x+\cdots\cdots$$
$$\cdots\cdots+a_{k-1}(x)\sin(k-1)x+[a_k(x)+a_{k+1}(x)\cos x]\sin kx$$
ここで帰納法の仮定を適用して，次の結論を得る．
$$|[a_1(0)+a_{k+1}(0)]+2a_2(0)+\cdots\cdots+(k-1)a_{k-1}(0)+k[a_k(0)+a_{k+1}(0)]| \leq 1$$
これは，
$$|a_1(0)+2a_2(0)+\cdots\cdots+ka_k(0)+(k+1)a_{k+1}(0)| \leq 1$$
にほかならない．かくして証明は完了した．

━━━〈練習 4・1・3〉━━━━━━━━━━━━━━━━━━━━
n 個の実数 $a_0, a_1, \cdots\cdots, a_n$ は次の等式($*$)をみたすものとする.
$$\frac{a_0}{1}+\frac{a_1}{2}+\cdots\cdots+\frac{a_n}{n+1}=0 \quad \cdots\cdots(*)$$
方程式 $a_0+a_1x+\cdots\cdots+a_nx^n=0$ は1より小さい正の解をもつことを示せ.
━━━━━━━━━━━━━━━━━━━━━━━━━━━━━━━━━

[発想法]

今度は,問題文の式($*$)を見て何を連想するだろうか.($*$)の各項 a_k の係数 $\dfrac{1}{k+1}$ の分母は a の添字 k より1だけ大きい.さらに,方程式
$$f(x) \equiv a_0+a_1x+\cdots\cdots+a_nx^n=0$$
の各項を区間 $0 \leqq x \leqq 1$ で定積分すると,
$$\int_0^1 x^n\,dx = \left[\frac{x^{n+1}}{n+1}\right]_0^1 = \frac{1}{n+1}$$
となるから,($*$)の式と同様の関係を得る.だから,式($*$)の各項 $\dfrac{a_k}{k+1}$ を見て,"定積分かな……"と連想してほしい.

[解答] $f(x)=a_0+a_1x+\cdots\cdots+a_nx^n$ とおく.

$f(x)$ を $0 \leqq x \leqq 1$ で定積分して
$$\int_0^1 f(x)dx = \left[a_0x+\frac{a_1}{2}x^2+\cdots\cdots+\frac{a_n}{n+1}x^{n+1}\right]_0^1$$
$$= a_0+\frac{a_1}{2}+\cdots\cdots+\frac{a_n}{n+1} \quad \cdots\cdots(**)$$

($**$)の右辺は,条件式($*$)より0である.すなわち,
$$\int_0^1 f(x)dx = 0$$

よって,方程式 $f(x)=0$ (すなわち,$a_0+a_1x+\cdots\cdots+a_nx^n=0$) は1より小さい正の解をもつ(図1参照).

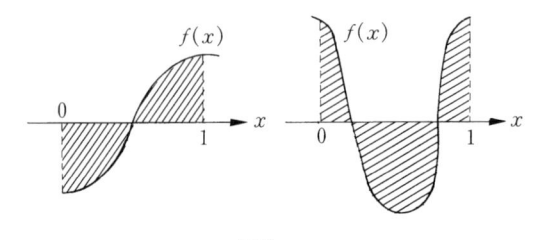

図1

[例題 4・1・4]

1枚の硬貨を繰り返し投げる.k回目の試行において,表が出れば値1をとり,裏が出れば値0をとる確率変数X_kに対し,$Y_n = \sum_{k=1}^{n} \dfrac{X_k}{2^k}$ ($n=1, 2, \cdots$) とおく.

(1) $a_k = 0$ または 1 ($k=1, 2, \cdots\cdots, l$) とするとき,確率
$$P(X_1 = a_1, X_2 = a_2, \cdots\cdots, X_l = a_l)$$
を求めよ.

(2) m を与えられた2以上の整数とする.$n > m$ として確率
$$P\left(Y_n \geq \dfrac{1}{2} + \dfrac{1}{2^m}\right) \quad \text{および} \quad P\left(Y_n \leq \dfrac{1}{2} - \dfrac{1}{2^m}\right)$$
を求め,さらに
$$\lim_{n \to \infty} P\left(\left|Y_n - \dfrac{1}{2}\right| < \dfrac{1}{2^m}\right)$$
を求めよ.

発想法

確率変数X_kは0または1だから,Y_nの分子だけ並べると0と1からなる系列になる.たとえば"110"を見て君は何を連想するだろうか(誰だ.警察なんていっている人は!).

さらに,"101100100100"を見て君は何を連想するか."小数の2進法表示"を連想しなければいけない.たとえば$\dfrac{1}{2} + \dfrac{1}{2^m}$を2進法表示すると,2進法表示に気づきさえすれば,$\dfrac{1}{2} + \dfrac{1}{2^m} = 0.10\cdots\cdots 01_{[2]}$ となる(ただし,末尾の $_{[2]}$ は2進法表示を意味する).
　　　　　　　　　　　　↑
　　　　　　　　　　(小数第 m 位)

解答 (1) $P(X_k = 0) = P(X_k = 1) = \dfrac{1}{2}$

であり,1回1回の試行は独立だから
$$P(X_1 = a_1, X_2 = a_2, \cdots\cdots, X_l = a_l) = \left(\dfrac{1}{2}\right)^l = \dfrac{1}{2^l} \qquad \cdots\cdots \text{(答)}$$

(2) Y_n を2進法による小数点表示に対応づけると,
$$Y_n = \dfrac{X_1}{2^1} + \dfrac{X_2}{2^2} + \cdots\cdots + \dfrac{X_n}{2^n}$$

また，

$$\frac{1}{2}+\frac{1}{2^m}=0.X_1X_2X_3\cdots\cdots X_m \cdots\cdots X_n$$
$$=0.1\ 0\ \cdots\cdots\ 0\ 1\ 0\ \cdots\cdots\ 0_{[2]}$$
　　　　　　　　　　↑　　　　　　↑
　　　　　　　　（小数第 m 位）　（小数第 n 位）

$\left(\begin{array}{l}\text{ただし，末尾の [2] は，2 進法表示であることを表すものとする．また，}\\ \text{小数第 }(m+1)\text{ 位から後は空位の 0 である．}\end{array}\right)$

よって，

$$Y_n \geqq \frac{1}{2}+\frac{1}{2^m} \quad \cdots\cdots(*)$$

であるための必要十分条件は，

『$X_1=1$ かつ "$X_2,\ X_3,\ \cdots\cdots,\ X_m$ のうち少なくとも 1 つが 1"』

"$X_2,\ X_3,\ \cdots\cdots,\ X_m$ のうちの少なくとも 1 つが 1 である" の余事象を考えて，"$X_2,\ X_3,\ \cdots\cdots,\ X_m$ のすべてが 0 である" 確率は $\dfrac{1}{2^{m-1}}$ だから，

$$P\left(Y_n\geqq\frac{1}{2}+\frac{1}{2^m}\right)=\frac{1}{2}\times\left(1-\frac{1}{2^{m-1}}\right)=\frac{1}{2}-\frac{1}{2^m} \quad \cdots\cdots(\text{答})$$
　　　　　　　　　　　　　↑　　　　　　︸
　　　　　　　　　　　$X_1=1$　$X_2,\ X_3,\ \cdots\cdots,\ X_m$のうち少なくとも 1 つが 1

$P\left(Y_n\leqq\dfrac{1}{2}-\dfrac{1}{2^m}\right)$ を求めるために，$\dfrac{1}{2}-\dfrac{1}{2^m}$ を 2 進法表示してみよう．

$\dfrac{1}{2}=0.100\cdots\cdots_{[2]}$，$\dfrac{1}{2^m}=0.00\cdots\cdots 010\cdots\cdots_{[2]}$　であるから，実際にひき算をして，
　　　　　↑　　　　　　　　　　　↑
　　（小数第 m 位）　　　　（小数第 m 位）

$$\begin{array}{r}0.10\cdots\cdots 00\\ -)\,0.00\cdots\cdots 01\\ \hline 0.01\cdots\cdots 11\end{array}$$

よって，$Y_n\leqq\dfrac{1}{2}-\dfrac{1}{2^m}=0.011\cdots\cdots 1100\cdots\cdots 0_{[2]}$
　　　　　　　　　　　　　　　　　　　　　↑　　　　　　↑
　　　　　　　　　　　　　　　　　　（小数第 m 位）（小数第 n 位）

となるためには，

　　　　「$X_1=0$」　　　　　　　　　　　　　　　　　　　……(ア)

が必要で，そのもとで

　　　　「$X_2,\ X_3,\ \cdots\cdots,\ X_m$ の少なくとも 1 つが 0」　　……(イ)

または，「$X_2=X_3=\cdots\cdots=X_m=1,\ X_{m+1}=\cdots\cdots=X_n=0$」　……(ウ)

であることが必要十分だから，

$$Y_n\leqq\frac{1}{2}-\frac{1}{2^m}\iff \text{「(ア) かつ "(イ) または (ウ)"」}$$

$$\therefore\ P\left(Y_n\leqq\frac{1}{2}-\frac{1}{2^m}\right)=\frac{1}{2}\left\{\left(1-\frac{1}{2^{m-1}}\right)+\frac{1}{2^{n-1}}\right\}$$

$$=\frac{1}{2}-\frac{1}{2^m}+\frac{1}{2^n} \qquad \cdots\cdots\text{(答)}$$

$Y_n-\dfrac{1}{2}=y$ とすると，(2)の前半では

$$y\leqq -\frac{1}{2^m},\quad \frac{1}{2^m}\leqq y$$

となる確率を求めたことになる．

$$|y|<\frac{1}{2^m} \iff -\frac{1}{2^m}<y<\frac{1}{2^m}$$

となる確率はその余事象として与えられるから，

$$\lim_{n\to\infty} P\left(\left|Y_n-\frac{1}{2}\right|<\frac{1}{2^m}\right)$$
$$=\lim_{n\to\infty}\left\{1-P\left(Y_n\geqq \frac{1}{2}+\frac{1}{2^m}\right)-P\left(Y_n\leqq \frac{1}{2}-\frac{1}{2^m}\right)\right\}$$
$$=\lim_{n\to\infty}\left\{1-\left(1-\frac{2}{2^m}+\frac{1}{2^n}\right)\right\}$$
$$=\frac{1}{2^{m-1}} \qquad \cdots\cdots\text{(答)}$$

〈練習 4・1・4〉

サイコロを何回か振る。最初に出た目の数を a_1, 2 回目に出た目の数を a_2, ……, k 回目に出た目の数を a_k とする。

$$X_k = \frac{a_1}{7} + \frac{a_2}{7^2} + \cdots\cdots + \frac{a_k}{7^k}$$

とし, X_k の期待値を E_k とする。サイコロは, どの目も同じように出るものとする。

(1) $E_2 = \dfrac{\boxed{ア}}{\boxed{イ}}$ であり, $\displaystyle\lim_{k\to\infty} E_k = \dfrac{\boxed{ウ}}{\boxed{エ}}$ である。

(2) $X_2 > \dfrac{1}{2}$ である確率は, $\dfrac{\boxed{オ}}{\boxed{カ}}$ であり,

$X_3 > \dfrac{1}{2}$ である確率は, $\dfrac{\boxed{キ}}{\boxed{ク}}$ である。

発想法

$X_k = \dfrac{a_1}{7} + \dfrac{a_2}{7^2} + \cdots\cdots + \dfrac{a_k}{7^k}$ を見て何を連想するか。これは, 前問と同様に小数の 7 進法表示を連想しなければいけない。諸君のよく知っている 10 進法表示は, たまたま世間に広く流布しているのであって, 何進法であっても柔軟に対処できることが肝要である。

X_k を 7 進法による小数点表示に対応づけられることに気づけばよい。10 進法では, $1_{[10]} = 0.999\cdots\cdots_{[10]}$ であるが, 7 進法では, $1_{[10]} = 0.666\cdots\cdots_{[7]}$ となる。したがって, $\dfrac{1}{2} = 0.5_{[10]} = 0.333\cdots\cdots_{[7]}$ である。このことに留意して解答をつくればよい。

解答

(1) サイコロを振ったとき, 1～6 のおのおのの目が出る確率は $\dfrac{1}{6}$ であるから, 出る目の期待値は $\dfrac{1}{6}(1+2+3+4+5+6) = \dfrac{7}{2}$ である。

よって, 各 i ($i=1, 2, \cdots$) に対して, $E(a_i) = \dfrac{7}{2}$ である。X, Y をそれぞれ確率変数とし, a, b を定数とするとき, $E(aX+bY) = aE(X) + bE(Y)$ (和の期待値＝期待値の和) という公式がある。このことから

$$\begin{aligned} E_2 &= E\left(\frac{1}{7}a_1 + \frac{1}{7^2}a_2\right) \\ &= \frac{1}{7}E(a_1) + \frac{1}{7^2}E(a_2) \end{aligned}$$

$$= \frac{1}{7} \times \frac{7}{2} + \frac{1}{7^2} \times \frac{7}{2} = \frac{4}{7} \quad \cdots\cdots(\text{ア})$$
$$\qquad\qquad\qquad\qquad\qquad \cdots\cdots(\text{イ})$$

$$E_k = E\left(\frac{1}{7}a_1 + \frac{1}{7^2}a_2 + \cdots\cdots + \frac{1}{7^k}a_k\right)$$
$$= \frac{1}{7}E(a_1) + \frac{1}{7^2}E(a_2) + \cdots\cdots + \frac{1}{7^k}E(a_k)$$
$$= \frac{7}{2}\left(\frac{1}{7} + \frac{1}{7^2} + \cdots\cdots + \frac{1}{7^k}\right)$$
$$\left(\because\ E(a_i) = \frac{7}{2}\ (i=1,\ 2,\ \cdots\cdots,\ k)\right)$$

$$\therefore\ \lim_{k\to\infty} E_k = \frac{7}{2} \cdot \frac{\frac{1}{7}}{1-\frac{1}{7}}$$
$$= \frac{7}{12} \quad \cdots\cdots(\text{ウ})$$
$$\qquad\qquad \cdots\cdots(\text{エ})$$

(2) $\frac{1}{2}$ を 7 進法で表すと，

$$\frac{1}{2} = 0.333\cdots\cdots_{[7]}$$

であるから，

$$X_2 = \frac{a_1}{7} + \frac{a_2}{7^2} > \frac{1}{2} \iff 0.a_1a_{2[7]} > 0.33\cdots\cdots_{[7]}$$
$$\iff \text{``}a_1 > 3\text{''\ または ``}a_1 = 3\ \text{かつ}\ a_2 > 3\text{''}$$

したがって，$X_2 > \frac{1}{2}$ である確率は

$$\frac{3}{6} + \frac{1}{6} \cdot \frac{3}{6} = \frac{7}{12} \quad \cdots\cdots(\text{オ})$$
$$\qquad\qquad\qquad \cdots\cdots(\text{カ})$$

同様にして，

$$X_3 > \frac{1}{2} \iff 0.a_1a_2a_{3[7]} > 0.33\cdots\cdots_{[7]}$$
$$\iff \begin{cases} \text{``}a_1 > 3\text{''} & \cdots\cdots(\text{i}) \\ \text{または} \\ \text{``}a_1 = 3\ \text{かつ}\ a_2 > 3\text{''} & \cdots\cdots(\text{ii}) \\ \text{または} \\ \text{``}a_1 = a_2 = 3\ \text{かつ}\ a_3 > 3\text{''} & \cdots\cdots(\text{iii}) \end{cases}$$

(ⅰ)，(ⅱ)，(ⅲ) は互いに排反だから，求める確率は

$$\frac{3}{6} + \frac{3}{6^2} + \frac{3}{6^3} = \frac{43}{72} \quad \cdots\cdots(\text{キ})$$
$$\qquad\qquad\qquad\qquad \cdots\cdots(\text{ク})$$

(答) (ア) **4** (イ) **7** (ウ) **7** (エ) **12** (オ) **7** (カ) **12** (キ) **43** (ク) **72**

[例題 4・1・5]

下の図のように2つの図形 A, B(斜線部分)が平面上に配置されている.
このとき,A,B のどちらも同時に二等分するような直線が存在することを示せ.

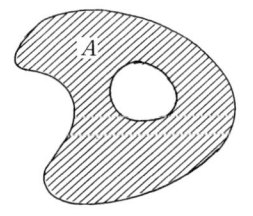

発想法

存在性を示す手法として何を連想するだろうか. Ⅰの**第2章§2**(存在命題の証明のしかた)で学んだように,"ロルの定理","鳩の巣原理","中間値の定理"や"平均値の定理"を連想しなければいけない. いずれも,代表的な手法である. この場合は中間値の定理が使えることを見抜かなければいけない. そこで,平面上に図形が1個だけ配置されている場合を例に,どのように中間値の定理を適用するかを考察してみよう.

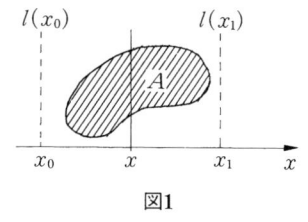

図1

ある図形 A が存在する平面に,図1のように,座標軸を設定する. そして,$l(x)$ を点 $(x, 0)$ を通り,x 軸に垂直な直線とする.
ここで,次の連続関数 $f(x)$ を考える.
$$f(x) = S_R(x) - S_L(x)$$
$\left(\text{ただし, }S_R(x),\ S_L(x)\text{ をそれぞれ図形 }A\text{ の直線 }l(x)\text{ より右側,左側にある部分の面積とする.}\right)$
$l(x)$ を $l(x_0)$ の位置から $l(x_1)$ の位置までの正方向へ動かすと
$$f(x_0) > 0, \quad f(x_1) < 0$$
である.
したがって,連続関数 $f(x)$ に対して,中間値の定理を適用して,ある $a(x_0 < a < x_1)$ が存在して,$f(a)=0$ となる. つまり,$l(a)$ は,図形 A を二等分する $(S_R(a)=S_L(a))$ ことを意味する. 図形が2個配置されている本問についても,中間値の定理を応用すればよい.

解答 図形 A, B をともに内部に含むような円 C(半径 r)を描き,この円周上に1点 X を任意にとり,固定する. 反時計まわりに,X からの弧長が x である円周上の点を P とし,点 P を通る直径を l_P とする. A の面積を二等分する l_P に垂直な弦を a_P, B

の面積を二等分する l_P に垂直な弦を b_P とし（中間値の定理より a_P, b_P は存在する），点 P からそれぞれの弦への距離を $d_A(x)$, $d_B(x)$ とする．

このとき，$D(x)=d_A(x)-d_B(x)$ と定める．また，x を $0 \leq x \leq \pi r$ の範囲を動くものとする．

$$D(0)=d_A(0)-d_B(0)$$
$$\begin{aligned}D(\pi r)&=d_A(\pi r)-d_B(\pi r)\\&=(2r-d_A(0))-(2r-d_B(0))\\&=-(d_A(0)-d_B(0))\\&=-D(0)\end{aligned}$$

したがって，$D(0)$ と $D(\pi r)$ は異符号であり，$D(x)$ は連続であるから，中間値の定理より，$D(x)=0$ であるような $x \in [0, \pi r]$ が存在する．このとき，$d_A(x)=d_B(x)$，すなわち，A の面積を二等分する弦と B の面積を二等分する弦が一致するので，題意は示せた．

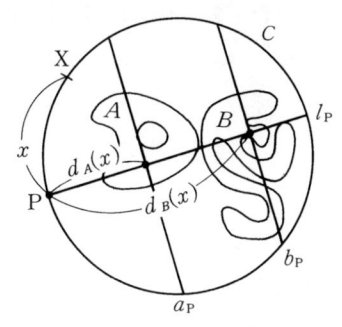

図2

〈練習 4・1・5〉

$f(x)$ を $-1<x<1$ で定義された関数とし,かつ, $f'(0)$ が存在するとする。数列 $\{a_n\}$ と $\{b_n\}$ は次の条件をみたしているとする。

$$-1<a_n<0<b_n<1, \quad \lim_{n\to\infty} a_n = \lim_{n\to\infty} b_n = 0$$

このとき,次のことを示せ。

$$\lim_{n\to\infty} \frac{f(b_n)-f(a_n)}{b_n-a_n} = f'(0) \quad \cdots\cdots (*)$$

発想法

問題文の式($*$)の右辺には関数 $f(x)$ の導関数 $f'(0)$ が現れているので,式($*$)の左辺を $f'(0)$ の定義に帰着させる方法として自然に"微分の定義"が思い浮かぶはずである。すなわち, $f'(0) = \lim_{x\to 0} f'(x) = \lim_{x\to 0} \dfrac{f(x)-f(0)}{x-0}$ を利用することを考えればよい。まず,分子は, $f(b_n)-f(0)$, $f(a_n)-f(0)$ とすることが必要である。したがって,

$$\frac{f(b_n)-f(a_n)}{b_n-a_n} = \frac{f(b_n)-f(0)}{b_n-a_n} + \frac{f(0)-f(a_n)}{b_n-a_n}$$

ここまでくれば,あとは分母が b_n-0, a_n-0 となる式をつくり出せばよいのだから,

$$\frac{f(b_n)-f(0)}{b_n-0} \cdot \frac{b_n-0}{b_n-a_n}$$

とする式変形が容易に連想できるに違いない。

解答 ($*$)の左辺を次のように変形する。

$$\frac{f(b_n)-f(a_n)}{b_n-a_n} = \frac{f(b_n)-f(0)}{b_n} \cdot \frac{b_n}{b_n-a_n} + \frac{f(0)-f(a_n)}{a_n} \cdot \frac{a_n}{b_n-a_n}$$

$$= \frac{f(b_n)-f(0)}{b_n} \cdot \frac{b_n}{b_n-a_n} + \frac{f(a_n)-f(0)}{a_n} \cdot \frac{-a_n}{b_n-a_n}$$

ここで, $\lim_{n\to\infty} a_n = \lim_{n\to\infty} b_n = 0$ であることに注意して,

$$\lim_{n\to\infty} \frac{f(b_n)-f(0)}{b_n} = \lim_{n\to\infty} \frac{f(a_n)-f(0)}{a_n} = f'(0)$$

だから,

$$\lim_{n\to\infty} \frac{f(b_n)-f(a_n)}{b_n-a_n} = \lim_{n\to\infty} \left(\frac{f(b_n)-f(0)}{b_n} \cdot \frac{b_n}{b_n-a_n} \right) + \lim_{n\to\infty} \left(\frac{f(a_n)-f(0)}{a_n} \cdot \frac{-a_n}{b_n-a_n} \right)$$

$$= f'(0) \times \lim_{n\to\infty} \frac{b_n}{b_n-a_n} + f'(0) \times \lim_{n\to\infty} \frac{-a_n}{b_n-a_n}$$

$$= f'(0) \times \lim_{n\to\infty} \left(\frac{b_n}{b_n-a_n} + \frac{-a_n}{b_n-a_n} \right)$$

$$= f'(0) \times 1$$

$$= f'(0)$$

[例題 4・1・6]

区間 $0 < t \leq 1$ において，$F(t) = \dfrac{1}{t}\displaystyle\int_0^{\frac{\pi}{2}t} |\cos 2x|\, dx$ とおく．このとき，$\displaystyle\lim_{t \to 0} F(t)$ を求めよ．

発想法

まずはじめに考えつくのは，積分を実際に計算し $F(t)$ を求めたうえで，$\displaystyle\lim_{t \to 0} F(t)$ を求めるという方針である．

被積分関数 $|\cos 2x|$ が絶対値つきの関数であり，$0 < t \leq 1$ のとき積分区間 $\left[0, \dfrac{\pi}{2}t\right]$ は分割される可能性もある（図1）．しかし，求めるのは $\displaystyle\lim_{t \to 0} F(t)$ であるから，t は 0 に近い値をとるとしてよい（「別解」参照）．

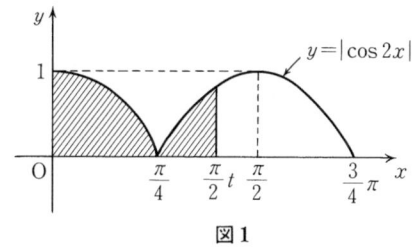

図1

さて，問題を注意深く観察すると，$0 < t \leq 1$ のとき，
$$G(t) = \int_0^{\frac{\pi}{2}t} |\cos 2x|\, dx$$
とおけば，
$$F(t) = \frac{G(t) - G(0)}{t - 0} \quad (\because\ G(0) = 0)$$
と変形できることに気づくだろう．このような変形を見抜くことが問題を注意深く観察するということなのだ．さらに，この式において $t \to 0$ とするとき，微分係数 $G'(0)$ を連想しなければいけない．さらに，$G(t)$ の微分から，ズバリ "微分積分学の基本定理" が使うべき定理であるというような "点と点を線で結ぶ" 思考ができるようになってほしい．

解答　$F(t) = \dfrac{1}{t}\displaystyle\int_0^{\frac{\pi}{2}t} |\cos 2x|\, dx \quad (0 < t \leq 1)$

について考える．$\dfrac{\pi}{2}t = h$ とおくと，$\dfrac{1}{t} = \dfrac{\pi}{2} \cdot \dfrac{1}{h}$

また，$\displaystyle\int_0^a |\cos 2x|\, dx = G(a)$ とおくと，
$$\lim_{t \to 0} F(t) = \lim_{h \to 0} \frac{\pi}{2} \cdot \frac{1}{h} \int_0^h |\cos 2x|\, dx$$
$$= \frac{\pi}{2} \lim_{h \to 0} \frac{G(h) - G(0)}{h - 0}$$

$\left(G(h) \text{ は } \dfrac{d}{dh}G(h) = |\cos 2h| \text{ となるような関数であるから}\right)$

$$\lim_{t\to 0} F(t) = \frac{\pi}{2}\left[\frac{d}{dh}G(h)\right]_{h=0}$$
$$= \frac{\pi}{2}|\cos 2\cdot 0|$$
$$= \frac{\pi}{2} \qquad \cdots\cdots(答)$$

【別解】

$\displaystyle\lim_{t\to 0} F(t)$ を求めるので，

$$0<t<\frac{1}{2} \quad \left(0<\frac{\pi}{2}t<\frac{\pi}{4}\right)$$

としても一般性を失わない．このとき

$$\int_0^{\frac{\pi}{2}t}|\cos 2x|\,dx = \int_0^{\frac{\pi}{2}t}\cos 2x\,dx$$
$$= \left[\frac{\sin 2x}{2}\right]_0^{\frac{\pi}{2}t}$$
$$= \frac{1}{2}\sin \pi t$$

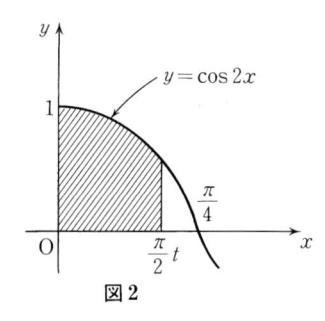

図2

したがって，

$$\lim_{t\to 0} F(t) = \lim_{t\to 0}\frac{1}{t}\int_0^{\frac{\pi}{2}t}|\cos 2x|\,dx$$
$$= \lim_{t\to 0}\frac{1}{2t}\sin \pi t$$
$$= \frac{\pi}{2}\lim_{t\to 0}\frac{\sin \pi t}{\pi t}$$
$$= \frac{\pi}{2} \qquad \cdots\cdots(答)$$

──〈練習 4・1・6〉──

任意の正の実数 x に対して，
$$F(x)=\lim_{n\to\infty}\sum_{i=1}^{n}\left|\sin\left(\frac{2i+1}{2n}x\right)-\sin\left(\frac{2i-1}{2n}x\right)\right|$$
とする．このとき，$F(x)$ の導関数 $F'(x)$ を求めよ．また，$F(2\pi)$ を求めよ．

発想法

$F(x)$ を定義する式をよく見て連想ゲームをしよう．まず，和を求めるべき数列には絶対値の記号がついているので，"中抜けの原理"を用いて計算することができないことに注意せよ．そこで，2つの sin のカッコの中に注意を向けなければいけない．この式は，和や差をとると簡単になることを見越して，三角関数の差から積の公式を思いつかなければ，この問題は解けない．

$$\sin\left(\frac{2i+1}{2n}x\right)-\sin\left(\frac{2i-1}{2n}x\right)=2\cos\left(\frac{ix}{n}\right)\underline{\sin\frac{x}{2n}}$$

次に，$n\to\infty$ のとき，$\frac{x}{n}\to 0$ だから，上式の ～ 部において，$\frac{\sin x}{x}\to 1\ (x\to 0)$ を連想すべきである．さらに，$\displaystyle\lim_{n\to\infty}\sum_{i=1}^{n}\frac{i}{n}$ より，区分求積法の利用を考えればよい．

$F'(x)$ を求めるには，"微分積分学の基本定理"すなわち，
$$\frac{d}{dx}\int_0^x f(t)dt=f(x)$$
を用いればよい．

解答 "差→積"の公式を用いて，
$$\sin\left(\frac{2i+1}{2n}x\right)-\sin\left(\frac{2i-1}{2n}x\right)=2\cos\frac{ix}{n}\sin\frac{x}{2n}$$

よって，
$$F(x)=\lim_{n\to\infty}\sum_{i=1}^{n}\left|2\cos\frac{ix}{n}\sin\frac{x}{2n}\right|$$

$\sin\dfrac{x}{2n}$ は i に関係ないから $\sum$ の外に出して，
$$F(x)=\lim_{n\to\infty}\left|2\sin\frac{x}{2n}\right|\cdot\sum_{i=1}^{n}\left|\cos\frac{ix}{n}\right|$$

$\displaystyle\lim_{n\to\infty}\frac{\sin\dfrac{x}{2n}}{\dfrac{x}{2n}}=1$ を使うことを考えて，
$$F(x)=\lim_{n\to\infty}\left(\left|\frac{\sin\dfrac{x}{2n}}{\dfrac{x}{2n}}\right|\cdot\frac{x}{n}\cdot\sum_{i=1}^{n}\left|\cos\frac{ix}{n}\right|\right)$$

$$=\lim_{n\to\infty}\left(\sum_{i=1}^{n}\left|\cos\frac{ix}{n}\right|\cdot\frac{x}{n}\right)$$

区分求積の定義を考えて,
$$F(x)=\int_0^x |\cos t|\, dt$$

微分積分学の基本定理を用いて,
$$\boldsymbol{F'(x)=|\cos x|} \qquad \text{……(答)}$$

また,
$$\begin{aligned}\boldsymbol{F(2\pi)}&=\int_0^{2\pi}|\cos t|\, dt\\&=4\int_0^{\frac{\pi}{2}}\cos t\, dt\\&=4\Big[\sin t\Big]_0^{\frac{\pi}{2}}\\&=4\cdot 1\\&=\boldsymbol{4} \qquad \text{……(答)}\end{aligned}$$

§2 逆をたどれ，または迎えに行って途中で落ち合え

　家から学校へ行くときに，各交差点において前後左右のどの方向に進むかを，それぞれ $\frac{1}{4}$ の確率で決定し，それを繰り返していると目的地の学校にたどりつける確率は極めて少ない．目的地にたどり着くために，われわれは当然このような道の選び方をしているわけではない．目的地を起点とし，そのためにはどこの駅で降り，そのためにはどの電車に乗り，そのためにはどのターミナル駅へ行き，そのためにはどのバスに乗り，……と判断しているのである．すなわち，AからBに行くとき，簡単にそのルートが割り出せる場合はそれでよいが，そうでない場合は，逆にBからAに向かうルートを探したほうが早いことがある．この種の考え方〝逆をたどる〟は，日常いろいろな局面で用いているのである．人と待ち合わせをしているとき，所要時間やルートを考慮して，何時に家を出ればよいかを逆算しているし，日々のお金の使い方も，その月の予算額から逆算して買うものを決定できるというように，その例は枚挙にいとまがないのである．

　この考え方のバリエーションとして〝迎えに行って途中で落ち合え〟という考え方がある．貸していたビデオを返しに来た友達が駅から君の家へ行くルートを尋ねるために電話をかけてきたとしよう．君は家から駅に向かって，友達は駅から君の家に向かって出発する．両者が通過する道を示し合わせておきさえすれば，きっとほぼ中間点ぐらいで落ち合えるに違いない．当然，途中の混雑するマーケットの近くや人通りの多い大通りで両者がすれ違わないように，お互いに注意を払っていればのことだが．

　証明問題(たとえば〝A → B〟を示す問題)の解答作成法は，その他の問題の解決法といささか趣きを異にする．というのは，証明問題では，その証明すべき結論Bが問題文の中に明示されているからである．上述の例でいうならば，行き先がわかっているのだから，逆にそこを出発点として，ものごとを判断していくことも可能なのである．このような考え方を用いると，結論Bから出発して条件Aにたどり着けたり，そこまで幸運でないにしても，その問題を解決するカギとなる定理や公式などを浮かび上がらせるという重大な効果をもたらすのである．本節では，この考え方について学ぶことにしよう．

[例題 4・2・1]

α を $0<\alpha<\pi$ なる固定された実数とし，
$$F(\theta)=\frac{\sin\theta+\sin(\theta+\alpha)}{\cos\theta-\cos(\theta+\alpha)}, \qquad 0\leq\theta\leq\pi-\alpha$$
とする．このとき，$F(\theta)$ は定数値関数であることを示せ．

発想法

「$F(\theta)$ が定数値関数である」ことを示すには，「すべての $\theta(0\leq\theta\leq\pi-\alpha)$ に対して，$F'(\theta)=0$」を示すというオーソドックスな方針がある．ところが，この方針に従うと $F(\theta)$ を微分するので，計算が煩雑になり大変である．

そこで，"定数値関数である"ことを示したいわけだが，逆に"定数値関数だとしたら"と結論から考えてみる．逆に"……だとしたら"と考えるのが"逆をたどれ"の第1歩だ．そのように考えてみると，$F(\theta)=$(一定) だから，$F(\theta)=F(0)$ が成り立つ．定数として $F(0)$ を選んだのは，$F\left(\dfrac{\pi}{2}\right)$ などよりも，$F(0)$ の方が簡単な式になるからだ．

それでは，$F(\theta)=F(0)$ から出発して，逆をたどってみよう．

$\qquad\qquad F(\theta)=F(0)$

$\Longleftrightarrow \quad \dfrac{\sin\theta+\sin(\theta+\alpha)}{\cos\theta-\cos(\theta+\alpha)}=\dfrac{\sin\alpha}{1-\cos\alpha} \qquad\qquad$……①

$\Longleftrightarrow \quad \{\sin\theta+\sin(\theta+\alpha)\}(1-\cos\alpha)=\sin\alpha\{\cos\theta-\cos(\theta+\alpha)\} \quad$……②

$\Longleftrightarrow \quad \sin\theta+\sin(\theta+\alpha)-\sin\theta\cos\alpha-\sin(\theta+\alpha)\cos\alpha$
$\qquad\qquad =\cos\theta\sin\alpha-\cos(\theta+\alpha)\sin\alpha \qquad$……③

$\Longleftrightarrow \quad \sin\theta+\sin(\theta+\alpha)-(\sin\theta\cos\alpha+\cos\theta\sin\alpha)$
$\qquad\qquad -\{\sin(\theta+\alpha)\cos\alpha-\cos(\theta+\alpha)\sin\alpha\}=0 \quad$……④

$\Longleftrightarrow \quad \sin\theta+\sin(\theta+\alpha)-\sin(\theta+\alpha)-\sin(\theta+\alpha-\alpha)=0 \qquad$……⑤

結論からさかのぼって ⑤ という (至極当たり前の式である) 恒等式が導かれた．したがって，⑤ → ④ → ③ → ② → ① の順にたどっていけば，「証明」が完成する．これぞ "逆にたどれ" の本領なのである．この例で，この考え方の威力がわかったはずである．

この証明を答案に書く際，② → ① の所で，(分母)$\neq 0$ という条件が成り立つことを示さなければならないが $0<\alpha<\pi$ のとき，

$\qquad 1-\cos\alpha \neq 0$

であり，

$\qquad 0\leq\theta<\theta+\alpha\leq\pi \quad (\because \quad 0\leq\theta\leq\pi-\alpha)$

より，

$\qquad \cos\theta-\cos(\theta+\alpha)>0 \quad (\because \quad \cos\theta$ は $0\leq\theta\leq\pi$ で単調減少$)$

解答 $0 \leq \theta \leq \pi - \alpha$ ……(*) なるすべての θ に対して,
$$\sin\theta + \sin(\theta+\alpha) - \sin(\theta+\alpha) - \sin(\theta+\alpha-\alpha) = 0 \quad \cdots\cdots ⑤$$
よって,加法定理より
$$\sin\theta + \sin(\theta+\alpha) - (\sin\theta\cos\alpha + \cos\theta\sin\alpha)$$
$$-\{\sin(\theta+\alpha)\cos\alpha - \cos(\theta+\alpha)\sin\alpha\} = 0 \quad \cdots\cdots ④$$
よって,
$$\sin\theta + \sin(\theta+\alpha) - \sin\theta\cos\alpha - \sin(\theta+\alpha)\cos\alpha$$
$$= \sin\alpha\cos\theta - \sin\alpha\cos(\theta+\alpha) \quad \cdots\cdots ③$$
$\therefore \quad \{\sin\theta + \sin(\theta+\alpha)\}(1-\cos\alpha) = \sin\alpha\{\cos\theta - \cos(\theta+\alpha)\} \quad \cdots\cdots ②$

(*) なる範囲で,
$$\cos\theta - \cos(\theta+\alpha) \neq 0$$
また,$0 < \alpha < \pi$ なる範囲で,
$$1 - \cos\alpha \neq 0$$
なので,② を変形して
$$F(\theta) = \frac{\sin\theta + \sin(\theta+\alpha)}{\cos\theta - \cos(\theta+\alpha)} = \frac{\sin\alpha}{1-\cos\alpha} = (一定)$$

〈練習 4・2・1〉

$n(>1)$ 人の選手 $P_1, P_2, \ldots, P_n$ が総当たり戦で試合をする。各選手は他のどの選手ともちょうど1回対戦し、どの対戦においても引き分けはないものとする。選手 P_r の勝ち試合数、負け試合数をそれぞれ W_r, L_r とする。
このとき、

$$\sum_{r=1}^{n} W_r^2 = \sum_{r=1}^{n} L_r^2 \quad \cdots\cdots(*)$$

が成り立つことを示せ。

発想法

解答を考える前に、東京六大学の野球を例にとり(図1)、この事実が成り立っていることを確認してみよう。

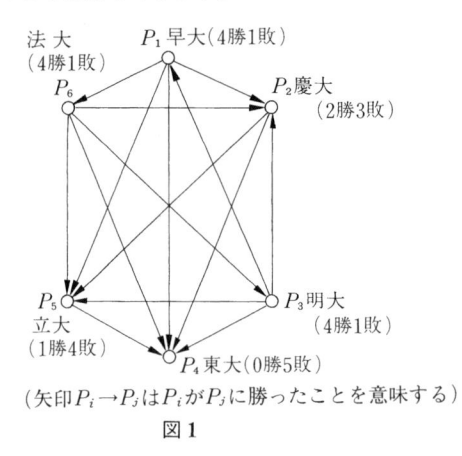

法大 P_6（4勝1敗）　P_1 早大（4勝1敗）
P_2 慶大（2勝3敗）
P_5 立大（1勝4敗）　P_3 明大（4勝1敗）
P_4 東大（0勝5敗）
(矢印 $P_i \to P_j$ は P_i が P_j に勝ったことを意味する)

図1

	W_r	L_r	W_r^2	L_r^2
P_1(早大)	4	1	16	1
P_2(慶大)	2	3	4	9
P_3(明大)	4	1	16	1
P_4(東大)	0	5	0	25
P_5(立大)	1	4	1	16
P_6(法大)	4	1	16	1
			53=53	

表1

この例では表1にみるように $\sum_{r=1}^{6} W_r^2 = 53$, $\sum_{r=1}^{6} L_r^2 = 53$ となり、確かに等式 $(*)$ が成立している。

さあ、それでは解答をつくる作業に入ろう。"逆をたどっていく"わけだから、まず証明すべき式 $(*)$ が成り立つと仮定する。そして、次々に変形していく。そうすると、解法に必要な注目すべき点が浮き彫りにされてくる。さて、注目すべき事実は何だろうか。

$$\sum_{r=1}^{n} W_r^2 = \sum_{r=1}^{n} L_r^2 \quad \cdots\cdots ①$$

$$\sum_{r=1}^{n} W_r^2 - \sum_{r=1}^{n} L_r^2 = 0 \quad \cdots\cdots ②$$

§2 逆をたどれ，または迎えに行って途中で落ち合え

$$\sum_{r=1}^{n}(W_r{}^2-L_r{}^2)=0 \quad \cdots\cdots ③$$

$$\sum_{r=1}^{n}(W_r-L_r)(W_r+L_r)=0 \quad \cdots\cdots ④$$

「各 r に対して，$W_r+L_r=n-1$ ……(☆)」だから，

$$(n-1)\sum_{r=1}^{n}(W_r-L_r)=0 \quad \cdots\cdots ⑤$$

$$\sum_{r=1}^{n}(W_r-L_r)=0 \quad \cdots\cdots ⑥$$

$$\sum_{r=1}^{n}W_r=\sum_{r=1}^{n}L_r \quad \cdots\cdots ⑦$$

⑦の変数 r を具体的に書いてみると，⑦は次のようになる．

$$W_1+W_2+\cdots\cdots+W_n=L_1+L_2+\cdots\cdots+L_n \quad \cdots\cdots ⑦'$$

表1の例で，この等式⑦'の各 W_i, L_i $(i=1, 2, \cdots\cdots, n)$ に具体的な大学名を入れてみると，

(早大の勝ち数)+(慶大の勝ち数)+ …… +(法大の勝ち数)
　　=(早大の負け数)+(慶大の負け数)+ …… +(法大の負け数)

となる．さて，等式⑦'はいつも成り立つであろうか．表1の例では，

4+2+4+0+1+4=15=1+3+1+5+4+1

となり，成り立っている．各大学の勝ち試合数の合計は全試合数であり，また，それは各大学の負け試合数の合計だから，⑦' $\Longleftrightarrow$ ⑦ はつねに成り立っている．

すなわち，

「n 人全員の勝ち試合数の合計は，負け試合数の合計である」 ……(☆☆)

①→②→……→⑥→⑦ と進んできた．④→⑤のとき，「各 r に対して，$W_r+L_r=n-1$」……(☆) を用いた．この(☆)は，どの人も自分以外に $(n-1)$ 人の対戦相手がいるのだから，どの人についても

(勝ち試合数)+(負け試合数)=$n-1$

は当然だ．さっきの六大学の例では，この数は5とわかる．

では，さきほどの①→②→……→⑦ を"下敷き"にして，また，浮き彫りにされた事実(☆), (☆☆)を踏まえて，"逆をたどり"ながら解答をつくろう．

[解答]「n 人全員の勝ち試合数の合計は負け試合数の合計」

だから

$$\sum_{r=1}^{n}W_r=\sum_{r=1}^{n}L_r \quad \cdots\cdots (☆☆)$$

は真である．右辺を左辺に移項して

$$\sum_{r=1}^{n}(W_r-L_r)=0$$

この両辺に一定値 $(n-1)$ をかけて，

$$(n-1)\sum_{r=1}^{n}(W_r-L_r)=0$$

も成り立つ．

一方，各 r に対して，

$$(勝ち試合数)+(負け試合数)=n-1$$

よって，$W_r+L_r=n-1$ ……(☆)

である．よって，上式は

$$\sum_{r=1}^{n}(W_r+L_r)(W_r-L_r)=0$$

と書き直せる．

よって，$\sum_{r=1}^{n}(W_r{}^2-L_r{}^2)=0$

$$\sum_{r=1}^{n}W_r{}^2-\sum_{r=1}^{n}L_r{}^2=0$$

すなわち，$\sum_{r=1}^{n}W_r{}^2=\sum_{r=1}^{n}L_r{}^2$

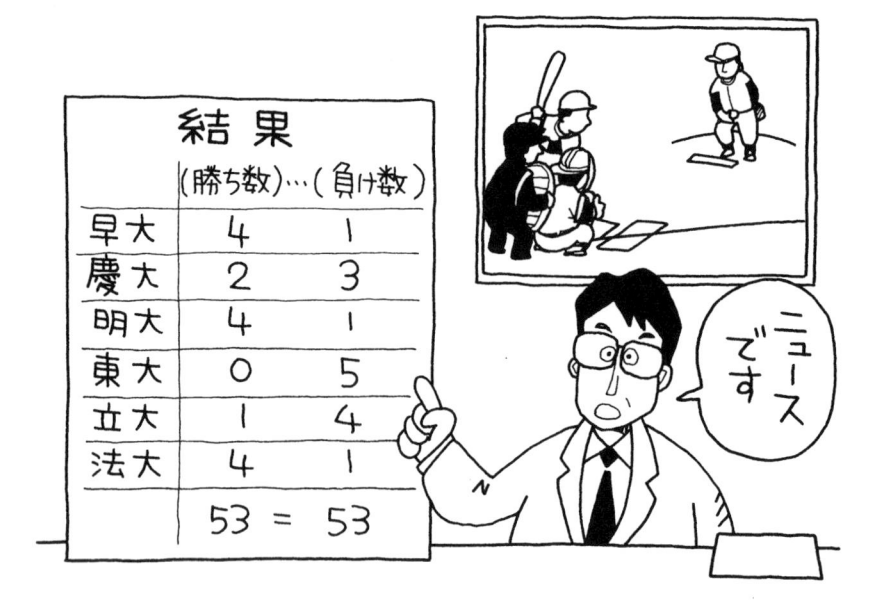

[例題 4・2・2]

点Oを中心とする円Cがある．AOBを円Cの直径とし，BMを点Bにおける円の接線とする．FPは円周上の点Eにおいて円に接し，BMとFで交わるとする．また，弦AEの延長とBMとの交点をDとする．このとき，BF＝FDを証明せよ．

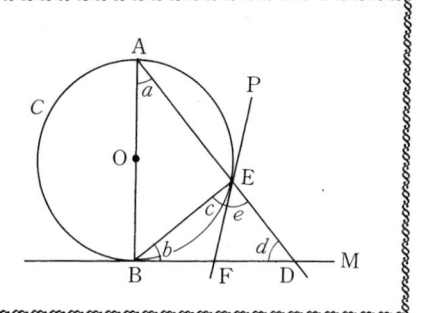

発想法

問題解決に必要不可欠な事実（定理，公式，変形など）を"逆をたどれ"という考え方で探し当ててみよう．

記号は図に示したようにする．まず，出発点は，

$\quad$ BF＝FD $\quad$ ……①

点Fから円への2つの接線がE，Bで接しているので，

$\quad$ BF＝FE $\quad$ ……②

よって，①，②より

$\quad$ FE＝FD $\quad$ ……③

よって，△FDEは二等辺三角形だから，

$\quad \angle d = \angle e \quad$ ……④

△ABDは直角三角形なので，

$\quad \angle a = 90° - \angle d \quad$ ……⑤

∠BEAは直径に対する円周角だから直角なので，

$\quad \angle c = 90° - \angle e \quad$ ……⑥

④，⑤，⑥より

$\quad \angle a = \angle c \quad$ ……⑦

"$\angle a = \angle c$"というのは，中学校で勉強した接弦定理（$\angle a$も$\angle c$も円Cの同じ弧BEを切るとき，$\angle a = \angle c$（図1））そのものだ．

こうして，この問題解決のために使うべき定理が割り出せたわけだ．"逆をたどれ"をこの初等幾何の問題に実践してみて，この戦略の威力を，読者は十分に認識してほしい．

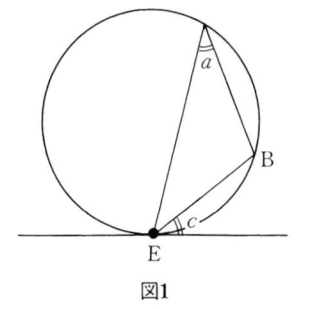

図1

証明は接弦定理を出発点として⑦→⑥→……→①と逆をたどればよい．

解 答 接弦定理より， ∠a＝∠c ……⑦
∠BEA は直径に対する円周角だから直角なので，
　　　　∠c＝90°−∠e ……⑥
△ABD は直角三角形なので，
　　　　∠a＝90°−∠d ……⑤
⑦，⑥，⑤ より，∠d＝∠e ……④
よって，△FDE は二等辺三角形であり，
　　　　FE＝FD ……③
一方，点 F から円への 2 つの接線が E，B で接しているので，
　　　　FE＝BF ……②
③，② より，　BF＝FD

─〈練習 4・2・2〉─

AB を円 O の直径とし，直線 BM を点 B における円 O の接線とする．直線 BM 上に任意の点 C をとり，BM 上に BC＝CD となるように D を C と同じ側にとる．AD と円 O との交点を E とするとき，直線 CE は円 O の接線となることを証明せよ．

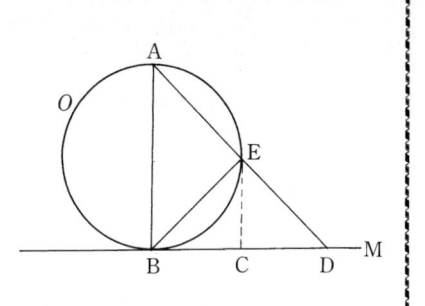

[発想法]

直線 CE が接線だとすると，
  CB＝CE　　　　……①
である．
 仮定より，　CB＝CD
 ∴　CB＝CE＝CD　　……②
 ゆえに，△BDE は
  ∠BED＝∠R　　　……③
の直角三角形である．
 よって，"点 E は円 O の円周上にある"　……(☆)
 この事実(☆)を証明の出発点として，上述の流れの逆をたどりながら解答をつくろう．

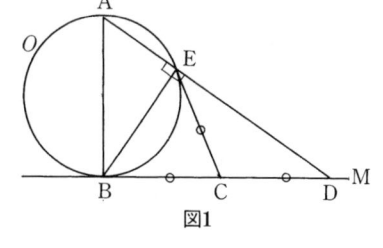

図1

[解答]　点 E は円 O の円周上にあるから，
  ∠AEB＝∠R　　　……③
よって，△BDE は直角三角形である．
また，条件より BC＝CD であるから，点 E は線分 BD を直径とする円周 O' 上にある．
よって，BC，CE は円 O' の半径であり
  BC＝CE（＝CD）　……②
ゆえに，CE は円 O の接線である．

[例題 4・2・3]

$$B(p, q) = \int_0^1 x^p(1-x)^q dx \quad (p>0, \ q>0)$$

において，次のことを証明せよ．

(1) $B(p, q) = B(q, p)$

(2) $B(p, q) = B(p+1, q) + B(p, q+1)$

(3) $B(p+1, q) = \dfrac{p+1}{p+q+2} B(p, q)$

(4) p, q が正の整数のとき，$B(p, q) = \dfrac{p! q!}{(p+q+1)!}$

発想法

　これまでは，結論から出発し"逆をたどって"問題解決に不可欠な事実を発見したが，問題によっては，仮定と決論から導かれる不可欠な事実との間に隔りがあり，逆をたどって相互に到達することが不可能な場合もある．そのようなときには，仮定と結論の両方から推論を進めて，同一の事実に到達できればよい．これが，"途中で落ち合え"の考え方だ．そこで，これまでと同じように逆からたどって，行けるところまで行って，次に仮定からその地点に向かって進んでみよう．

(1) $B(p, q) = \cdots\cdots = B(q, p)$ だから，答案が完成したとすると

$$B(q, p) = \int_0^1 x^q(1-x)^p dx \quad \cdots\cdots(*)$$
$$= \cdots\cdots$$
$$= \int_0^1 x^p(1-x)^q dx \quad \cdots\cdots(**)$$
$$= B(p, q)$$

という形になる．そこで，$(*)$ の式と $(**)$ の式をよく観察する．すると，$(1-x)^p \to x^p, \ x^q \to (1-x)^q$ と変わっている．したがって，$1-x=t$ と変数変換すればよいことに気づくであろう．

(2) まず，証明すべきことは何かという目的意識をはっきりもたなければいけない．手はじめに，結論の式から"逆をたどれ"．

$$B(p+1, q) + B(p, q+1) = \int_0^1 x^{p+1}(1-x)^q dx + \int_0^1 x^p(1-x)^{q+1} dx \quad \cdots\cdots(☆)$$
$$= \cdots\cdots$$
$$= \int_0^1 x^p(1-x)^q dx$$
$$= B(p, q) \quad \cdots\cdots(☆☆)$$

ここで，(☆)，(☆☆)を比べると，(☆☆)の直前の式では積分が1つだけになっているから，(☆)を1つの積分にまとめて計算すればよいはずだ．

§2 逆をたどれ，または迎えに行って途中で落ち合え　193

$$\int_0^1 x^{p+1}(1-x)^q dx + \int_0^1 x^p(1-x)^{q+1} dx$$
$$= \int_0^1 \{x^{p+1}(1-x)^q + x^p(1-x)^{q+1}\} dx$$
$$= \int_0^1 x^p(1-x)^q \{\underline{x+(1-x)}\} dx$$
$$= \int_0^1 x^p(1-x)^q dx$$

　これで，うまく出発すべき式にたどりついたわけだから，今やったことを逆に書いていけば証明は完成する．ここで注意すべきことは，"逆をたどる" という戦略を使った恩恵として，上式中の 〰〰 の部分 $1=x+(1-x)$ という難しい変形が自然に行えたということだ．すなわち，"$x+(1-x)$ は 1 である" ことは誰でもわかるが，式の途中で突然 "1 は $x+(1-x)$ である" と変形するのは，この戦略を知っている人だけが考えつく変形である．

(3)　まず，"(1), (2) の結論を利用できないか(§4参照)" と連想しなければいけない．そこで，似た式の出てくる(2)と(3)を比べてみよう．

$$B(p+1, q) = \frac{p+1}{p+q+2} B(p, q) \qquad \cdots\cdots (3)$$
$$B(p, q) = B(p+1, q) + B(p, q+1) \qquad \cdots\cdots (2)$$

　(2) の式の中には，$B(p, q+1)$ が入っているが，(3) には入っていない．(2) から (3) を導くためには，$B(p, q+1)$ を $B(p, q)$ か $B(p+1, q)$ のどちらかで表せばよいはずである．では，どちらで表したらよいだろうか．被積分関数の次数を比較してみよう (IIの第3章§1参照)．$B(p, q)$ は，x の $(p+q)$ 次であり，$B(p+1, q)$ は，x の $(p+q+1)$ 次であり，$B(p, q+1)$ は x の $(p+q+1)$ 次である．よって，次数に注意して，"$B(p, q+1)$ を，これと同じ次数をもつ $B(p+1, q)$ で表すことを試みればよさそうだ" と推理できる．

(4)　(3) の式において，両辺のカッコ内の値が $p+1 \to p, q \to q$，すなわち p の値が 1 減少すると定数 $\dfrac{p+1}{p+q+2}$ 倍されるという規則を見抜け (第1章§1参照)．さらに，$\dfrac{p+1}{p+q+2} = \dfrac{(p+1)}{(p+1)+(q+1)}$ であるから，(3) の結果は，p の漸化式になっていることがわかる．この漸化式を繰り返し利用すれば (4) を得る．

解答　(1)　$B(p, q) = \int_0^1 x^p(1-x)^q dx \qquad \cdots\cdots (*)$
$$= \int_1^0 (1-t)^p t^q (-dt)$$
$$= \int_0^1 t^q(1-t)^p dt = B(q, p) \quad \cdots\cdots (**)$$

(2)　$B(p, q) = \int_0^1 x^p(1-x)^q dx$

$$= \int_0^1 x^p(1-x)^q \{x+(1-x)\}dx$$
$$= \int_0^1 x^{p+1}(1-x)^q dx + \int_0^1 x^p(1-x)^{q+1} dx$$
$$= B(p+1, q) + B(p, q+1)$$

(3) $$B(p, q+1) = \int_0^1 x^p(1-x)^{q+1} dx$$
$$= \left[\frac{1}{p+1} x^{p+1}(1-x)^{q+1} \right]_0^1 + \frac{q+1}{p+1} \int_0^1 x^{p+1}(1-x)^q dx$$
$$= \frac{q+1}{p+1} B(p+1, q)$$

これを(2)の式の右辺の第2項に代入し,

$$B(p, q) = B(p+1, q) + \frac{q+1}{p+1} B(p+1, q)$$
$$= \frac{p+q+2}{p+1} B(p+1, q)$$
$$\therefore \quad B(p+1, q) = \frac{p+1}{p+q+2} B(p, q)$$

(4) $$B(p, q) = \frac{p}{p+q+1} B(p-1, q) \quad (\because (3))$$
$$= \cdots\cdots$$
$$= \frac{p!}{(p+q+1)\cdot\cdots\cdot(q+2)} B(0, q)$$

一方,
$$B(0, q) = \int_0^1 (1-x)^q dx$$
$$= \left[-\frac{(1-x)^{q+1}}{q+1} \right]_0^1 = \frac{1}{q+1}$$

以上より,
$$B(p, q) = \frac{p!}{(p+q+1)\cdot\cdots\cdot(q+2)(q+1)}$$
$$= \frac{p!q!}{(p+q+1)!}$$

[コメント] この解答では終始,出発する式と,結論の式を見比べながら上手な変形を繰り返して首尾よく証明ができた.この考え方(すなわち,迎えに行って途中で落ち合え)が,重要な推論,変形の方針を要所要所で示唆していることを十分に観察すること.

§2 逆をたどれ，または迎えに行って途中で落ち合え

〈練習 4・2・3〉

(1) a, b, c が $a < b+c$ をみたす正の数であるとき，
$$\frac{a}{1+a} < \frac{b}{1+b} + \frac{c}{1+c}$$
であることを示せ．

(2) a, b, c の長さをもつ3本の線分があり，これら3本の線分で三角形をつくることができるとする．このとき，$\frac{1}{a+c}, \frac{1}{b+c}, \frac{1}{a+b}$ の長さをもつ3本の線分も三角形をつくることを示せ．

発想法 (1)

(1)は〝逆をたどれ〟の考え方を用い，(2)は〝迎えに行って途中で落ち合え〟の考え方を用いる．そこで，本問では，設問(1),(2)の発想法と解答を分けて示すことにしよう．

〝結論が成り立っていたら〟と逆に考えて，
$$\frac{a}{1+a} < \frac{b}{1+b} + \frac{c}{1+c} \quad \cdots\cdots ①$$
とおく．
$$\frac{a}{1+a} < \frac{b(1+c)+c(1+b)}{(1+b)(1+c)} \quad \cdots\cdots ②$$
分母(分母はともに正)を払って，
$$a(1+b)(1+c) < (b+c+2bc)(1+a) \quad \cdots\cdots ③$$
展開して，
$$a+ab+ac+abc < b+ab+c+ac+2bc+2abc \quad \cdots\cdots ④$$
整理して，
$$a < b+c+2bc+abc \quad \cdots\cdots ⑤$$

〝⑤ → ④ → …… → ①〟だから，この不等式⑤が注目すべき事実である．しかし，
$$0 < 2bc+abc, \quad a < b+c \ (\because \ 条件より) \quad \cdots\cdots ⑥$$
だから，⑤は成り立つ．

さあ，これで〝正解作成用下敷き〟ができた．この下敷きを敷いて，⑥から逆に答案を書いていけば完璧な証明だ．

解答 (1) 条件より， $a < b+c$
　　　　$a, b, c > 0$ だから，$0 < 2bc+abc$ 　　　　$\Big\} \cdots\cdots ⑥$

$\therefore \ a < b+c+2bc+abc \quad \cdots\cdots ⑤$

⑤の両辺に $(ab+ac+abc)$ を加えて
$$a + \underline{ac} + \underline{ab} + \underline{abc} < b + \underline{ab} + c + \underline{ac} + 2bc + 2\underline{abc} \quad \cdots\cdots ④$$

両辺を因数分解して
$$a(1+b)(1+c) < (b+c+2bc)(1+a) \quad \cdots\cdots ③$$
両辺を $(1+a)(1+b)(1+c)$ (>0) で割って
$$\frac{a}{1+a} < \frac{b(1+c)+c(1+b)}{(1+b)(1+c)} \quad \cdots\cdots ②$$
よって $\dfrac{a}{1+a} < \dfrac{b}{1+b} + \dfrac{c}{1+c}$ $\cdots\cdots ①$ を得る.

【別解】（グラフを利用する）

$x > 0$ において，関数 $\dfrac{x}{1+x}$ は増加しているので，
$$\frac{a}{1+a} < \frac{b+c}{1+(b+c)}$$
$$= \frac{b}{1+b+c} + \frac{c}{1+b+c}$$
$$< \frac{b}{1+b} + \frac{c}{1+c}$$

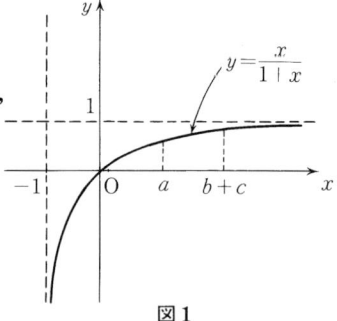

図1

発想法 (2)

小問(2)は少し面倒くさいから，それこそ本節の考え方（逆をたどって途中で落ち合え）がしっかりわかっていないと議論がから回りして証明できない．この証明には基本的な条件を2つ使う．まず，それは何かを連想せよ．

その1つは，三角形の成立条件というどんな教科書にも書いてあることで，

「3本の線分 a, b, c が三角形をつくる条件は一番長い辺の長さが a とわかっていれば，それが他の2辺の長さ b と c の和より小さい．すなわち

$a < b + c$」 $\cdots\cdots(*)$

という条件だ．一番長い辺が定かでないときは少し大変で，3つの不等式が成り立っていなければならないが，念のために，それを書いてみる．

「3本の線分の長さを a, b, c とすると，a, b, c が三角形をつくる条件は

$a < b + c$ かつ $b < c + a$ かつ $c < a + b$」 $\cdots\cdots(*)'$

それからもう1つの基本的なことは，以後の議論において，a, b, c のうち，a を一番大きいとしてよいということだ．というのは，問題文(2)では，a, b, c が平等に現れている．すなわち a, b, c は"対称的"だから一般性を失うことなく，a を一番長い辺の長さとしてよい．そうすることによって複雑な条件 $(*)'$ を扱わないで，ごく簡単な条件 $(*)$ だけですませることができる．

それでは，まず証明すべき不等式を念頭において，"何がいえればよいのか"ということを考えながら，仮定から出発してみよう．

a, b, c のうち，a を最大として一般性を失わない．このとき

$a < b + c$ $\cdots\cdots ①$

である．このとき，

§2 逆をたどれ，または迎えに行って途中で落ち合え

$$\frac{1}{b+c} > \frac{1}{a+c}, \quad \frac{1}{b+c} > \frac{1}{a+b}$$

である．よって示すべきことは，三角形の成立条件(＊)，すなわち，

$$\frac{1}{b+c} < \frac{1}{a+c} + \frac{1}{a+b} \quad \cdots\cdots ②$$

今度は結論の式②から"逆をたどって"みよう．

②の両辺に $(a+b)(b+c)(c+a)\ (>0)$ をかけて，
$$(a+b)(a+c) < (b+c)(a+b) + (b+c)(a+c)$$
$$\therefore\ a^2 < b^2 + c^2 + bc + ca + ab \quad \cdots\cdots ③$$

②と③は同値だから，"① → ③"が示せればよい．

ところで，①，③は次数がちがうので，①の代わりに①を辺々2乗した式①'(これは，$a>0$ だから①と同値である)をつくる．

$$a^2 < b^2 + c^2 + 2bc \quad \cdots\cdots ①'$$

"① → ③"を示す代わりに，"①' → ③"を示せばよい．そのためには，①'の右辺よりも③の右辺の方が大きいことがいえれば十分である．すなわち，

$$\cancel{b^2} + \cancel{c^2} + \cancel{2}bc < \cancel{b^2} + \cancel{c^2} + \cancel{bc} + ca + ab \quad \cdots\cdots ④$$
$$\therefore\ bc < a(b+c) \quad \cdots\cdots ④'$$

しかし，ここで①を思い出すと，正の数 a, b, c は $b<a,\ c<a,\ a<b+c$ だから
$$bc < a^2 < a(b+c) \quad \cdots\cdots ⑤$$

は成り立つ．このように仮定と結論を睨みながら"逆をたどって途中で落ち合う"方法が強力な考え方であることがわかるはずだ．

[解答] (2) 一般性を失うことなく，a を3つの正の数の中で最大とする．すなわち，

$$b < a, \quad c < a \quad \cdots\cdots ⓐ$$

また，a, b, c は三角形をつくっているので，$\quad a < b+c \quad \cdots\cdots ⓑ$

ⓐ，ⓑより，$bc < a^2 < a(b+c) \quad \cdots\cdots ⓒ$

ⓒの最左辺と最右辺にそれぞれ $b^2 + c^2 + bc$ を加えて
$$\cancel{b^2} + \cancel{c^2} + \cancel{2}bc < \cancel{b^2} + \cancel{c^2} + ab + \cancel{bc} + ca$$
$$\therefore\ bc < ab + ca \quad \cdots\cdots ⓓ$$

一方，ⓑより，$a^2 < (b+c)^2 = b^2 + c^2 + 2bc$
$$= b^2 + c^2 + bc + \underline{bc} \quad \cdots\cdots ⓔ$$

ⓓ，ⓔより，$a^2 < b^2 + c^2 + bc + \underline{ab} + \underline{ca} \quad \cdots\cdots ⓕ$

ⓕの両辺に，それぞれ $ab + bc + ca$ を加えて，
$$a^2 + \underline{ab} + \underline{bc} + \underline{ca} < \underline{ab} + \underline{ca} + b^2 + bc + ab + \underline{bc} + ca + c^2$$
$$\therefore\ (a+b)(a+c) < (b+c)(a+b) + (b+c)(a+c)$$

両辺を $(a+b)(b+c)(c+a)\ (>0)$ で割って，

$$\frac{1}{b+c} < \frac{1}{a+c} + \frac{1}{a+b}$$

§3 式の変形のしかた

　史上最多のホームランを打った元巨人軍一塁手王貞治選手がバッターボックスに立つと，相手チームの守りについている野手はライト方向寄りに素早く守備位置を変えた．当時，この変形した守備体型は，"王シフト"と呼ばれた．王選手の打球は圧倒的にライト方向に飛ぶことが多かったからである．このように，来たるべき状況をあらかじめ想定し，ものごとに対処することが日常でもよくある．高速道路の料金所では，利用者の支払う多様な紙幣に対してツリ銭を迅速に返却しないと，長蛇の列がすぐにできてしまうので，彼らはあらかじめ支払うおつりの組合せのパターンを準備している．特に最近は消費税導入にともない，半端な通行料金が増えて業務が複雑化したそうである．
　このように目的に応じてあらかじめものごとを変形しておくことが必要だが，そのためには目的意識を強硬にもっていなければそれができないのは当然である．
　このことに関連して，勉強のしかたについてここで1つ注意しておこう．授業を聞いたり参考書を読んだりしてわかったつもりになっていたのに，試験でその類題が出題されても正解を導くことができないことがある．その理由の1つに"変形の動機"が関連している．3−2＝1という等式について考えよう．左から右に移れるのはあたりまえだが，解答中で右から左に移るのは何らかの動機がなければできないのである．すなわち，"3−2"が1であることは誰にでもわかるのだが，1を"3−2"と変形しなければ解けないとすると，そこには，そのような分解(変形)する何らかの目的意識が働いているわけである．以後，諸君は授業中に先生が何故そのように式を変形するのかという動機を，各自合点がゆくまで徹底的に追求すべきであり，"先生がしているからそうするのだ"と安易にわかったつもりになるべきではない．変形という操作は，強い目的意識があってこそ可能になるのであって，授業で注目すべき点はその"変形の動機"を知ることであり，変形すればその等式が成り立つことを確認することではないということである．
　強硬な目的意識を持っていさえすれば，かなり難しい変形もできるようになるのである．たとえば，適切な例かどうかは自信がないが，サケは急流に逆らってまでも産卵という目的があってこそ，故郷の川をめざして滝を昇り続けるのである．しかし，サケが滝を昇るのは帰巣本能で，強い目的意識をもっていることではないと反論する読者もいるかもしれない．真実はサケに聞いてみなければ筆者にもワカラン．

変形の動機

　変形の動機について考えてみよう．問題の解答を読んで"うまい変形だ"と感心した経験が，いままで何度もあるに違いない．変形の動機には，大雑把にいって，次のようなものが考えられる．
- (I) 　数値や条件式を代入しやすい形への変形
- (II) 　定義や公式が使える形への変形
- (III) 　計算量を減らすことを見込んだ変形
- (IV) 　設問の誘導にのせるための変形
- (V) 　数学的にみてやさしいパターン（たとえば，線形式や斉次式など）に帰着させるための変形

　このうち，(IV)については**本章§4**，(V)についてはIIの**第3章§4**で詳しく解説されているので，それらを参照されたい．本節では，前節で学んだ問題解決のための道具の割り出し方を踏まえて(I)〜(III)の変形について解説し，通常，問題集や参考書を勉強しているとき，または，授業の中で生じる疑問，すなわち，"なぜ，そのように変形するのか"，"どう変形したら首尾よく解答できるのか"を解消するための道標を与えることにしよう．

[例題 4・3・1]

平面上に点 $P(x_0, y_0)$ と直線 $l: ax+by+c=0$ が与えられている。このとき，点 P から l への距離 d は，
$$d = \frac{|ax_0+by_0+c|}{\sqrt{a^2+b^2}}$$
である（ヘッセの公式）ことを示せ。

発想法

点 P から直線 l への垂線の足 H を (x, y) とする（図1）．求めるべき点と直線の距離 d は，
$$d = \sqrt{(x-x_0)^2+(y-y_0)^2} \quad \cdots\cdots ①$$
である．直線 PH は直線 l の法線ベクトル (a, b) に平行だから，t をパラメータとして，直線 PH 上の点 H を
$$\begin{pmatrix} x \\ y \end{pmatrix} = \begin{pmatrix} x_0 \\ y_0 \end{pmatrix} + t \begin{pmatrix} a \\ b \end{pmatrix} \quad \cdots\cdots ②$$
とおく．点 $H(x, y)$ が l 上にある条件から t を求めるわけだが，①，②の形から，"代入しやすい形に"直線の式を，
$$a(x-x_0)+b(y-y_0) = -(ax_0+by_0+c) \quad \cdots\cdots ③$$
と変形しておくとよい．答案作成のために，②を③に代入するという"見通しが立っていない"と③のように変形することができないであろう．

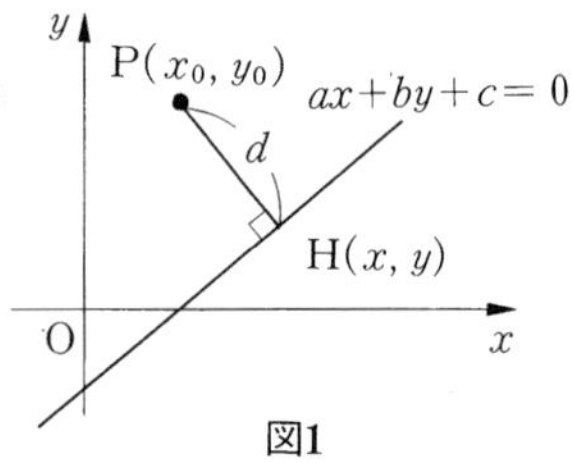

解答 点 $P(x_0, y_0)$ から直線 $l: ax+by+c=0$ に下ろした垂線の足を $H(x, y)$ とする．このとき，
$$\begin{cases} x-x_0 = at \\ y-y_0 = bt \end{cases} \quad (t:パラメータ) \quad \cdots\cdots ①$$
また，$ax+by+c=0$ を変形して
$$a(x-x_0)+b(y-y_0) = -(ax_0+by_0+c) \quad \cdots\cdots ②$$
①を②に代入して，
$$a^2t+b^2t = -(ax_0+by_0+c) \quad \therefore \quad t = -\frac{ax_0+by_0+c}{a^2+b^2} \quad \cdots\cdots ③$$
一方，点 P から直線 l までの距離 d は，
$$d^2 = (x-x_0)^2+(y-y_0)^2 = (a^2+b^2)t^2$$
右辺に③を代入し，$d^2 = \dfrac{(ax_0+by_0+c)^2}{a^2+b^2}$

よって，$d = \dfrac{|ax_0+by_0+c|}{\sqrt{a^2+b^2}}$

図1

§3 式の変形のしかた　201

----〈練習 4・3・1〉----

空間内に点 $P(x_0, y_0, z_0)$ と，平面 $\pi: ax+by+cz+d=0$ が与えられている．このとき，P から π への距離 h は

$$h=\frac{|ax_0+by_0+cz_0+d|}{\sqrt{a^2+b^2+c^2}}$$

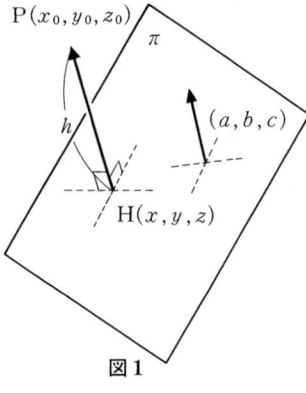

であることを示せ．

[発想法]

点 $P(x_0, y_0, z_0)$ から平面 π に下ろした垂線の足を $H(x, y, z)$ とする．求める距離 h は

$$h^2=(x-x_0)^2+(y-y_0)^2+(z-z_0)^2$$

となる．だから，証明の途中で現れる式を極力 $(x-x_0)$, $(y-y_0)$, $(z-z_0)$ のブロックで表しておくことが後々の計算を楽にする．

[解答]　点 P から平面 π へ下ろした垂線の足を $H(x, y, z)$ とし，点 P から平面 π までの距離を h とする (図1)．直線 PH は平面 π の法線ベクトル (a, b, c) と平行だから，直線 PH 上の点 H は，

$$\begin{cases} x-x_0=at \\ y-y_0=bt \quad (t:\text{パラメータ}) \\ z-z_0=ct \end{cases} \cdots\cdots ①$$

で与えられる．

また，平面 π の式を変形して，

$$a(x-x_0)+b(y-y_0)+c(z-z_0)$$
$$=-(ax_0+by_0+cz_0+d) \quad \cdots\cdots ②$$

①を②に代入して，

$$(a^2+b^2+c^2)t=-(ax_0+by_0+cz_0+d)$$
$$t=-\frac{ax_0+by_0+cz_0+d}{a^2+b^2+c^2} \quad \cdots\cdots ③$$

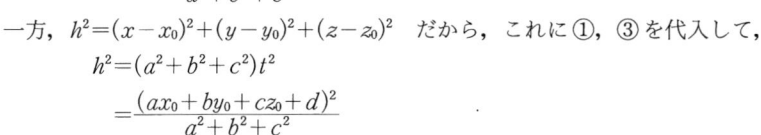

一方，$h^2=(x-x_0)^2+(y-y_0)^2+(z-z_0)^2$ だから，これに①，③を代入して，

$$h^2=(a^2+b^2+c^2)t^2$$
$$=\frac{(ax_0+by_0+cz_0+d)^2}{a^2+b^2+c^2}$$

よって，

$$h=\frac{|ax_0+by_0+cz_0+d|}{\sqrt{a^2+b^2+c^2}}$$

図1

[例題 4・3・2]

$f(x)$ が $x=1$ で微分可能であるとき,次の極限値を $f'(1)$ で表せ.

(1) $\displaystyle\lim_{x\to 1}\frac{x^3 f(1)-f(x^2)}{x-1}$

(2) $\displaystyle\lim_{x\to 0}\frac{f(2-\cos x)-f(1)}{x^2}$

発想法

式(1)または(2)のような極限の形をした式を導関数 $f'(1)$ で表せという題意から,微分の定義を連想するようになっただろうか(§1 参照).すなわち,

$$f'(1)=\lim_{x\to 1}f'(x)$$
$$=\lim_{x\to 1}\frac{f(x)-f(1)}{x-1}$$

本問は関数 $f(x)$ の変数が x^2, $2-\cos x$ のように見慣れない形で与えられているがこのような場合でも当然,微分の定義は成り立つことに注意せよ.

しかし,たとえ連想が正しくできても,そこから先の式変形が上手にできるか否かが問題である.本問では微分の定義と関連づけることを目的とした式の変形をしなければいけない.まず,(1)は, $\dfrac{f(x^2)-f(1)}{x^2-1}$ をつくろうと意識して式を変形すべきである.すると,

$$\frac{x^3 f(1)-f(x^2)}{x-1}=\frac{x^3 f(1)}{x-1}-\frac{f(x^2)}{x-1}$$

$$=\frac{x^3 f(1)}{x-1}-\frac{\overset{(\mathcal{F})}{\downarrow}\ \overset{(\mathcal{I})}{\downarrow}}{\underset{x-1}{f(x^2)-f(1)+f(1)}}$$

$$=\frac{x^3 f(1)-f(1)}{x-1}-\frac{f(x^2)-f(1)}{x-1}$$

$$=\frac{x^3 f(1)-f(1)}{x-1}-\frac{f(x^2)-f(1)}{x^2-1}(x+1)$$

となる.式変形は,たとえば,必要な式 $-f(1)$ を付加し(ア),さらに,付加した分を消す式 $f(1)$ を付加すればよい(イ).

(2)は,(1)と同じように, $\dfrac{f(2-\cos x)-f(1)}{(2-\cos x)-1}$ を導こうと"先を見越して"式を変形しなければいけない.すると,

$$\frac{f(2-\cos x)-f(1)}{x^2}=\frac{f(2-\cos x)-f(1)}{(2-\cos x)-1}\cdot\underline{\underline{\frac{1-\cos x}{x^2}}}$$

さらに, $\sim\!\sim$ 部は, $\displaystyle\lim_{x\to 0}\frac{\sin x}{x}=1$ という事実を使うことを目的として分母,分子に $(1+\cos x)$ をかけるべきである.

解答 (1) $\dfrac{x^3 f(1)-f(x^2)}{x-1} = \dfrac{(x^3-1)f(1)}{x-1} - \dfrac{f(x^2)-f(1)}{x^2-1}\cdot(x+1)$

$\qquad\qquad\qquad = (x^2+x+1)f(1) - \dfrac{f(x^2)-f(1)}{x^2-1}\cdot(x+1)$

$\qquad\qquad\qquad \to 3f(1) - f'(1)\cdot 2 \quad (x\to 1 \text{ のとき})$

$\therefore\ \displaystyle\lim_{x\to 1}\dfrac{x^3 f(1)-f(x^2)}{x-1} = 3f(1)-2f'(1)$ ……(答)

(2) $\dfrac{f(2-\cos x)-f(1)}{x^2} = \dfrac{f(2-\cos x)-f(1)}{(2-\cos x)-1}\cdot\dfrac{1-\cos x}{x^2}$

一方, $\dfrac{1-\cos x}{x^2} = \dfrac{1-\cos x}{x^2}\cdot\dfrac{1+\cos x}{1+\cos x}$

$\qquad\qquad\quad = \dfrac{1-\cos^2 x}{x^2}\cdot\dfrac{1}{1+\cos x}$

$\qquad\qquad\quad = \left(\dfrac{\sin x}{x}\right)^2\cdot\dfrac{1}{1+\cos x}$

である.よって,

$\dfrac{f(2-\cos x)-f(1)}{x^2} = \dfrac{f(2-\cos x)-f(1)}{(2-\cos x)-1}\cdot\left(\dfrac{\sin x}{x}\right)^2\cdot\dfrac{1}{1+\cos x}$

$\qquad\qquad\qquad \to f'(1)\cdot 1\cdot\dfrac{1}{2} = \dfrac{1}{2}f'(1) \quad (x\to 0 \text{ のとき})$

$\therefore\ \displaystyle\lim_{x\to 0}\dfrac{f(2-\cos x)-f(1)}{x^2} = \dfrac{1}{2}f'(1)$ ……(答)

204　第4章　使うべき道具（定理や公式）の検出法とそれらの活かした使い方

> ─〈練習 4・3・2〉─
> 次の極限を求めよ．
> (1) $\displaystyle\lim_{x\to 0}\frac{\log(1+x)}{x}$
> (2) $\displaystyle\lim_{x\to 0}\frac{e^x-\cos x}{x}$
> (3) $\displaystyle\lim_{x\to\infty}\left(\cos\frac{\pi}{x}+\sin\frac{\pi}{x}\right)^x$

発想法

(1), (2) とも，ある関数 $f(x)$ のある点 x_0 における微分係数にもち込むべきである．さて，$f(x)$ として，具体的にどんな関数を選び，点 x_0 として，どんな点を選べばよいかを考えよ．これらのことを決定したあと，その点における微分係数の定義の式になるように変形せよ．

(3)は公式または容易にわかる次の事実 $\dfrac{\log(1+x)}{x}\to 1,\ \dfrac{\sin x}{x}\to 1,\ \dfrac{1-\cos x}{x}\to 0$ $(x\to 0)$ を利用できるように要所要所で変形する．

解答　(1) $f(x)=\log(1+x)$ とする．

$f'(x)=\dfrac{1}{1+x}$ であるから，

$$\lim_{x\to 0}\frac{\log(1+x)}{x}=\lim_{x\to 0}\frac{\log(1+x)-\log(1+0)}{x-0}$$
$$=\lim_{x\to 0}\frac{f(x)-f(0)}{x-0}$$
$$=f'(0)$$
$$=1\quad\cdots\cdots(\text{答})$$

(2) $\displaystyle\lim_{x\to 0}\frac{e^x-\cos x}{x}=\lim_{x\to 0}\frac{e^x-1+1-\cos x}{x}$
$$=\lim_{x\to 0}\left(\frac{e^x-e^0}{x-0}-\frac{\cos x-\cos 0}{x-0}\right)$$
$$=\frac{d}{dx}(e^x)\bigg|_{x=0}-\frac{d}{dx}(\cos x)\bigg|_{x=0}$$
$$=e^0+\sin 0$$
$$=1\quad\cdots\cdots(\text{答})$$

(3) $f(x)=\left(\cos\dfrac{\pi}{x}+\sin\dfrac{\pi}{x}\right)^x$ とおく．

$\log f(x)=x\log\left(\cos\dfrac{\pi}{x}+\sin\dfrac{\pi}{x}\right)$

$$= x \cdot \frac{\log\left(1+\cos\dfrac{\pi}{x}+\sin\dfrac{\pi}{x}-1\right)}{\sin\dfrac{\pi}{x}+\cos\dfrac{\pi}{x}-1} \cdot \left(\sin\dfrac{\pi}{x}+\cos\dfrac{\pi}{x}-1\right)$$

$$\left(\frac{1-\cos x}{x} \to 0, \ \frac{\log(1+x)}{x} \to 1 \ (x \to 0 \ \text{のとき}) \ \text{を用いて}\right)$$

$$= \pi \cdot \left(\frac{\sin\dfrac{\pi}{x}}{\dfrac{\pi}{x}} + \frac{\cos\dfrac{\pi}{x}-1}{\dfrac{\pi}{x}}\right) \cdot \frac{\log\left\{1+\left(\sin\dfrac{\pi}{x}+\cos\dfrac{\pi}{x}-1\right)\right\}}{\sin\dfrac{\pi}{x}+\cos\dfrac{\pi}{x}-1}$$

$$\to \pi \cdot (1+0) \cdot 1 = \pi \quad (x \to +\infty)$$

∴ $\displaystyle\lim_{x \to +\infty} f(x) = e^{\pi}$ ……(答)

[例題 4・3・3]

実数 a, b, c は $a<b<c$ をみたし,
$$f'(x)=(x-a)(x-b)(x-c)$$
とする. このとき, $f(x)$ を最小にする x の値を求めよ.

発想法

まず, 関数 $f(x)$ の次数を調べよう (IIの**第3章** §1 参照). 導関数 $f'(x)$ が 3 次だから, $f(x)$ は 4 次関数であり, $y=f(x)$ の概形は図 1 (a), (b) のようなものである.

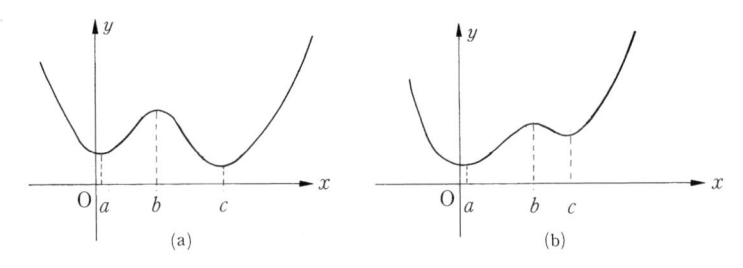

(a) (b)

図1

よって, 最小値は $f(a)$ または $f(c)$ である. そこで問題点は, $f(a), f(c)$ の大小比較に帰着される. "$f'(x)$ を展開した後に積分して $f(x)$ を求めて, それから, $f(a), f(c)$ を計算しよう"と考えている人は, 本節で学ぶ考え方 "先を見込んだ式変形" がしっかり頭の中に入っているとはいえない. すなわち, "大小比較をする"ということは, あとで "差をとる" わけだから, "$f(c)-f(a)$" を求めればよい. つまり,

$$f(c)-f(a)=\int_a^c f'(x)dx$$

なる積分を行うことになる. ここで注意しなければいけないことは, a から c まで積分するのだから, あとで "原始関数に $x=a, c$ を代入する" ことを見通して,

$$(x-a)(x-b)(x-c)=(x-a)(x-a+a-b)(x-a+a-c)$$
$$=(x-a)\{(x-a)^2+(2a-b-c)(x-a)+(a-b)(a-c)\}$$
$$=(x-a)^3+(2a-b-c)(x-a)^2+(a-b)(a-c)(x-a)$$

と変形しておくか, または (同じことではあるが), 定積分

$$\int_a^c (x-a)(x-b)(x-c)dx$$

において, $x-a=t$ と置き換えて,

$$\int_0^{c-a} t(t+a-b)(t+a-c)dt$$
$$=\int_0^{c-a}\{t^3+(2a-b-c)t^2+(a-b)(a-c)t\}dt$$

とすることが計算の手間を減らすために大切なのである．このようにすれば，$x=a$ を代入した項がみんな消える．見通しをもって式を変形することが肝要である．

[解答] 条件 $a<b<c$ より，$f(x)$ の増減表は次のようになる．

x	$\cdots$	a	$\cdots$	b	$\cdots$	c	$\cdots$
$f'(x)$	$-$	0	$+$	0	$-$	0	$+$
$f(x)$	↘	極小	↗	極大	↘	極小	↗

$f(x)$ の最小値は，$f(a)$，$f(c)$ の小さい方（正確には大きくない方）である．そこで，

$$f(c)-f(a)=\int_a^c f'(x)dx=\cdots\cdots \quad \text{（この部分の変形は「発想法」参照）}$$

$$=\int_a^c \{(x-a)^3+(2a-b-c)(x-a)^2+(a-b)(a-c)(x-a)\}dx$$

$$=\left[\frac{(x-a)^4}{4}+\frac{(2a-b-c)(x-a)^3}{3}+\frac{(a-b)(a-c)(x-a)^2}{2}\right]_a^c$$

$$=\frac{(c-a)^4}{4}+\frac{(2a-b-c)(c-a)^3}{3}-\frac{(a-b)(c-a)^3}{2}$$

$$=\frac{(c-a)^3}{12}\{3(c-a)+4(2a-b-c)-6(a-b)\}$$

$$=\frac{(c-a)^3(2b-a-c)}{12}$$

$\leqq 0$ （$2b-a-c\leqq 0$ のとき，複号同順）

したがって，

$$\left.\begin{array}{ll} 2b<a+c \text{ のとき} & x=c \\ 2b=a+c \text{ のとき} & x=a,\ x=c \\ 2b>a+c \text{ のとき} & x=a \end{array}\right\} \quad \cdots\cdots\text{(答)}$$

〈練習 4・3・3〉

$x \geq 0$, $y \geq 0$, $b > a$ とする。また、$B(x, y) = \int_0^1 t^{x-1}(1-t)^{y-1}dt$ とする。$\int_a^b (t-a)^{x-1}(b-t)^{y-1}dt$ を $B(x, y)$ を用いて表せ。

発想法

$\int_a^b (t-a)^{x-1}(b-t)^{y-1}dt$ を $B(x, y)$ を用いて表すためには、積分区間 $a \sim b$ を、$0 \sim 1$ に変えなければならない。そこで、積分区間の幅 $b-a$ を $1-0=1$ に変え、かつ $t=a, b$ のとき、それぞれ $s=0, 1$ になるような変数変換を考えて、$s = \dfrac{t-a}{b-a}$ が浮かび上がればしめたものである。

解答 $s = \dfrac{t-a}{b-a}$ とおくと、$t=a, b$ のとき、それぞれ $s=0, 1$ である。

また、$ds = \dfrac{1}{b-a}dt$ となる。

さらに、$t-a = (b-a)s$, $b-t = (b-a)(1-s)$ であるから、

$$\int_a^b (t-a)^{x-1}(b-t)^{y-1}dt = \int_0^1 (b-a)^{x-1}s^{x-1}(b-a)^{y-1}(1-s)^{y-1}(b-a)ds$$

$$= (b-a)^{x+y-1}\int_0^1 s^{x-1}(1-s)^{y-1}ds$$

$$= (b-a)^{x+y-1}B(x, y) \quad \cdots\cdots(答)$$

[例題 4・3・4]

次の極限値を求めよ。
$$\lim_{n\to\infty}\left(\frac{1}{n+1}+\frac{1}{n+2}+\cdots\cdots+\frac{1}{2n}\right)$$

発想法

一般に，数列 $\{a_n\}$ やその級数 S_n の極限を求めるには，$\{a_n\}$ や S_n が等比数列や等差数列など，やさしい数列のときは，直接極限をとる。一方，そのようなことが可能でない複雑な数列に対しては別の解法を考えなければならない（Ⅳの第3章§2, 5参照）。たとえば，極限値を上と下から不等式で押え込むという"はさみうちの原理"がある（「**別解**」参照）。

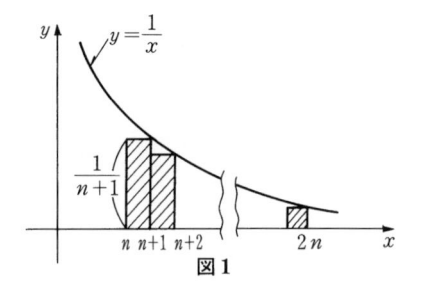

しかし，本問は区分求積の定義
$$\lim_{n\to\infty}\frac{1}{n}\sum_{k=1}^{n}f\left(\frac{k}{n}\right)=\int_0^1 f(x)\,dx$$
を利用すれば容易に解ける。すなわち，

$$S_n=\frac{1}{n+1}+\frac{1}{n+2}+\cdots\cdots+\frac{1}{2n}$$

$$=\frac{1}{n}\left(\frac{1}{1+\frac{1}{n}}+\frac{1}{1+\frac{2}{n}}\cdots\cdots+\frac{1}{1+\frac{n}{n}}\right)$$

$$=\frac{1}{n}\sum_{k=1}^{n}f\left(\frac{k}{n}\right) \quad \left(\text{ただし，}f(x)=\frac{1}{1+x}\right)$$

と変形すればよい（図2）。

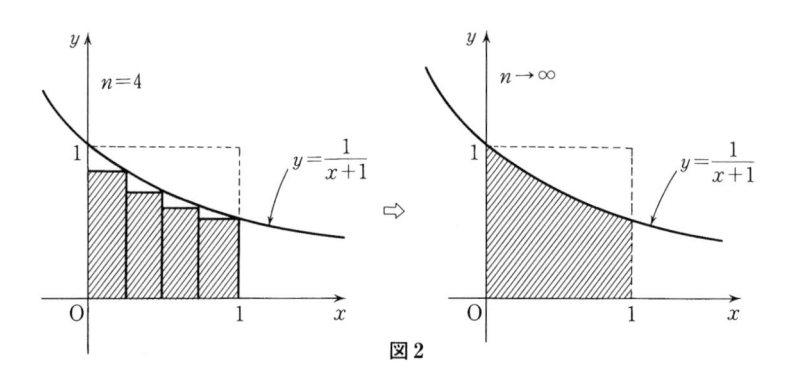

図1

図2

[解答] $S_n = \dfrac{1}{n+1} + \dfrac{1}{n+2} + \cdots\cdots + \dfrac{1}{2n}$ とおく.

ここで, $\displaystyle\lim_{n\to\infty}\dfrac{1}{n}\sum_{k=1}^{n}f\left(\dfrac{k}{n}\right)=\int_0^1 f(x)dx$ なる定積分の定義にもち込むための式変形を行うと,

$$\lim_{n\to\infty}S_n = \lim_{n\to\infty}\dfrac{1}{n}\left(\dfrac{1}{1+\dfrac{1}{n}} + \dfrac{1}{1+\dfrac{2}{n}} + \cdots\cdots + \dfrac{1}{1+\dfrac{n}{n}}\right)$$

$$=\int_0^1\dfrac{dx}{1+x} = \Big[\log(1+x)\Big]_0^1 = \mathbf{log\,2} \qquad \cdots\cdots(答)$$

はさみうちの原理を用いると, 以下のような「**別解**」を得るが, 本解答の方が簡明である. 比較せよ.

【別解】 $S_n = \dfrac{1}{n+1} + \dfrac{1}{n+2} + \cdots\cdots + \dfrac{1}{2n}$ とおく. 図3より,

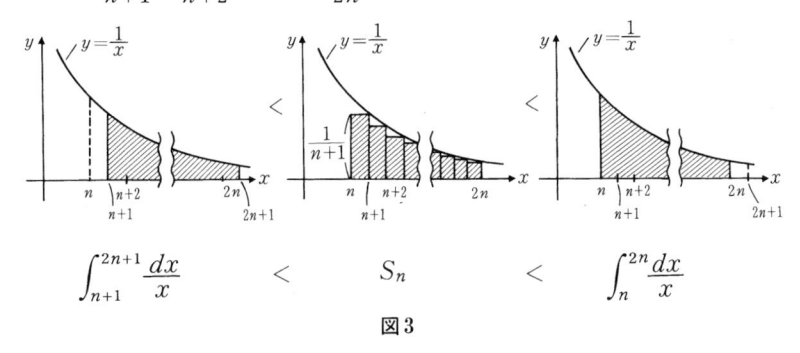

$$\int_{n+1}^{2n+1}\dfrac{dx}{x} \quad < \quad S_n \quad < \quad \int_n^{2n}\dfrac{dx}{x}$$

図3

$$\int_{n+1}^{2n+1}\dfrac{dx}{x} < S_n < \int_n^{2n}\dfrac{dx}{x}$$

$$\Big[\log x\Big]_{n+1}^{2n+1} < S_n < \Big[\log x\Big]_n^{2n}$$

$$\log\dfrac{2n+1}{n+1} < S_n < \log 2$$

上の不等式に関して, (最左辺)$=\log\dfrac{2n+1}{n+1}=\log\dfrac{2+\dfrac{1}{n}}{1+\dfrac{1}{n}} \to \log 2$ ($n\to\infty$ のとき)

(最右辺)$=\log 2 \to \log 2$ ($n\to\infty$ のとき)

したがって, "はさみうちの原理" より,

$$\lim_{n\to\infty}S_n = \mathbf{log\,2} \qquad \cdots\cdots(答)$$

〈練習 4・3・4〉

(1) $\displaystyle\lim_{n\to\infty}\frac{1}{n}\left\{1+\sqrt{1+\frac{1}{n}}+\sqrt{1+\frac{2}{n}}+\cdots\cdots+\sqrt{1+\frac{2n-2}{n}}+\sqrt{1+\frac{2n-1}{n}}\right\}$
を求めよ．

(2) k 桁の自然数全体を $\{a_1, a_2, \cdots\cdots, a_N\}$ とし，
$$S_k=\sum_{r=1}^{N}a_r{}^2,\quad T_k=\sum_{r=1}^{N}\frac{1}{a_r}\quad (k=1, 2, \cdots\cdots)$$
とおく．次の極限値を求めよ．

　　(a) $\displaystyle\lim_{k\to\infty}\frac{S_k}{10^{3k}}$ 　　　　　(b) $\displaystyle\lim_{k\to\infty}T_k$ 　　　　　(東京理大・理)

発想法

記号 $\displaystyle\lim_{n\to\infty}\frac{1}{n}\sum$ を見たら，区分求積の定義を思いつかなければいけない．

$$\lim_{n\to\infty}\frac{b-a}{n}\sum_{k=0}^{n-1}f\left(a+k\frac{b-a}{n}\right)=\lim_{n\to\infty}\frac{b-a}{n}\sum_{k=1}^{n}f\left(a+k\frac{b-a}{n}\right)$$
$$=\int_a^b f(x)dx$$

特に，
$$\lim_{n\to\infty}\frac{1}{n}\sum_{k=0}^{n-1}f\left(\frac{k}{n}\right)=\lim_{n\to\infty}\frac{1}{n}\sum_{k=1}^{n}f\left(\frac{k}{n}\right)=\int_0^1 f(x)dx$$

定積分に帰着させるのだから，(2)では $\dfrac{1}{n}$ を故意にくくり出す．k 桁の自然数全体 $\{a_1, a_2, \cdots\cdots, a_N\}$ は，いくつの要素をもつかを小さな k について調べ，予測せよ (第Ⅰ章§3参照)．すなわち，

　　　　$k=1$ のとき，1桁の自然数は $\{1, 2, \cdots\cdots, 9\}$ の9個．
　　　　$k=2$ のとき，2桁の自然数は $\{10, 11, \cdots\cdots, 99\}$ の90個．
　　　　$k=3$ のとき，3桁の自然数は $\{100, 101, \cdots\cdots, 999\}$ の900個．

これより，一般に k 桁以下の自然数の個数 N は，全部で $N=10^k-1$ 個 あることがわかる．

解答 (1) (与式)$=\displaystyle\lim_{n\to\infty}\frac{1}{n}\sum_{k=0}^{2n-1}\sqrt{1+\frac{k}{n}}$

$\displaystyle\qquad\qquad =\int_0^2 \sqrt{1+x}\,dx$

$\displaystyle\qquad\qquad =\left[\frac{2}{3}(1+x)^{\frac{3}{2}}\right]_0^2$

$\displaystyle\qquad\qquad =\frac{2}{3}(3\sqrt{3}-1)$ 　　　　……(答)

(2) (a) k 桁の自然数は，10^{k-1} から 10^k-1 までの $9\cdot 10^{k-1}$ 個 である．よって，

第4章 使うべき道具（定理や公式）の検出法とそれらの活かした使い方

$$S_k = \sum_{i=10^{k-1}}^{10^k-1} i^2 = \sum_{i=0}^{9 \cdot 10^{k-1}-1} (10^{k-1}+i)^2$$

となる．ここで，$10^{k-1}=n$ とおくと，

$$\frac{S_k}{10^{3k}} = \frac{1}{(10n)^3} \cdot \sum_{i=0}^{9n-1}(n+i)^2$$

$$= \frac{1}{10^3} \cdot \frac{1}{n} \cdot \sum_{i=0}^{9n-1}\left(1+\frac{i}{n}\right)^2$$

であり，$k \to \infty$ のとき $n \to \infty$ だから，

$$\lim_{k \to \infty} \frac{S_k}{10^{3k}} = \frac{1}{10^3} \int_0^9 (1+x)^2 dx$$

$$= \frac{1}{10^3} \left[\frac{1}{3}(1+x)^3 \right]_0^9$$

$$= \frac{333}{1000} \quad \cdots\cdots (答)$$

(b) (a)と同様に $10^{k-1}=n$ とおくと，

$$T_k = \sum_{i=0}^{9 \cdot 10^{k-1}-1} \frac{1}{10^{k-1}+i}$$

$$= \sum_{i=0}^{9n-1} \frac{1}{n+i}$$

$$\therefore \lim_{k \to \infty} T_k = \lim_{n \to \infty} \frac{1}{n} \sum_{i=0}^{9n-1} \frac{1}{1+\frac{i}{n}}$$

$$= \int_0^9 \frac{dx}{1+x}$$

$$= \left[\log(1+x) \right]_0^9$$

$$= \mathbf{\log 10} \quad \cdots\cdots (答)$$

[例題 4・3・5]

次の値を求めよ．

(1) a を実数とする．
$$\int_{-\pi+a}^{3\pi+a} |x-a-\pi| \sin\frac{x}{2} dx$$

(2) $\int_0^{\pi} e^x \sin x \, dx$

発想法

(1) 積分の式をよくにらんで，真正直に計算してはいけないことに気づくべきである．ここでは，積分区間を原点対称にし，三角関数の偶関数，奇関数の性質を利用することを目指して，積分区間 $[-\pi+a,\ 3\pi+a]$ の中点 $(\pi+a)$ が原点になるように平行移動するのが，先を見越したうまい変形である(図1)．

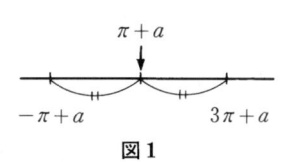

図1

すなわち，$x-(a+\pi)=t$ と変数変換するのがよい．

しかし，与式に $\sin\frac{x}{2}$ が出てくることから，いまのように置換すると，

$$(与式) = \int_{-2\pi}^{2\pi} |t| \cdot \sin\left(\frac{t}{2} + \frac{a+\pi}{2}\right) dt \quad \cdots\cdots ①$$

となり，煩雑な計算を引きずることになる．

そこで，あらたに $\dfrac{x-(a+\pi)}{2}=t$ と変換してみよう．すると，この変換は $(\pi+a)$ が原点になるように平行移動され，かつ

$$(与式) = \int_{-\pi}^{\pi} 2|t| \cdot \sin\left(t + \frac{a+\pi}{2}\right) \cdot 2 dt$$

となり，①の場合よりも計算が軽減される．

(2) 三角関数の微分演算における周期性（たとえば $(\sin x)' = \cos x, (\cos x)' = -\sin x, (-\sin x)' = -\cos x, (-\cos x)' = \sin x$）と $(e^x)' = e^x$ を使えば，部分積分を繰り返して答を得ることもできる．しかし，もう一歩押し進めて，$e^x \sin x, e^x \cos x$ をそれぞれ微分すると，

$$(e^x \sin x)' = e^x \sin x + e^x \cos x \quad \cdots\cdots ②$$
$$(e^x \cos x)' = -e^x \sin x + e^x \cos x \quad \cdots\cdots ③$$

が成り立つことを利用する方が早い．

解答 (1) $\dfrac{x-a-\pi}{2}=t$ とおくと，

$$(与式) = \int_{-\pi}^{\pi} 2|t| \sin\left(t + \frac{a}{2} + \frac{\pi}{2}\right) \cdot 2 dt$$

$$= 4\int_{-\pi}^{\pi} |t| \cos\left(t+\frac{a}{2}\right) dt$$
$$= 4\cos\frac{a}{2}\int_{-\pi}^{\pi} |t|\cos t\, dt - 4\sin\frac{a}{2}\int_{-\pi}^{\pi} |t|\sin t\, dt$$

($|t|\cos t$ は偶関数, $|t|\sin t$ は奇関数だから)

$$= 8\cos\frac{a}{2}\int_{0}^{\pi} t\cos t\, dt$$
$$= 8\cos\frac{a}{2}\Bigl[\, t\sin t + \cos t\,\Bigr]_{0}^{\pi}$$
$$= -16\cos\frac{a}{2} \qquad \text{……(答)}$$

(2) ②－③より,
$$(e^x\sin x)' - (e^x\cos x)' = 2e^x\sin x$$
$$\therefore\ e^x\sin x = \frac{1}{2}\{(e^x\sin x)' - (e^x\cos x)'\}$$

両辺を区間 $0\sim\pi$ で積分すると,
$$\int_{0}^{\pi} e^x\sin x\, dx = \int_{0}^{\pi}\frac{1}{2}\{(e^x\sin x)' - (e^x\cos x)'\}\, dx$$
$$= \frac{1}{2}\left\{\int_{0}^{\pi}(e^x\sin x)'\, dx - \int_{0}^{\pi}(e^x\cos x)'\, dx\right\}$$
$$= \frac{1}{2}\left\{\Bigl[e^x\sin x\Bigr]_{0}^{\pi} - \Bigl[e^x\cos x\Bigr]_{0}^{\pi}\right\}$$
$$= \frac{1}{2}\{0 - (-e^\pi - 1)\}$$
$$= \frac{1}{2}(e^\pi + 1) \qquad \text{……(答)}$$

〈練習 4・3・5〉

3次方程式
$$x^3-9x^2+6x+a=0$$
が，3つの整数解をもつような a の値をすべて求めよ．

発想法

方程式 $f(x)=0$ の整数解は，xy 平面上の曲線 $y=f(x)$ 上の格子点 $(x, y$ がともに整数である点) として与えられるので，図形的考察より求めることができる．その際，整数 t に対する $f(t)$ の値が整数となる点を計算で求めるので，方程式
$$x^3-9x^2+6x+a=0$$
をそのままの形で扱うより，3次関数は変曲点に関して点対称であることを利用したほうが計算が容易になる．そのための変形を考えよう．

まず，関数
$$y=f(x)$$
$$=x^3-9x^2+6x+a$$
を，変曲点が原点となるように平行移動せよ．

解答
$$y=f(x)$$
$$=x^3-9x^2+6x+a \quad \cdots\cdots ①$$
とおく．
$$f''(x)=6(x-3)$$
だから，$y=f(x)$ は，点 $(3, f(3))$ に関して点対称である．

そこで，$t=x-3$ とおき，① に代入すると，
$$f(x)=t^3-21t+a-36$$
となる ($t=x-3$ とおくとき，整数解 x の値は -3 変化するが，a の値は変化しないことに注意せよ．また，$g(t)=t^3-21t$ は奇関数なので，原点に関して点対称になっていることに注意せよ)．

$$t^3-21t+a-36=0$$
$$\iff t^3-21t=36-a$$

ここで，
　　左辺： $y=g(t)=t^3-21t$
　　右辺： $y=36-a$
とおくと，方程式 $t^3-21t+a-36=0$ の解は，2曲線
$$y=g(t)=t^3-21t$$
$$y=36-a$$
のグラフの交点として与えられる．

そこで，$y=g(t)$ のグラフについて調べよう．

$$g'(t) = 3t^2 - 21$$
$$= 3(t^2 - 7)$$

よって，下の増減表を得る．

t		$-\sqrt{7}$		$\sqrt{7}$	
$g'(t)$	$+$	0	$-$	0	$+$
$g(t)$	↗	$14\sqrt{7}$	↘	$-14\sqrt{7}$	↗

図 1

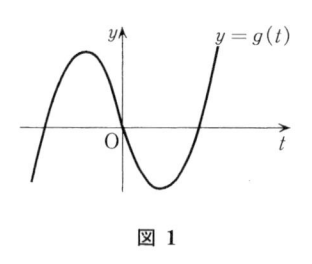

$y = g(t)$ のグラフの概形は，図 1 のようになる．

図 1 より，整数 t に対する $g(t)$ の値を計算すると，下表を得る．

t	-6	-5	-4	-3	-2	-1	0	1	2	3	4	5	6
$g(t)$	-90	-20	⑳	36	34	⑳	0	-20	-34	-36	-20	⑳	90

これより，図 2 を得る．

図 2 より，方程式

$$t^3 - 21t + a - 36 = 0$$

が 3 個の整数解をもつような $36 - a$ の値は，20，-20 であることがわかる．

したがって，求める a の値は，

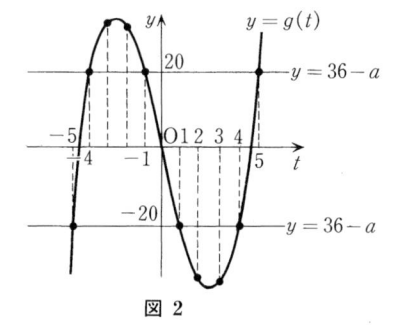

56，16   ……（答）

図 2

§4　設問間の分析のしかた（出題者の誘導にのれ）

　"フーテンの寅さん"を見るためにビデオデッキを買って来て，これから家のテレビに取りつけるとしよう．何本かのケーブルをテレビ，ビデオ，アンテナ間に接続しなければならない．端子の大きさや形，ケーブルの長さなどから判断し，試しに接続してみても映像がうまく映らなかったり，音声が出なかったりする．気は進まないが寅さんを見たい一心で数ページにもわたる"接続マニュアル"を丹念に読んで，そこに書かれている通り1つずつ操作を進めていくと，最後に音声とともにきれいな映像がブラウン管に飛び出し，やっと目的を果たすことができるのである．これはビデオデッキを取りつける際にその手引き書を参考にすると首尾よく事が進むことを示す至極当たり前な1例にすぎないが，考えてみるとわれわれの身の回りにあるほとんどすべての事柄に対して，なんらかの手引き書があることに気がつく．唐突だが，たとえば弁護士になるためには，まず法学部に進学し，そこで六法を勉強し，その後，司法試験に合格し，次に司法研修所という所で修習生として2年間ぐらい弁護士の基本を学び，……という流れに従うのが普通である．むしろ，一切の手引きがないものを身の回りに探し出すことの方がずっと大変である．冬のマッキンリーに登頂するにも，北極を犬ゾリで横断するにも，月に旅行に出かけるとしても何らかの手引きや参考となる事実があるに違いない．手引きのまったくないものを強いてあげるのなら，人類未知の学問の最先端などの研究や天国への行き方には，道標がまったくないといえるのかもしれない？

　道標に従うと，早く目的地に到達できるという利点がある．このことは，問題解法においても同様である．

誘導の種類

　入試問題の中には，1題の問題がたとえば(1), (2), (3)というようにいくつかの小問に分けられていることがある．これは，出題者が，受験生に解かせようと考えている問題をいきなり解かせるのは難しいと判断して，問題解決に必要なことがらを段階的に分けて，そのステップを踏んで解いていけば必然的に解決できるように誘導していることが多い．受験生の立場からいえば，そうした出題者の好意的な誘導にのって，素直に問題を解いていく姿勢が必要になる．しかし，誘導もあまりに露骨にすると，誰でも解けることになり差がつかなく，選抜試験としての意味をもたなくなってしまう．だから，誘導する意図がかくされていることが多い．ということは，解く方の立場からいえば設問に分けられていたら，小問間の関係を分析し，出題者の誘導を見抜こうという姿勢が必要である．誘導のしかたにもいくつかのパターンがあるが，大別すると，次の2とおりである．

(I) **（考え方を教える）** 同種のやさしい問題や例をまず最初に解かせて，その種の問題に慣れさせたり，一般的な問題に適用することができる考え方やポイントを暗示する．

(II) **（解法の筋道の誘導）** 小問(1)の結果を用いて(2)を示し，(2)の結果を用いて(3)を示し，……と階層的に誘導が組み立てられており，その順に解答していくと目的地にたどりつく．

§4 設問間の分析のしかた(出題者の誘導にのれ)　219

[例題 4・4・1]

(1) $0<x<\dfrac{\pi}{2}$ において $\dfrac{2}{\pi}x<\sin x$ が成立することを示せ．

(2) $\cos\alpha=\dfrac{1}{20}$, $0<\alpha<\dfrac{\pi}{2}$ をみたす α を小数第1位まで求めよ（小数第2位を四捨五入せよ）．

発想法

この問題の目的は，$\cos\alpha=\dfrac{1}{20}\left(0<\alpha<\dfrac{\pi}{2}\right)$ であるような α の近似値を小数第1位まで正確に求めることである．そのためには，□$<\alpha<$△ ……（*）という形の不等式が導ければよい．(1)は，（*）の左側の不等式を与えるための誘導になっている．しかし，ここで注意すべきは，(1)の不等式は x と $\sin x$ の大小関係であるので，それを活かすためには，$\cos$ と $\sin$ の間に成り立つ関係式 $\cos\alpha=\sin\left(\dfrac{\pi}{2}-\alpha\right)$ を用いて，条件 $\cos\alpha=\dfrac{1}{20}$ を $\sin\left(\dfrac{\pi}{2}-\alpha\right)=\dfrac{1}{20}$ と直しておくことに気がつかなくてはならない．さらに，（*）の右側の不等式を導くためには，すべての正の数 x に対して成り立つ不等式 $\sin x<x$ を利用することにも気づかなければいけない．

解答 (1) $f(x)=\sin x-\dfrac{2}{\pi}x$ とおく．

$$f'(x)=\cos x-\dfrac{2}{\pi}, \quad f''(x)=-\sin x<0$$

2次導関数が負なので，$y=f(x)$ のグラフは上に凸である．また，

$$f(0)=0, \quad f\left(\dfrac{\pi}{2}\right)=0$$

よって，$f(x)$ のグラフの概形は図1のようになる．

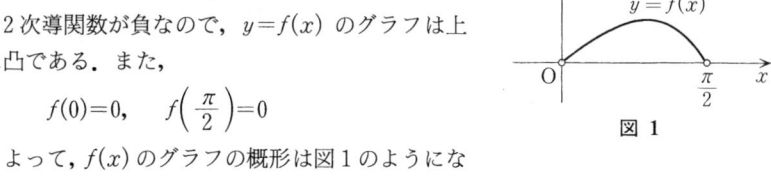

図 1

したがって，$0<x<\dfrac{\pi}{2}$ において，

$$f(x)>0 \iff \dfrac{2}{\pi}x<\sin x$$

【(1)の別解】 曲線 $y=\sin x$ と直線 $y=\dfrac{2}{\pi}x$, $y=x$ のグラフの位置関係は図2のようになる．

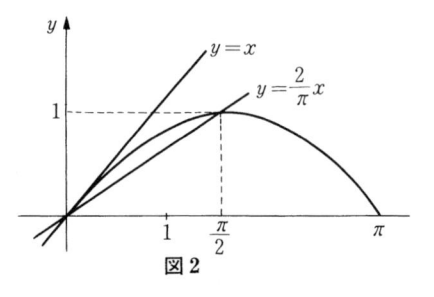

したがって，$0<x<\dfrac{\pi}{2}$ におい

図 2

て，
$$\frac{2}{\pi}x < \sin x \, (<x)$$
が成り立つ．

(2) $\cos\alpha = \sin\left(\dfrac{\pi}{2}-\alpha\right) = \dfrac{1}{20}$

であり，
$$0 < \frac{\pi}{2}-\alpha < \frac{\pi}{2}$$
であるから，(1) より，不等式 $\dfrac{2}{\pi}\left(\dfrac{\pi}{2}-\alpha\right) < \sin\left(\dfrac{\pi}{2}-\alpha\right) = \dfrac{1}{20}$ ……（∗∗） が成り立つ．

$$(\ast\ast) \iff 1-\frac{2}{\pi}\alpha < \frac{1}{20}$$
$$\iff \alpha > \frac{19}{40}\pi > \frac{19}{40}\cdot 3.14 = 1.4915 \quad\cdots\cdots\text{①}$$

一方，

『$0 < x < \dfrac{\pi}{2}$ において，不等式 $\sin x < x$ が成り立つ』

ことから，同様に考えて，
$$\frac{1}{20} = \sin\left(\frac{\pi}{2}-\alpha\right) < \left(\frac{\pi}{2}-\alpha\right)$$
$$\iff \alpha < \frac{\pi}{2}-\frac{1}{20} < \frac{3.15}{2}-\frac{1}{20} = 1.525 \quad\cdots\cdots\text{②}$$

①，②より，求める α の値は **1.5** ……（答）

─────〈練習 4・4・1〉─────
(1) $\log_3 4$ は無理数であることを証明せよ．
(2) a, b は無理数で，a^b が有理数であるような組 a, b を1組求めよ．

発想法

(1) ある数が無理数であることを示すための常套手段は，背理法である．すなわち，その数が有理数，すなわち $\dfrac{n}{m}$ (m, n は互いに素な整数) とおけたと仮定して矛盾を導けばよいのである．

(2) 無理数 a を，無理数 (b) 乗したら有理数になるような数の組 (a, b) を探せという問題だが，(1)を考慮しないでそのような組を探すと意外に難しい．今から2分間，実際に，そのことを試してみれば実感としてその難しさがわかるはずだ．そこで(1)の誘導がついているのである．だから，考えるポイントは，(2)を解くために，(1)をどのように利用すればよいかということになる．すると，無理数の1つに，

$$\log_3 4$$

を選びたくなるはずだ．対数の定義より，

$$a^{\log_a b} = b \quad \cdots\cdots(*)$$

が成り立つことを利用せよ．

解答 (1) 互いに素な自然数 m, n を用いて，

$$\log_3 4 = \frac{n}{m} \; (= 有理数) \quad \cdots\cdots ①$$

が成り立つと仮定する．

$$① \iff 3^{\frac{n}{m}} = 4$$
$$\iff 3^n = 4^m$$

3と4は互いに素なので矛盾．よって，$\log_3 4$ は無理数である．

(2) $b = \log_3 4$ とおくと，
$$a^b = a^{\log_3 4}$$
$$= a^{2\log_3 2}$$

公式 ($*$) より，$a = 3^{\frac{1}{2}} = \sqrt{3}$ とおくと，
$$a^b = 2 \; (= 有理数)$$

よって，求める a, b の1組は， $(a, b) = (\sqrt{3}, \log_3 4)$ $\cdots\cdots$(答)

[例題 4・4・2]

n を自然数とするとき,次のことが成り立つことを証明せよ.
(1) $1111^n - 1109^n$ は2で割り切れる.
(2) $11^n - 8^n - 3^n$ は24で割り切れる.
(3) $2450^n - 1370^n + 1150^n - 250^n$ は1980で割り切れる.

発想法

これは,1980年2月24日に試験が行われた入試問題である.問題文中に現れる数字がこの年月日をとっていて洒落ている.

それはさておき,この問題の誘導を正しく理解した人は少ない.結論からいえば(1),(2)は本命である(3)を解決するための解き方を誘導しているのである.

(1) (1)だけを解くなら,次のような解き方がすぐ頭に浮かぶはずである.
 (i) (奇数)^n − (奇数)^n = (奇数) − (奇数) = (偶数)
   よって,2で割り切れる.
 (ii) n 乗を見て,二項定理を頭に浮かべて,
   $1111^n = (1109+2)^n = 1109^n + {}_nC_1 \cdot 1109^{n-1} \cdot 2 + {}_nC_2 \cdot 1109^{n-2} \cdot 2^2 + \cdots$
   $\cdots + {}_nC_{n-1} \cdot 1109 \cdot 2^{n-1} + 2^n$
   $\therefore\ 1111^n - 1109^n = 2({}_nC_1 \cdot 1109^{n-1} + {}_nC_2 \cdot 1109^{n-2} \cdot 2 + \cdots + 2^{n-1})$
   ここで ${}_nC_k (k=1, 2, \cdots, n-1)$ は正の整数だから,$1111^n - 1109^n$ は2で割り切れる.
 (iii) 一般に,次の因数分解が成り立つ.
   $a^n - b^n = (a-b) \times A$ ……(☆)
   $A = (a^{n-1} + a^{n-2} \cdot b + a^{n-3} \cdot b^2 + \cdots + a^2 b^{n-3} + ab^{n-2} + b^{n-1})$
   $1111 - 1109 = 2$ だから $1111^n - 1109^n$ は2で割り切れる.
 (iv) n を見て,帰納法だ!と思い込み,その方針で証明しようとする.
   解答者は,この中から(2),(3)に通ずる解法はどれであるかを,それに要する時間を考慮して判断しなければいけない.(i)と(iv)はただちにボツになる.(ii)の解法は(2),(3)にもつながるが,かなりゴチャゴチャした答案になるのは二項展開することを考えれば,必至.すると,(iii)が残る.

(2) (1)で用いた考え方を(2)でも使え.しかし,(2)では,$P = 11^n - 8^n - 3^n$ のように3つの項があるところが,(1)と異なる点である.(1)の考え方が使えるように,
   $P = (11^n - 8^n) - 3^n$ または $P = (11^n - 3^n) - 8^n$
の2通りに表してみる.いずれの場合もカッコ内で(1)の考え方を適用できる.

(3)に向けて,出題者が(2)で誘導している考え方にもう1つの重要な点がある.それは,『ある数 n が m の倍数である』ということを示すには,m を互いに素な2つの数 k, l の積に分解し(すなわち,$m = k \cdot l$),『P は k, l の各々の倍数である』こ

§4 設問間の分析のしかた（出題者の誘導にのれ） 223

とを示せばよいということである．

(3) (3)についても，$P=2450^n-1370^n+1150^n-250^n$ が1980の倍数であることを示すために，$1980=a\cdot b$（a，b は互いに素）に分解し，(2)で行ったように2通りのペアリングを行い，その各々のペアリングの結果，"P は a の倍数である"，"P は b の倍数である"ことを示せばよい．

解答　(1)　「発想法」に示した(☆)より
$$1111^n-1109^n=(1111-1109)\times(整数)=2\times(整数)$$
よって，1111^n-1109^n は2で割り切れる．

(2)　$P=11^n-8^n-3^n$ とおく．
 (i) P が3で割り切れることを示す．
$$P=11^n-8^n-3^n=(11^n-8^n)-3^n$$
$$=(11-8)\times(整数)-3\cdot 3^{n-1}$$
$$=3\times(整数)$$
よって，P は3で割り切れる．

 (ii) P が8で割り切れることを示す．
$$P=11^n-8^n-3^n=(11^n-3^n)-8^n$$
$$=(11-3)\times(整数)-8\cdot 8^{n-1}$$
$$=8\times(整数)$$
よって，P は8で割り切れる．

3と8は互いに素だから，(i)，(ii)より，P は $8\times 3=24$ で割り切れる．

(3)　（これも(1)と同じ方針で貫く．(2)では"項がいくつあっても2つずつに分解すれば(1)が適用できる"と教えてくれている．
$$P=2450^n-1370^n+1150^n-250^n$$
とおく．まず，1980を互いに素な2つの整数（特にこの問題に都合のよさそうな2つの整数）に分解しよう．$1980=180\times 11$ と分解できる．だから以下に，
 (i) P は180で割り切れる
 (ii) P は11で割り切れる
ということを示せばよい．

(i)　$P=2450^n-1370^n+1150^n-250^n$
$$=(2450^n-1370^n)+(1150^n-250^n)$$
$$=(2450-1370)\times(整数)+(1150-250)\times(整数)$$
$$=1080\times(整数)+900\times(整数)$$
$$=180\times 6\times(整数)+180\times 5\times(整数)$$
$$=180\times(整数)$$
よって，P は180で割り切れる．

(ii)　$P=2450^n-1370^n+1150^n-250^n$
$$=(2450^n-250^n)-(1370^n-1150^n)$$

$$=(2450-250)\times(\text{整数})-(1370-1150)\times(\text{整数})$$
$$=2200\times(\text{整数})-220\times(\text{整数})$$
$$=11\times 200\times(\text{整数})-11\times 20\times(\text{整数})$$
$$=11\times(\text{整数})$$

よって,P は 11 で割り切れる.

(i), (ii) より,P は $180\times 11=1980$ で割り切れる.

(注) この解法を振り返って,(3) という難しい問題の解き方を出題者が意図的に (1),(2) で誘導していたということを再確認せよ.

整数 a, b のそれぞれを整数 m で割ったときの余りが等しいとき,記号 $a\equiv b\pmod{m}$ と書き,a と b は m を法として合同という.

合同式の計算 (加法,減法,乗法) は,ふつうの等式と同様に扱ってよい.すなわち,
$$a\equiv b\pmod{m}\implies a^2\equiv b^2\pmod{m}\implies a^3\equiv b^3\pmod{m}$$
$$\implies\cdots\cdots\implies a^n\equiv b^n\pmod{m}$$

もうひとつ重要なことは,

"$a\equiv b\pmod{m}$ ならば $a-b$ は m の倍数である"

ということである.

上述の事柄を用いれば,この問題は次のようにしても解ける.

【別解】(1) $1111\equiv 1109\pmod{2}$

$a\equiv b\pmod{2}$ ならば $a^n\equiv b^n\pmod{2}$ だから

∴ $1111^n\equiv 1109^n\pmod{2}$

よって,1111^n-1109^n は 2 で割り切れる.

(2) $p=11^n-8^n-3^n$ とおく.p が 3 でも 8 でも割り切れれば,3 と 8 は互いに素だから,p は 24($=3\times 8$) でも割り切れることになる.よって,p が 3 でも 8 でも割り切れることを,それぞれ以下の (i), (ii) に示す.

(i) $11\equiv 8\pmod{3}$ だから,$11^n\equiv 8^n\pmod{3}$ であり 11^n-8^n は 3 で割り切れる.

3^n(n は自然数) は当然 3 で割り切れるから,p は 3 で割り切れる.

(ii) $11\equiv 3\pmod{8}$ だから,$11^n\equiv 3^n\pmod{8}$ であり 11^n-3^n は 8 で割り切れる.

8^n(n は自然数) は当然 8 で割り切れるから,p は 8 で割り切れる.

(3) $q=2450^n-1370^n+1150^n-250^n$ とおく.q が 180 でも 11 でも割り切れれば,180 と 11 は互いに素だから,q は 1980($=180\times 11$) でも割り切れることになる.よって,q が 180 でも割り切れることを,それぞれ以下の(i), (ii)に示す.

(i) $2450\equiv 1370\equiv 110\pmod{180}$ だから 2450^n-1370^n は 180 で割り切れる.

また,$1150\equiv 250\equiv 70\pmod{180}$ だから 1150^n-250^n は 180 で割り切れる.

よって,q は 180 で割り切れる.

(ii) $2450\equiv 250\equiv 8\pmod{11}$ だから 2450^n-250^n は 11 で割り切れる.

$1150\equiv 1370\equiv 6\pmod{11}$ だから 1150^n-1370^n は 11 で割り切れる.

よって,q は 11 で割り切れる.

〈練習 4・4・2〉

1次変換 $f:\begin{pmatrix}x\\y\end{pmatrix} \to \begin{pmatrix}x'\\y'\end{pmatrix}=\begin{pmatrix}1 & -1\\3 & -4\end{pmatrix}\begin{pmatrix}x\\y\end{pmatrix}$ がある.

(1) x, y がともに整数であることと, x', y' がともに整数であることは同値であることを示せ.

(2) 曲線 C: $13x^2-32xy+20y^2=25$ は, 1次変換 f によってどのような図形にうつされるか. その概形をかけ.

(3) x, y 座標がともに整数であるような曲線 C 上の点をすべて求めよ.

発想法

一般に, 2次曲線(だ円, 放物線, 双曲線)の形を見定めるには次の判定条件を使うとよい. すなわち,

 2次曲線: $ax^2+2hxy+by^2+2gx+2fy+c=0$ について,

$\quad h^2-ab<0$ ならば だ円

$\quad h^2-ab=0$ ならば 放物線

$\quad h^2-ab>0$ ならば 双曲線

(2)の式が表す図形は上述の判定条件を用いると,

$\quad h^2-ab=16^2-13\cdot 20=-4<0$

だから, だ円である.

次に, 設問(1), (2), (3)の関連を調べ, 解答の流れ全体の中で各設問がいかなる役割りを果しているのかを分析すると次のようになる:

　　設問(3)で要求されていることは, C 上の格子点(x, y 座標がともに整数である点のこと)をすべて求めることである. そのために, "だ円 C を1次変換 f によって移動した像を C' とするとき, C' はその長, 短軸がそれぞれ x, y 軸上にあるようなだ円である" ことを, まず(2)において示す. 次に, (1)の事実により, xy 平面上の格子点(x, y 座標がともに整数である点)全体は, 1次変換 f によって, $x'y'$ 平面上の格子点全体に, 1対1にうつることを示す. だから, C 上の格子点をすべて求めるために, 考察しやすい(すなわち, キレイに図をかけば格子点が見つけられるような)だ円 C' 上の格子点を視覚的に求め, その各格子点の f による原像を求めれば, それらが求めるだ円 C 上の格子点である.

解答 (1) $x'=x-y$ ……①, $y'=3x-4y$ ……②

であるから, x, y が整数ならば x', y' も整数である. また, ①, ②を x, y について解くと,

$\quad x=4x'-y'$ ……③, $y=3x'-y'$ ……④

となるから, x', y' がともに整数なら x, y も整数である.

以上から, x, y が整数であることと, x', y' が整数であることは同値である.

(2) 曲線 C が1次変換 f によりうつされる図形 C' は, ③, ④ を曲線 C の方程式に代入することにより

$$13(4x'-y')^2-32(4x'-y')(3x'-y')+20(3x'-y')^2=25$$

∴ $C': 4x'^2+y'^2=25$

したがって, 求める図形の方程式は,

だ円 $C': \boldsymbol{4x^2+y^2=25}$ ……(答)

また, だ円 C' の概形は図1のようになる.

(3) (1)で示した事実より,

『だ円 C 上の格子点とだ円 C' 上の格子点は, 1対1に対応する.』

座標を求めると, $(x, y)=(2, 3), (2, -3), (0, 5), (0, -5), (-2, 3), (-2, -3)$.

したがって, 求める曲線 C 上の格子点の座標は, これらの値を ③, ④ に代入することにより,

$$(\boldsymbol{x}, \boldsymbol{y})=\begin{cases}(\boldsymbol{5, 3}), (\boldsymbol{11, 9}), (\boldsymbol{-5, -5}),\\ (\boldsymbol{5, 5}), (\boldsymbol{-11, -9}), (\boldsymbol{-5, -3})\end{cases}$$
……(答)

図1

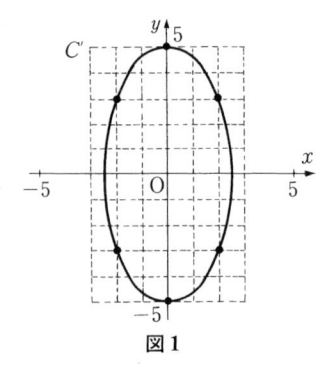

【別解】 1次変換 f が与えられていないときは, 次のようにして,

$$13x^2-32xy+20y^2=25 \quad \text{……①}$$

の整数解を求めることができる.

方程式①が整数解をもつためには, ①が実数解をもつことが必要である. ①の判別式を D とすると

$$\frac{D}{4}=(16y)^2-13(20y^2-25)=325-4y^2\geq 0$$

となる y の値と $\sqrt{D/4}$ の値は下の表のようになる.

y	0	±1	±2	±3	±4	±5	±6	±7	±8	±9
$D/4$	325	321	309	289	261	225	181	129	69	1
$\sqrt{D/4}$	18.02…	17.91…	17.5…	17	16.15…	15	13.45…	11.35…	8.3…	1

これより,

$$y=\pm 3, \pm 5, \pm 9 \quad \text{……②}$$

となることが必要である. ②の値を①に代入することにより, 求める整数 x, y の組は,

$$(\boldsymbol{x}, \boldsymbol{y})=\begin{cases}(\boldsymbol{5, 3}), (\boldsymbol{-5, -3}), (\boldsymbol{5, 5}),\\ (\boldsymbol{-5, -5}), (\boldsymbol{11, 9}), (\boldsymbol{-11, -9})\end{cases}$$
……(答)

§4 設問間の分析のしかた（出題者の誘導にのれ） 227

[例題 4・4・3]

2次関数 $f(x)=x^2+ax+b$ において，区間 $-1\leqq x\leqq 1$ における $|f(x)|$ の最大値を L と書くことにすれば，a, b の値にかかわらず，次の不等式 Ⓐ が成り立つ．

$$L\geqq \frac{1}{2} \quad \cdots\cdots Ⓐ$$

上述の事柄を，次の順に従って証明せよ．

(1) 区間 $-1\leqq x\leqq 1$ において，$|f(x)|$ が最大となる可能性がある x は，$x=\boxed{}$ または $x=\boxed{}$ または $x=\boxed{}$ のときである．

(2) 一般に，"3つの実数 a, β, γ に対して $\alpha+\beta \geqq 2\gamma$ ならば，α または β の少なくとも1つは γ 以上である" が成り立つ．これを示せ．

(3) $|a|\geqq 2$ のとき，$L\geqq \frac{1}{2}$ を示せ．

(4) $|a|<2$ のとき，$L\geqq \frac{1}{2}$ を示せ．

発想法

この問題全体((1)〜(4))を通してみて，(2)が浮き上がっているという違和感を感じるはずだ．すなわち，出題者が解答者にヒントを与えるために意図的に(2)を入れたのである．すなわち，設問(3)，(4)を解くために(2)の考え方を用いると，"スンナリ解ける" と解答者にささやいているのである．だから，解答者のほうは，逆に，(3)や(4)を解くためには，どのように(1)，(2)を利用したらよいかを懸命に考えなければならない．

解答 (1) $y=|f(x)|$ のグラフの概形は，

$$y=f(x)=x^2+ax+b$$
$$=\left(x+\frac{a}{2}\right)^2+b-\frac{a^2}{4}$$

のグラフの x 軸より下にある部分を x 軸に関して折り返したグラフである(図1)．

図1より，x が $-1\leqq x\leqq 1$ を動くとき，$|f(x)|$ を最大とする可能性のある x は，変域の両端2点と，放物線 $y=f(x)$ の軸(すなわち，$x=-\frac{a}{2}$)である．

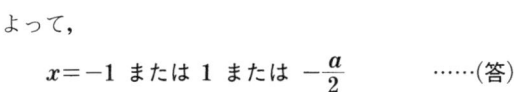

よって，

$$x=-1 \text{ または } 1 \text{ または } -\frac{a}{2} \quad \cdots\cdots(答)$$

図 1

(2) 対偶で証明する（Ⅰの第1章§4参照）．

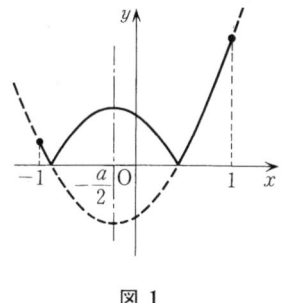

"$\alpha<\gamma$ かつ $\beta<\gamma$" とすると，
$\alpha+\beta<2\gamma$
よって，
$\alpha+\beta\geqq 2\gamma \implies$ "$\alpha\geqq\gamma$ または $\beta\geqq\gamma$"

(3) $|a|\geqq 2$ のとき，放物線 $y=f(x)$ の軸，$x=-\dfrac{a}{2}$ は $-1\leqq x\leqq 1$ の範囲にないので，(1)の結果を考慮すれば，最大値は $x=-1$ か $x=1$ においてとる．

すなわち，
$L=|f(-1)|$ または $|f(1)|$

⎧ そして(2)は，"2つの数 α,β のどちらか一方は γ 以上であることを示すためには，$\alpha+\beta\geqq 2\gamma$ を示せばよい" と出題者が解答者に示唆しているのだから
$$|f(-1)|+|f(1)|\geqq 2\cdot\dfrac{1}{2}=1$$
を示せばよい． ⎭

$|f(-1)|+|f(1)|=|1-a+b|+|1+a+b|$
$\geqq |1-a+b-(1+a+b)|$
$(\because\ |m|+|n|\geqq |m-n|)$
$=|-2a|$
$=2|a|\ (\because\ 場合分けの条件より\ |a|\geqq 2)$
$\geqq 2\times 2=4\ (\geqq 1)$

よって，(2)より
$|f(-1)|\geqq 2$ または $|f(1)|\geqq 2$

したがって，$\quad L\geqq 2\left(\geqq\dfrac{1}{2}\right)$

(4) $|a|<2$ のとき，a の符号で2つの場合に分けよう．

 (i) $0\leqq a<2$ のとき (図1)

最大値をとる x は，図1より，$x=1$ または $x=-\dfrac{a}{2}$ である．すなわち，
$L=|f(1)|$ または $\left|f\left(-\dfrac{a}{2}\right)\right|$

(再び(2)で示唆された方針で示そう) (2)を用いて
$|f(1)|+\left|f\left(-\dfrac{a}{2}\right)\right|=|1+a+b|+\left|b-\dfrac{a^2}{4}\right|$
$\geqq \left|1+a+b-\left(b-\dfrac{a^2}{4}\right)\right|$
$=\left|1+a+\dfrac{a^2}{4}\right|$

$$=\frac{1}{4}(a+2)^2$$
$$\geq 1 \quad (\because\ a\geq 0)$$

よって, (2) より $|f(1)|$, $\left|f\left(-\dfrac{a}{2}\right)\right|$ の少なくとも一方は $\dfrac{1}{2}$ 以上.

(ii) $-2<a<0$ のとき

$$L=|f(-1)| \quad \text{または} \quad \left|f\left(-\frac{a}{2}\right)\right|$$

であり,

$$|f(-1)|+\left|f\left(-\frac{a}{2}\right)\right|=|1-a+b|+\left|b-\frac{a^2}{4}\right|$$
$$\geq \left|1-a+b-\left(b-\frac{a^2}{4}\right)\right|$$
$$=\frac{1}{4}(a-2)^2$$
$$>1 \quad (\because\ a<0)$$

この場合も (2) より, $L\geq\dfrac{1}{2}$

よって, いずれの場合も $L\geq\dfrac{1}{2}$ である.

(注) 解答が終わったところで, もう一度, 出題者が重要なポイントを (1), (2) でどのような形で示唆しているかを再確認せよ.

〈練習 4・4・3〉

(1) 3以上の任意の整数 n に対して，
$$2^n \geq 2(n+1)$$
が成り立つことを証明せよ．

(2) 3以上の任意の奇数 n に対して，方程式 $x^n - nx + 1 = 0$ には，実数解が3つ存在し，それらはすべて，-2 より大きく，2より小さいことを証明せよ．

発想法

(1)の不等式が，どこで使えるかに注意をはらいながら，解答を進めよ．

解答 (1) n に関する帰納法で証明する．

(i) $n=3$ のとき
$$(左辺) - (右辺) = 2^3 - 2(3+1)$$
$$= 8 - 8 = 0$$
∴ (左辺)≧(右辺) となり成立．

(ii) $n=k\ (k\geq 3)$ のとき不等式が成り立つとすると，$2^k \geq 2(k+1)$
このとき，
$$2^{k+1} - 2\{(k+1)+1\} = 2 \cdot 2^k - 2(k+2)$$
$$\geq 2 \cdot 2(k+1) - 2(k+2) \quad (\because\ 2^k \geq 2(k+1))$$
$$= 4k + 4 - 2k - 4$$
$$= 2k \geq 6 \geq 0$$
∴ $2^{k+1} \geq 2(k+1+1)$

これは，$n=k+1$ のときも不等式が成り立つことを示している．

(2) $f(x) = x^n - nx + 1$ とおくと，
$$f'(x) = n(x^{n-1} - 1)$$
ここで，n が3以上の奇数であることから，$n-1$ は2以上の偶数である．
よって，
$$f'(x) = n(x^{n-1} - 1)$$
$$= n(x^{\frac{n-1}{2}} - 1)(x^{\frac{n-1}{2}} + 1)$$
と因数分解できる．また，$f'(x) = 0$ となる実数値 x は，$x = \pm 1$ である．そこで $f(x)$ の増減表を書くと

x		-1		1	
$f'(x)$	$+$	0	$-$	0	$+$
$f(x)$	↗	n	↘	$2-n$	↗

となる．よって，
$$(\text{極大値})=f(-1)=n>0$$
$$(\text{極小値})=f(1)=2-n<0 \quad (\because \quad n\geqq 3)$$
より，$f(x)=0$ は，相異なる 3 つの実数解をもつ．

また，(1) の結果を用いると，
$$f(2)=2^n-2n+1>2^n-2n-2$$
$$=2^n-2(n+1)\geqq 0$$
$$f(-2)=(-2)^n-n\cdot(-2)+1$$
$$=-2^n+2n+1$$
$$=-(2^n-2n-2)-1<0$$

となるから，図 1 からもわかるように，$f(x)=0$ の 3 つの解はすべて，-2 より大きく，2 より小さい．

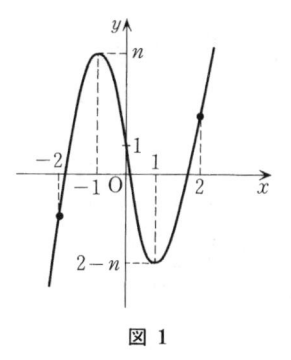

図 1

[例題 4・4・4]

(1) 5つの実数の総和が1であるならば、少なくとも1つは $\frac{1}{5}$ 以上であることを証明せよ。

(2) $\quad x_1+x_2+x_3+x_4+x_5 = x_1 \cdot x_2 \cdot x_3 \cdot x_4 \cdot x_5 \quad \cdots\cdots(*)$

をみたす正の整数 x_1, x_2, x_3, x_4, x_5 (ただし、$x_1 \leqq x_2 \leqq x_3 \leqq x_4 \leqq x_5$ とする)の組をすべて求めよ。

(日本医大)

[発想法]

(1)は、背理法で証明する典型的なパターンである。

(2)は、出題者が "(1)の考え方を(2)を解くための手がかりとせよ" と示唆している。さて、そうすると、(2)を解決するための最初の操作は何になるだろうか。それを決定するために、(1)をメリハリをつけていい直すと、

"5個の数が与えられたとき、それらのうちのどれか1個は $\frac{1}{5}$ 以上であると断定するためには、それらの総和が1であるといえば十分である"

となる。5個の数の和が1という式をつくり出すことが、(2)を解くための初期操作になる。だから、($*$)の右辺を1にするために、両辺を $x_1 \cdot x_2 \cdot x_3 \cdot x_4 \cdot x_5 \ (\neq 0)$ で割るところから始まる。

[解答] (1) 背理法で証明しよう。5つの総和が1であるにもかかわらず、"どれも $\frac{1}{5}$ 未満である" と仮定して、矛盾を導こう。5つの実数を、a_1, a_2, a_3, a_4, a_5 とする。総和が1であることから、

$$a_1+a_2+a_3+a_4+a_5=1 \quad \cdots\cdots ①$$

ここで、"$a_1, a_2, \cdots\cdots, a_5$ がすべて $\frac{1}{5}$ 未満である" $\cdots\cdots(☆)$ とすれば、

$$a_1+a_2+a_3+a_4+a_5 < \frac{1}{5}+\frac{1}{5}+\frac{1}{5}+\frac{1}{5}+\frac{1}{5}=1$$

となり、①に矛盾する。これは(☆)と仮定したために生じた矛盾である。したがって "5つの実数すべてが $\frac{1}{5}$ 未満である" ということはありえない。ゆえに、$a_1, a_2, \cdots\cdots, a_5$ のうち少なくとも1つは $\frac{1}{5}$ 以上である。

(2) $\quad x_1+x_2+x_3+x_4+x_5=x_1 \cdot x_2 \cdot x_3 \cdot x_4 \cdot x_5 \quad \cdots\cdots(*)$

($*$)の両辺を $x_1 \cdot x_2 \cdot x_3 \cdot x_4 \cdot x_5$ で割ると、

$$\frac{1}{x_2 \cdot x_3 \cdot x_4 \cdot x_5} + \frac{1}{x_1 \cdot x_3 \cdot x_4 \cdot x_5} + \frac{1}{x_1 \cdot x_2 \cdot x_4 \cdot x_5} + \frac{1}{x_1 \cdot x_2 \cdot x_3 \cdot x_5} + \frac{1}{x_1 \cdot x_2 \cdot x_3 \cdot x_4} = 1$$

$$\cdots\cdots ②$$

となり，(1)の結果を用いることができる．すなわち，②の左辺の5つの数のうち，少なくとも1つは $\frac{1}{5}$ 以上である．条件
$$x_1 \leq x_2 \leq x_3 \leq x_4 \leq x_5$$
より，②の左辺にある5つの分数のうちで最大のものは $\frac{1}{x_1 \cdot x_2 \cdot x_3 \cdot x_4}$ だから，
$$\frac{1}{x_1 \cdot x_2 \cdot x_3 \cdot x_4} \geq \frac{1}{5}$$
$$\therefore \quad x_1 \cdot x_2 \cdot x_3 \cdot x_4 \leq 5 \qquad \cdots\cdots ③$$

x_1, x_2, x_3, x_4, x_5 が正の整数であることと③より，$x_1=1$ である（$x_1 \geq 2$ とすると，$x_1 \cdot x_2 \cdot x_3 \cdot x_4 \geq 2\cdot2\cdot2\cdot2=16$ となってしまう）．同様に $x_2 \geq 2$ とすれば，
$$x_1 \cdot x_2 \cdot x_3 \cdot x_4 \geq 1\cdot2\cdot2\cdot2=8$$
となるので，$x_2=1$ である．また $x_3 \geq 3$ とすると，
$$x_1 \cdot x_2 \cdot x_3 \cdot x_4 \geq 1\cdot1\cdot3\cdot3=9$$
となるので $x_3=1$ または2である．ここで場合分けを行う．

(i) $x_3=1$ のとき

③だけでは，$1 \leq x_4 \leq 5$ しかわからないので，(*)を使うことを考えよう．
式(*)は次のように書き直せる．
$$3+x_4+x_5=x_4 \cdot x_5 \iff x_4 \cdot x_5-x_4-x_5+1=4$$
$$\iff (x_4-1)(x_5-1)=4 \quad \cdots\cdots ④$$

④をみたす (x_4-1, x_5-1) の組は $(1, 4), (2, 2)$ の2通りである（$\because \quad x_4 \leq x_5$）．つまり，
$$(x_4, x_5)=(2, 5) \quad \text{または} \quad (3, 3)$$
である．

(ii) $x_3=2$ のとき

$x_4=2$ である（なぜならば，$x_4 \geq 3$ とすると，$x_1 \cdot x_2 \cdot x_3 \cdot x_4 \geq 1\cdot1\cdot2\cdot3=6$ となり，③に反する）．したがって，(*)は次のようになる．
$$6+x_5=4x_5$$
$$\therefore \quad x_5=2$$

以上をまとめて
$$(x_1, x_2, x_3, x_4, x_5)$$
$$=(1, 1, 1, 2, 5), (1, 1, 1, 3, 3), (1, 1, 2, 2, 2) \qquad \cdots\cdots (答)$$

〈練習 4・4・4〉

a, b, c が実数のとき,次の2つの不等式が成り立つことを証明せよ.
(1) $6(a^2+2b^2+3c^2) \geq (a+2b+3c)^2$
(2) $6^3(a^4+2b^4+3c^4) \geq (a+2b+3c)^4$

発想法

(1) 2次の文字をいくつか含んでいる不等式 $(A \geq B)$ の証明は,
$$A-B = (実数)^2 + (実数)^2 + \cdots\cdots + (実数)^2$$
と変形し,$(実数)^2 \geq 0$ を利用して証明することが多い.

(2) (1)の結果を用いて(2)を示すには,どんな操作をすればよいか考えよう.(2)の左辺の a, b, c の次数が4であるから,(1)の不等式の a, b, c にそれぞれ a^2, b^2, c^2 を代入することが初期操作である.

解答 (1) 不等式 $A \geq B$ を示すには $A-B \geq 0$ を示せばよい.

$6(a^2+2b^2+3c^2) - (a+2b+3c)^2$
$= 5a^2+8b^2+9c^2-4ab-12bc-6ca$
$= 2(a-b)^2 + 3(a-c)^2 + 6(b-c)^2 \geq 0$

(ただし,等号は $a=b=c$ のときのみ成立)

$\therefore \quad 6(a^2+2b^2+3c^2) \geq (a+2b+3c)^2$

(2) (1)の不等式において,a, b, c にそれぞれ a^2, b^2, c^2 を代入して
$$6(a^4+2b^4+3c^4) \geq (a^2+2b^2+3c^2)^2$$
が成立する.

この不等式の両辺に 6^2 をかけると
$$6^3(a^4+2b^4+3c^4) \geq 6^2(a^2+2b^2+3c^2)^2 \quad \cdots\cdots(*)$$

ここで,(1)を用いると
$$(右辺) = \{6(a^2+2b^2+3c^2)\}^2 \geq \{(a+2b+3c)^2\}^2 \quad \cdots\cdots(**)$$

$(*)$, $(**)$ より,
$$6^3(a^4+2b^4+3c^4) \geq (a+2b+3c)^4$$

(ただし,等号は $a=b=c$ のときのみ成立)

あとがき

　数学の考え方を身につけさせることに主眼をおき，正答に至るプロセスを，紙面を惜しまずに解説するという贅沢な本はそうザラにはない．そこで，数学の考え方を習得させることだけに焦点を絞り，その結果として，読者の数学的能力を啓発することができるような本の出現が期待されていた．そんな本の執筆を駿台文庫と約束して以来，早5年の歳月が流れた．本シリーズの執筆に際し，考え方を能率的に習得させるという方針を貫いたために，テーマ別解説に従う既成の枠を逸脱せざるを得なくなったり，当初1, 2冊だけを刊行する予定であったのを，可能な限りの完璧さを目指したため全6巻のシリーズに膨れあがったり，それにも増して，筆者の力不足と怠慢とが相まって，刊行が大幅に遅れてしまった．それによって本書の出版に期待を寄せていただいた関係者各位に多大な迷惑をかけてしまったことをここにお詫び申し上げる次第である．本シリーズの上述に掲げた目標が真に達成されたか否かは読者の判断を仰ぐしかないが，万一，本シリーズが読者の数学に対する苦手意識を払拭し，考え方の習得への手助けとなり，数学が得意科目に転じるきっかけになるようなことがあれば，筆者の望外の喜びとするところである．

　本シリーズ執筆の段階で，数千ページに及ぶ読みにくい原稿を半年以上もかけて何度も繰り返し丹念に読み通し，多くの貴重なアドバイスを寄せて下さった駿台予備学校の講師の方々，とりわけ下村直久，酒井利訓両氏の献身的努力に衷心より感謝申し上げます．また，読者の立場から本シリーズの原稿を精読し，解説の曖昧な箇所，議論のギャップなどを指摘し，本書を読みやすくすることに努めて下さった松永清子さん(早大数学科学生)，徳永伸一氏(東大基礎科学科学生)，朝倉徳子さん(東大理学部学生)の尽力なくしては，本シリーズはここに存在しえなかったことも事実です．
　さらに，梶原健氏(東大数学科学生)，中須やすひろ氏(早大数学科学生)，石上嘉康氏(早大数学科学生)および伊藤賢一氏(東大理科Ⅰ類学生)らを含む数十万人にものぼる駿台予備学校での教え子諸君からの，本シリーズ作成の各局面における，直接的または間接的な協力，激励，コメントなども筆者にとって大きな支えになりました．5年余もの間，辛抱強くこの気ままな冒険旅行につきあい，終始本シリーズの刊行を目指す羅針盤の役をして下さった駿台文庫編集部原敏明氏に深遠なる感謝の意を表する次第であります．
　最後に，本シリーズの特色のひとつである"ビジュアルな講義"を紙上に美しく再現して下さったイラストレーターの芝野公二氏にも心よりの感謝を奉げます．

平成元年5月

大道数学者

秋山　仁

重要項目 さくいん

あ 行

1対1対応 ・・・・・・・・・・・・・・・・・・ 103

か 行

ガウス記号 ・・・・・・・・・・・・・・・・・・ 11
合同式 ・・・・・・・・・・・・ 27, 41, 224
コーシー・シュワルツの不等式
　　　　　　・・・・・・・・・・・・・・・・・・ 129

さ 行

3進法 ・・・・・・・・・・・・・・・・・・ 15
自己相似性 ・・・・・・・・・・・・・・・・・・ 13
写像の存在 ・・・・・・・・・・・・ 102, 103
周期関数 ・・・・・・・・・・・・・・・・・・ 30
全射 ・・・・・・・・・・・・・・・・・・ 103

た 行

単射 ・・・・・・・・・・・・・・・・・・ 103

な 行

中抜けの原理 ・・・・・・・・・・・・ 9, 46, 47

は 行

パスカルの三角形 ・・・・・・・・・・・・ 22, 25
鳩の巣原理 ・・・・・・・・・・・・・・・・・・ 166

著者略歴

秋山　仁（あきやま・じん）
ヨーロッパ科学アカデミー会員
東京理科大学栄誉教授，駿台予備学校顧問
グラフ理論，離散幾何学の分野の草分け的研究者．1985年に欧文専門誌"Graphs& Combinatorics"をSpringer社より創刊．グラフの分解性や因子理論，平行多面体の変身性や分解性などに関する百数十編の論文を発表．海外の数十ヶ国の大学の教壇に立つ．1991年よりNHKテレビやラジオなどで，数学の魅力や考え方をわかりやすく伝えている．日本数学会出版賞受賞（2016年），クリストファ・コロンブス賞受賞（2021年）．著書は『数学に恋したくなる話』（PHP研究所），『秋山仁のこんなところにも数学が！』（扶桑社），『Factors& Factorizations of Graphs』（Springer），『A Day's Adventure in Math Wonderland』（World Scientific），『Treks into Intuitive Geometry』（Springer）など多数

編集担当	上村紗帆（森北出版）	
編集責任	石田昇司（森北出版）	
印　　刷	丸井工文社	
製　　本	同	

発見的教授法による数学シリーズ3
数学の発想のしかた　　　　　　　　　　　　　　　© 秋山　仁　2014

2014年 4 月28日　第1版第1刷発行　　【本書の無断転載を禁ず】
2025年10月 3 日　第1版第5刷発行

著　者　秋山　仁
発行者　森北博巳
発行所　森北出版株式会社
　　　　東京都千代田区富士見1-4-11（〒102-0071）
　　　　電話 03-3265-8341／FAX 03-3264-8709
　　　　https://www.morikita.co.jp/
　　　　日本書籍出版協会・自然科学書協会　会員
　　　　JCOPY ＜（一社）出版者著作権管理機構　委託出版物＞

落丁・乱丁本はお取替えいたします．

Printed in Japan／ISBN978-4-627-01231-8